全国中医药行业高等职业教育"十三五"规划教材

分析化学

（第二版）

（供中药学、药学、药品生产技术、药品质量与安全、
医学检验技术等专业用）

主 编◎陈 瑛 傅春华

中国中医药出版社
·北 京·

图书在版编目（CIP）数据

分析化学 / 陈瑛，傅春华主编 . —2 版 . —北京：
中国中医药出版社，2018.6
全国中医药行业高等职业教育"十三五"规划教材
ISBN 978 – 7 – 5132 – 4773 – 3

Ⅰ .①分… Ⅱ .①陈… ②傅… Ⅲ .①分析化学—高
等职业教育—教材 Ⅳ .① O65

中国版本图书馆 CIP 数据核字（2018）第 023570 号

中国中医药出版社出版
北京市朝阳区北三环东路 28 号易亨大厦 16 层
邮政编码 100013
传真 010-64405750
河北仁润印刷有限公司印刷
各地新华书店经销

开本 787×1092 1/16 印张 20.75 字数 427 千字
2018 年 6 月第 2 版 2018 年 6 月第 1 次印刷
书号 ISBN 978 – 7 – 5132 – 4773 – 3

定价 64.00 元
网址 www.cptcm.com

社 长 热 线 010-64405720
购 书 热 线 010-89535836
维 权 打 假 010-64405753

微信服务号 zgzyycbs
微商城网址 https://kdt.im/LIdUGr
官 方 微 博 http://e.weibo.com/cptcm
天猫旗舰店网址 https://zgzyycbs.tmall.com

如有印装质量问题请与本社出版部联系（010-64405510）

中医药职业教育是我国现代职业教育体系的重要组成部分，肩负着培养新时代中医药行业多样化人才、传承中医药技术技能、促进中医药服务健康中国建设的重要职责。为贯彻落实《国务院关于加快发展现代职业教育的决定》（国发〔2014〕19号）、《中医药健康服务发展规划（2015—2020年）》（国办发〔2015〕32号）和《中医药发展战略规划纲要（2016—2030年）》（国发〔2016〕15号）（简称《纲要》）等文件精神，尤其是实现《纲要》中"到2030年，基本形成一支由百名国医大师、万名中医名师、百万中医师、千万职业技能人员组成的中医药人才队伍"的发展目标，提升中医药职业教育对全民健康和地方经济的贡献度，提高职业技术院校学生的实际操作能力，实现职业教育与产业需求、岗位胜任能力严密对接，突出新时代中医药职业教育的特色，国家中医药管理局教材建设工作委员会办公室（以下简称"教材办"）、中国中医药出版社在国家中医药管理局领导下，在全国中医药职业教育教学指导委员会指导下，总结"全国中医药行业高等职业教育'十二五'规划教材"建设的经验，组织完成了"全国中医药行业高等职业教育'十三五'规划教材"建设工作。

中国中医药出版社是全国中医药行业规划教材唯一出版基地，为国家中医中西医结合执业（助理）医师资格考试大纲和细则、实践技能指导用书、全国中医药专业技术资格考试大纲和细则唯一授权出版单位，与国家中医药管理局中医师资格认证中心建立了良好的战略伙伴关系。

本套教材规划过程中，教材办认真听取了全国中医药职业教育教学指导委员会相关专家的意见，结合职业教育教学一线教师的反馈意见，加强顶层设计和组织管理，是全国唯一的中医药行业高等职业教育规划教材，于2016年启动了教材建设工作。通过广泛调研、全国范围遴选主编，又先后经过主编会议、编写会议、定稿会议等环节的质量管理和控制，在千余位编者的共同努力下，历时1年多时间，完成了83种规划教材的编写工作。

本套教材由50余所开展中医药高等职业教育院校的专家及相关医院、医药企业等单位联合编写，中国中医药出版社出版，供高等职业教育院校中医学、针灸推拿、中医骨伤、中药学、康复治疗技术、护理6个专业使用。

本套教材具有以下特点：

1. 以教学指导意见为纲领，贴近新时代实际

注重体现新时代中医药高等职业教育的特点，以教育部新的教学指导意

见为纲领，注重针对性、适用性以及实用性，贴近学生、贴近岗位、贴近社会，符合中医药高等职业教育教学实际。

2. 突出质量意识、精品意识，满足中医药人才培养的需求

注重强化质量意识、精品意识，从教材内容结构设计、知识点、规范化、标准化、编写技巧、语言文字等方面加以改革，具备"精品教材"特质，满足中医药事业发展对于技术技能型、应用型中医药人才的需求。

3. 以学生为中心，以促进就业为导向

坚持以学生为中心，强调以就业为导向、以能力为本位、以岗位需求为标准的原则，按照技术技能型、应用型中医药人才的培养目标进行编写，教材内容涵盖资格考试全部内容及所有考试要求的知识点，满足学生获得"双证书"及相关工作岗位需求，有利于促进学生就业。

4. 注重数字化融合创新，力求呈现形式多样化

努力按照融合教材编写的思路和要求，创新教材呈现形式，版式设计突出结构模块化，新颖、活泼、图文并茂，并注重配套多种数字化素材，以期在全国中医药行业院校教育平台"医开讲－医教在线"数字化平台上获取多种数字化教学资源，符合职业院校学生认知规律及特点，以利于增强学生的学习兴趣。

本套教材的建设，得到国家中医药管理局领导的指导与大力支持，凝聚了全国中医药行业职业教育工作者的集体智慧，体现了全国中医药行业齐心协力、求真务实的工作作风，代表了全国中医药行业为"十三五"期间中医药事业发展和人才培养所做的共同努力，谨此向有关单位和个人致以衷心的感谢！希望本套教材的出版，能够对全国中医药行业职业教育教学的发展和中医药人才的培养产生积极的推动作用。需要说明的是，尽管所有组织者与编写者竭尽心智，精益求精，本套教材仍有一定的提升空间，敬请各教学单位、教学人员及广大学生多提宝贵意见和建议，以便今后修订和提高。

国家中医药管理局教材建设工作委员会办公室

全国中医药职业教育教学指导委员会

2018 年 1 月

《分析化学》
编 委 会

主 编

陈　瑛（重庆三峡医药高等专科学校）

傅春华（山东医学高等专科学校）

副主编

许一平（山东中医药高等专科学校）

鲍　羽（湖北中医药高等专科学校）

王　磊（沧州医学高等专科学校）

编委（以姓氏笔画为序）

丁国瑜（保山中医药高等专科学校）

王　慧（邢台医学高等专科学校）

刘江平（重庆三峡医药高等专科学校）

陈　凯（四川中医药高等专科学校）

蒋梅香（湖南中医药高等专科学校）

鲍邢杰（江苏省连云港中医药高等职业技术学校）

本教材为全国中医药行业高等职业教育"十三五"规划教材之一，遵循全国中医药职业教育教学指导委员会、国家中医药管理局教材建设工作委员会办公室制订的编写指导思想、编写原则和基本要求，牢固确立职业教育在国家人才培养体系中的重要位置，力求专业基础课为职业教育专业服务，在课程内容上与专业职业标准、教学过程及生产过程"三对接"，提升人才培养质量，做到学以致用，统一规划、宏观指导，以服务专业人才培养为目标，坚持以育人为本，充分发挥教材在提高人才培养质量中的基础性作用，充分体现最新的教育教学改革和教材改革成果，以提高教材质量为核心，深化教材改革，全面推进素质教育。本教材供医药类高职高专中药学、药学、药品生产技术、药品质量与安全、医学检验技术等相关专业课程教学选用。

教材在编写上以分析化学的基础知识及基本分析方法为主，充分考虑高职高专学生的特点，在教材内容上注重理论和实践相结合，强调对其专业的服务性，重点介绍分析化学的分析方法的知识应用，尽可能地删除了较深奥的化学理论分析和阐述。为了增强学生学习的目的性、自觉性及教材内容的可读性、趣味性，激发学生学习的主动性，突出培养学生分析问题和解决问题的能力，提高学习质量，在教材中设立了"学习目标""知识链接""知识应用""本章小结""复习与思考"等模块；在每一章开篇通过"引子"强调各类分析方法与药学、药物制剂等学科的联系和在化学药物、天然药物中的应用，相关章节中适当增加相关药物化学、环境化学及食品化学的内容，强化与分析化学相关的健康知识的联系，希望对学生分析方法的应用和选择有所帮助。

在教材编写中注意前后知识的连贯性、逻辑性，力求深入浅出，图文并茂，并在可用图示说明的前提下直接用图说明教学内容，以有利于学生对新知识的理解。本书中计量单位一律采用法定计量单位，选用的式量一律采用2005年公布的相关数据。

本书共有十五章、十九个实验内容，具体编写分工如下（按章节顺序排列）：傅春华编写第一章、第十二章、实验十六、实验十七，陈凯编写第二章、实验一，陈瑛编写第三章、实验二，鲍羽编写第四章、实验三至实验六，丁国瑜编写第五章、实验七，鲍邢杰编写第六章、实验八、实验九，刘江平编写第七章、实验十，王磊编写第八章、第九章、实验十一、实验十二，许一平编写第十章、第十一章、实验十三至实验十五，王慧编写第十三章、实验十八，蒋梅香编写第十四章、第十五章、实验十九，编写中力求体现新知识、新理念、新方法，适当留有供自学和拓宽专业的知识内容。总计理论部分按 52 学时，并附有十九个操作性较强的实验选用，各校可以根据自己学校的用人方向、专业情况选讲教学内容和实验内容。

由于编写时间紧、任务重，各位参编人员虽尽力认真编撰，多次、反复修改，认真审阅，但对于"特色、创新"的理念认识还不够深入，再加之编者的水平和能力有限，书中若有不妥之处，恳请广大师生批评指正，以便再版时修订提高。

《分析化学》编委会

2018 年 1 月

▌第一篇　定量分析基础▐

▌第二篇　滴定分析▐

第三篇 仪器分析

第一篇 定量分析基础

第一章

分析化学概述

【学习目标】

掌握分析化学的任务和作用。

熟悉分析方法的分类、分析化学的学习方法。

了解分析化学的发展趋势。

引子

英国著名物理学家和化学家罗伯特·波义耳（Robert Boyle，1627－1691）活跃于许多研究领域，特别是今天应用广泛的分析化学。他的主要贡献：第一个引入并使用"化学分析"一词；最早发明酸碱指示剂；创立了许多定性检测盐类的方法；测定了许多固体和液体的比重；第一位真正的临床分析化学家，最早发现血液中存在氯化钠和铁；17世纪发光现象研究领域中最出色的实验家之一，对磷光、生物发光、化学发光和荧光现象进行广泛的研究；提出检出限量的概念等。总之，波义耳作为"分析化学之父"是当之无愧的。

第一节 分析化学的任务和作用

分析化学是研究获取物质化学组成、结构和形态等化学信息的有关理论和技术的一门科学。分析化学是化学学科的一个重要分支，其主要任务是鉴定物质的化学组成、测定物质组分的相对含量及确定物质的化学结构。

1

分析化学作为一门重要的科学，不仅为化学的各个分支学科提供有关物质的组成和结构信息，并且在医药卫生、国民经济建设、科学研究及学校教育等方面发挥着十分重要的作用，具有极其重要的实际意义。

在医药卫生领域中，分析化学发挥着非常重要的作用。如在药品检验、新药研发、中药研究、病因调查、生化检验、临床检验、食品卫生检验、环境分析及三废处理等，都需要应用分析化学的理论、方法和技术。

在国民经济建设中，许多领域的生产和研究都离不开分析化学。如自然资源的开发和利用，工业生产原料、中间体、成品的质量控制与自动检测及新产品的研制，农业生产对土壤成分、化肥、农药和粮食的分析及农作物生长过程的研究分析，国防建设和航空航天技术对新材料、新能源的研究利用等，都离不开分析化学的方法和技能。因此，分析化学是工农业生产的"眼睛"，国民经济和科学技术发展的"参谋"，产品质量控制的保证。

在科学研究方面，分析化学的作用已经远远超出化学领域，在生命科学、材料科学、能源科学、环境科学、海洋科学、物理学等许多科学领域中，都需要清楚物质的组成、含量、结构等各种信息。如在当今以生物科学技术和生物工程为基础的"绿色革命"中，分析化学在细胞工程、基因工程、蛋白质工程、发酵工程及纳米技术的研究方面均发挥着重要作用。所以，分析化学的发展水平是衡量一个国家科学技术水平发展的重要标志之一。

在医药卫生教育中，分析化学是一门重要的专业基础课，其基本理论、基本知识和实验技能在专业课中都有广泛的应用。通过学习分析化学，不仅能掌握分析方法的有关理论及操作技能，而且能够掌握科学研究的方法，培养和提高分析问题、解决问题的能力，牢固建立"量"的概念，形成严谨、科学的习惯，对学生综合素质的全面发展将会起到重要作用。

第二节　分析化学的分类

分析方法的种类较多，根据具体分析任务、分析对象、方法测定原理、试样用量、被测组分含量和要求的不同，分为许多不同的类别。以下主要介绍三种分类方法。

一、定性分析、定量分析和结构分析

根据分析任务不同将分析化学分为定性分析、定量分析、结构分析。

1. 定性分析　定性分析的任务是鉴定物质的化学组成，即鉴定物质由哪些元素、离子、原子团、官能团或化合物所组成。

2. 定量分析　定量分析的任务是测定物质中有关组分的相对含量。

3. 结构分析　结构分析的任务是研究物质的化学结构。

在实际工作中，如果所分析物质的成分是未知的，则先要进行定性分析，然后再进行定量分析。因为只有确定物质中所含的组分，才能选择合适的方法来测定各组分的相对含量。

二、化学分析和仪器分析

根据分析方法原理不同将分析化学分为化学分析、仪器分析。

1. 化学分析法　利用物质的化学反应为基础的分析方法称为化学分析法。化学分析法历史悠久，又称为经典分析法，主要包括重量分析法和滴定分析法。

（1）重量分析法　根据被测物质在化学反应前后的重量差来测定组分含量的方法。即用适当的方法将被测组分与样品中其他组分分离，转化为一定的称量形式，进行称量，根据称量形式的重量来计算被测组分含量。此法准确度较高，但操作烦琐、费时。

（2）滴定分析法　根据一种已知准确浓度的试剂溶液（滴定液）与被测物质按照化学计量关系完全反应时所消耗的体积及其浓度来计算被测组分含量的方法。根据滴定液与被测物质反应的类型不同，分为酸碱滴定法、沉淀滴定法、配位滴定法和氧化还原滴定法。

滴定分析法应用范围广，仪器简单，操作简便，分析结果准确，但对试样中微量组分的分析不够灵敏，不能满足现代快速分析的要求。

2. 仪器分析法　以物质的物理或物理化学性质为基础的分析方法。根据物质的某种物理性质（如相对密度、折光率、沸点、熔点、颜色等）与组分的关系，不经化学反应直接进行分析的方法，称为物理分析法；根据被测物质在化学反应中的某种物理性质与组分之间的关系而进行分析的方法，称为物理化学分析法。此方法需要用到比较复杂、精密的仪器，故称为仪器分析法。

三、常量、半微量、微量和超微量分析

根据试样用量的多少，分析方法可分为常量分析、半微量分析、微量分析和超微量分析，见表1-1。

表1-1　各种分析方法的试样用量

方法	试样质量	试液体积
常量分析	>100mg	>10mL
半微量分析	10~100mg	10~1mL
微量分析	10~0.1mg	1~0.01mL
超微量分析	<0.1mg	<0.01mL

此外，根据被测组分含量高低不同，定量分析方法又可分为常量组分（含量 > 1%）、微量组分（含量 0.01% ~ 1%）和痕量组分（含量 < 0.01%）分析。痕量组分分析不一定是微量分析或超微量分析，因为有时测定痕量组分要取大量样品。

化学分析法一般适用于常量组分或半微量组分分析，仪器分析法通常适用于微量组分或痕量组分的分析。

第三节　分析化学的发展趋势及学习方法

一、分析化学的发展趋势

分析化学是化学分支学科发展最早并始终处于前沿地位的自然科学，被称之为"现代化学之母"。分析化学的发展基础是解决更多、更新、更复杂的学科问题和社会问题，即分析化学的发展决定于实践的需要。分析化学的发展经历了三次巨大的变革。

第一次变革是在 20 世纪初，由于物理化学的发展，为分析技术提供了理论基础，建立了溶液中四大平衡理论，使分析化学从一门技术发展成一门科学，进入分析化学与物理化学结合的时代。

第二次变革是在 20 世纪 30 年代后期直到 60 年代。物理学、电子学、半导体及原子能工业的发展促进了分析中物理方法的发展，快速、灵敏的仪器分析获得蓬勃发展，分析化学突破了以经典化学分析为主的局面，开创了仪器分析的新时代，进入分析化学与物理学、电子学结合的时代。

20 世纪 70 年代以来，分析化学正处在第三次变革时期。由于以计算机应用为主要标志的信息化时代的来临，为科学技术的发展带来巨大的活力，随着生命科学、环境科学、宇宙科学、新材料科学、新能源科学、化学计量学等的发展，以及基础理论、测试手段的不断完善，使分析化学进入了一个崭新的境界。

第三次变革要求不仅能确定分析对象中的元素、基团和含量，而且能获得原子的价态、分子的结构及聚集态、固体的结晶形态、短寿命反应中间产物的状态等多方面的信息。不但能提供空间分析的数据，而且可做表面、内层和微区分析，甚至三维空间的扫描分析和时间分辨数据，尽可能快速、全面和准确提供丰富的信息和有效的数据。总之，现代分析化学已经突破了纯化学学科领域，将化学与数学、物理学、计算机科学、生物学及精密仪器制造科学等紧密结合起来，汲取当代科学技术的最新成果，研究建立新方法与新技术，发展成为一门融合了多学科的综合性学科，成为当代最富有活力的学科之一。分析化学的发展方向是高灵敏度（达原子级、分子级水平）、高选择性（复杂体系）、快速、简便、经济、自动化 - 数字化 - 分析方法的联用，并向智能化、信息化纵深发展。

二、分析化学的学习方法

分析化学的学习没有捷径可循，但要注意科学的学习方法。

1. 调整好学习心态，增强信心。做好预习，争取主动，安排好学习计划，提高学习效率。认真听课，勤于思考，积极主动地参加教学活动。适时复习，举一反三，总结规律，做到熟练掌握，灵活运用，融会贯通，使知识条理化、系统化、网络化。

2. 重视实践能力的培养。分析化学是一门以实践为基础的学科，既要重视理论知识的掌握，更要重视实践技能的训练。把应试学习变为创新、探索性学习，通过实践活动培养实事求是、严谨治学的科学态度。

3. 重视自学能力的培养。当今的教育是终身教育，知识财富的创造速度非常之快，需要不断学习、更新知识来适应社会的发展，创造性地解决实际问题，培养自学能力是非常重要的。掌握知识是提高自学能力的基础，而提高自学能力又是掌握知识的重要条件，两者相互促进。为此提倡有目的地阅读一些参考资料，有助于加深对所学知识的理解，提高学习兴趣，并充分利用网络资源，拓宽知识面，体验自主学习的乐趣。

总之，分析化学的学习，不仅要学习基本知识、原理和方法，更主要的是培养科学的思维方式，善于总结归纳，抓住关键，找联系，寻规律，做到多听、多思、多问、多记、多看、多练。这样一定能获得理想的学习效果，自由遨游在化学知识的海洋中。

本章小结

本章主要介绍分析化学的任务和作用、分类、发展趋势及学习方法。

1. 基本概念：分析化学、定性分析、定量分析、结构分析、化学分析、仪器分析。

2. 分析化学的主要任务：鉴定物质化学组成、测定物质组分的相对含量及确定物质的化学结构。

3. 分析化学的分类：按分析任务分为定性分析、定量分析及结构分析；按分析方法原理分为化学分析（重量分析、滴定分析）、仪器分析（电化学分析法、光学分析法、色谱法等）；按试样用量分为常量分析、半微量分析、微量分析和超微量分析。

复习思考

一、选择题

1. 根据分析任务不同将分析化学分为（　　　）

A. 无机分析、有机分析　　　　　　　B. 定性分析、定量分析和结构分析

C. 常量分析、微量分析　　　　　　　D. 重量分析、滴定分析

2. 常量分析称量试样质量一般在(　　　)

A. >0.1g　　　　　　B. 0.1~0.01g　　　　C. 10~0.1mg　　　　D. <0.1mg

3. 微量分析量取试样体积一般在(　　　)

A. >10mL　　　　　　B. 10~1mL　　　　　C. 1~0.01mL　　　　D. <0.01mL

4. 滴定分析法属于(　　　)

A. 色谱法　　　　　　B. 光谱法　　　　　　C. 化学分析法　　　　D. 光学分析法

5. 根据分析方法原理不同将分析化学分为(　　　)

A. 常量分析、微量分析　　　　　　　B. 化学分析、仪器分析

C. 重量分析、滴定分析　　　　　　　D. 光学分析、色谱分析

二、判断题

1. 分析化学是研究获取物质化学组成、结构和形态等化学信息的有关理论和技术的一门科学。(　　　)

2. 依据分析原理的不同，将分析化学分为化学分析和仪器分析。(　　　)

3. 化学分析法是利用物质的化学反应为基础的分析方法。(　　　)

4. 化学分析法一般适用于微量组分或痕量组分的分析。(　　　)

5. 仪器分析法是以物质的物理或物理化学性质为基础的分析方法。(　　　)

6. 仪器分析法通常适用于常量组分或半微量组分分析。(　　　)

三、简答题

1. 分析化学的定义及其主要任务。

2. 简述分析化学的分类。

扫一扫，知答案

定量分析误差和分析数据处理

【学习目标】

掌握系统误差、偶然误差的概念；准确度与精密度的表示方法及关系；提高准确度的方法；有效数字的记录、修约及运算。

熟悉分析结果表示方法。

了解可疑值的取舍。

引 子

定量分析的目的是准确测定试样中某物质的含量，因此要求结果必须准确可靠。但在实际工作中，由于受到所采用的分析方法、仪器、试剂、工作环境和分析工作者自身等因素的制约，使得测量值与真实值不可能完全一致，这是因为客观上存在着难以避免的误差。误差可能出现在测量的各个步骤，从而影响分析结果的准确度。随着科学技术的进步和人类认识客观世界能力的提高，误差可以被尽量地减小以提高准确度，但难以降至为零。因此，有必要讨论误差产生的原因和减免误差的方法。另外，由于误差的客观存在，必须对分析结果的可靠性进行合理评价，并给予正确表达。

第一节　定量分析的一般程序和误差

一、定量分析的一般程序

定量分析过程一般包括下列几个步骤：

1. 分析任务和计划的确定　首先要根据需要解决的问题进行实验方案设计，包括分析方法的选择、仪器和试剂的选择、实验条件的规划等。因为各种分析方法各有其特点和局限性，在实际工作中应根据被测物的性质、含量、试样的组成和对分析结果准确度的要求等具体情况来确定。

2. 取样　取样是指从大量的分析对象中抽取一小部分作为分析材料的过程，所取得的分析材料称为试样或样品。它是定量分析的一个重要步骤，要求样品的组成必须均匀，具有代表性，能代表全部分析对象的平均组成，否则分析结果做得再准确也毫无意义。在进行分析之前，应根据分析对象的性质、均匀程度、数量和分析项目来确定具体取样方法和取样数量。

3. 试样的制备　试样制备的目的是使试样适合于选定的分析方法，消除可能的干扰。根据试样的性质，试样制备包括干燥、粉碎、研磨、溶解、滤过、提取、分离、富集（浓缩）等步骤。

4. 分析测定　根据已选定的分析方法，优化测定条件，确保所用试剂纯度和所用测量仪器、器皿的精度满足测定要求，通常可通过空白试验消除试剂误差，通过仪器校正减免仪器误差，通过加掩蔽剂排除干扰组分的干扰。

5. 结果的处理和表达　通过计算求出被测组分含量，并正确表达分析结果。

二、系统误差与偶然误差

在分析工作中产生误差的原因很多，根据误差产生的原因和性质，可将误差分为系统误差和偶然误差。

（一）系统误差

系统误差也称可定误差，它是定量分析误差的主要来源，对测定结果的准确度有较大影响。系统误差是由分析过程中某些确定的原因造成的，因此对分析结果的影响比较固定。系统误差具有重现性、单向性和可测性的特点，其数值大小也有一定的规律。如果能找出产生误差的原因就可以减小系统误差。根据系统误差产生的原因，可将其分为以下四类。

1. 仪器误差　由于所用仪器本身不够准确或未经校准所引起的误差。如砝码腐蚀生锈；容量瓶、移液管、滴定管等容量仪器的刻度不够准确等。

2. 试剂误差　由于试剂纯度不够或蒸馏水中含有微量杂质而引起的误差。如使用的试剂中含有微量的被测组分或存在干扰杂质等。

3. 操作误差　主要指在正常操作情况下，由于操作者的实际操作和正确操作规程稍有出入所造成的误差。例如，滴定管读数偏高或偏低；对终点颜色的确定偏深或偏浅；对某种颜色的辨别不够敏锐等造成的误差。

4. **方法误差** 由于分析方法本身不完善或有缺陷所引起的误差。例如，由于反应条件不完善而导致化学反应进行不完全；反应副产物的产生；滴定分析中滴定终点与化学计量点不完全相符等，都会使测定结果偏高或偏低而产生系统误差。

（二）偶然误差

偶然误差又称为不可定误差，在相同的条件下，在消除了系统误差之后，对同一试样多次进行测量，每次测量所得结果仍然会出现一些无规律的随机性变化，这种随机性变化的误差称为随机误差或偶然误差。偶然误差是由某些难以控制或无法避免的偶然因素造成的。如测量时温度、湿度、气压的微小变化，分析仪器的轻微波动及分析人员操作的细小变化等，都可能引起测量数据的波动而带来偶然误差。

偶然误差的大小、正负都不固定，有时大，有时小；有时正，有时负，是较难预测和控制的。但是，如果在相同的条件下对同一样品进行多次测定，并将测定数据进行统计处理，则可发现偶然误差存在着一定规律性：绝对值相同的正负误差出现的概率相等，小误差出现的概率大，大误差出现的概率小，特别大的误差出现的概率极小，这一规律称为偶然误差的正态分布规律，见图 2 - 1。在消除系统误差的前提下，随着测定次数的增加，偶然误差的算术平均值趋近于零。所以，可以通过"平行多次测定，取平均值"的方法来消除偶然误差。一般平行测定 3 ~ 4 次即可达到不超过偶然误差规定的范围。

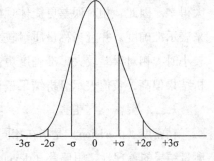

图 2 - 1 偶然误差的正态分布曲线

另外，由于分析人员粗心大意或工作过失所产生的差错，例如溶液溅失、加错试剂、读错刻度、加错砝码、记录和计算错误等，这些不属于误差范畴，应舍弃此数据。分析人员应加强工作责任心，严格遵守操作规程，做好原始记录，反复核对，避免这类错误的发生。

三、准确度与精密度

（一）准确度与误差

准确度（accuracy）是指测量值与真实值（μ）接近的程度。准确度的高低通常用误差（error）来表示，误差越小，表示分析结果与真实值越接近，准确度越高。相反，误差越大，表示准确度越低。

误差又分为绝对误差和相对误差，其表示方法如下：

$$绝对误差（E）=测量值（x）-真实值（\mu） \tag{2-1}$$

$$相对误差（RE）= \frac{绝对误差（E）}{真实值（\mu）} \times 100\% \tag{2-2}$$

例2-1 用万分之一分析天平称量某样品两份，其质量分别为2.8653g和0.2876g。如果两份样品的真实质量分别为2.8652g和0.2875g，分别计算两份样品称量的绝对误差和相对误差。

解：两份样品称量的绝对误差分别为：

$$E_1 = x_1 - \mu_1 = 2.8653 - 2.8652 = 0.0001\text{g}$$

$$E_2 = x_2 - \mu_2 = 0.2876 - 0.2875 = 0.0001\text{g}$$

两份样品称量的相对误差分别为：

$$RE_1 = \frac{E_1}{\mu_1} \times 100\% = \frac{0.0001}{2.8652} \times 100\% = 0.0035\%$$

$$RE_2 = \frac{E_2}{\mu_2} \times 100\% = \frac{0.0001}{0.2875} \times 100\% = 0.035\%$$

由上述计算可以看出，两份样品称量的绝对误差相等，但相对误差不同，后者比前者大得多。因此，相对误差更能体现出测定结果的准确度，在分析工作中，通常用相对误差来表示准确度。并且当称量质量较大时，相对误差较小，准确度更高。反之，称量的质量较小时，相对误差较大，准确度更低。绝对误差和相对误差都有正值、负值，正值表示分析结果偏高，负值表示分析结果偏低。

（二）精密度与偏差

精密度（precision）是指在相同条件下多次测量结果的相互接近的程度。精密度反映了测量结果的重现性，用偏差（deviation）表示，其数值越小，表明各测量结果之间越接近，精密度越高；反之，精密度越低。因此，偏差的大小是衡量测量结果精密度高低的尺度。

偏差又分为绝对偏差、平均偏差、相对平均偏差、标准偏差和相对标准偏差。具体表示方法如下：

1. 绝对偏差（d） 单个测量值（x_i）与测量平均值（$\bar{x}$）之差称为绝对偏差，表示如下：

$$d = x_i - \bar{x} \tag{2-3}$$

绝对偏差值有正有负。

2. 平均偏差（$\bar{d}$） 各单个绝对偏差绝对值的平均值称为平均偏差，表示如下：

$$\bar{d} = \frac{|x_1 - \bar{x}| + |x_2 - \bar{x}| + \cdots\cdots + |x_n - \bar{x}|}{n} \tag{2-4}$$

平均偏差肯定为正值，式中 n 为测量次数。

3. 相对平均偏差（$\bar{R}d$） 平均偏差 $\bar{d}$ 与测量平均值 $\bar{x}$ 的比值称为相对平均偏差，表示如下：

$$\bar{R}d = \frac{\bar{d}}{\bar{x}} \times 100\% \tag{2-5}$$

在滴定分析中，分析结果的相对平均偏差一般应小于 0.2%。使用相对平均偏差表示精密度比较简单、方便，但不能反映一组数据的波动情况，即分散程度。因此对要求较高的分析结果常采用标准偏差来表示精密度。

4. 标准偏差（S） 在一系列测量值中，偏差小的值总是占多数，这样在平均偏差和相对平均偏差的计算过程中，忽略了个别较大偏差对测定结果重现性的影响，而采用标准偏差则是为了突出较大偏差的影响，它比平均偏差更能说明数据的分散程度。对少量测定值（$n \leqslant 20$）而言，其标准偏差的定义式如下：

$$S = \sqrt{\frac{\sum\limits_{i=1}^{n}(x_i - \bar{x})^2}{n-1}} \qquad (2-6)$$

例如，有 A、B 两组数据，各次测量的绝对偏差分别为：

A 组：+0.3，-0.2，-0.4，+0.2，+0.1，+0.4，-0.3，+0.2，-0.3

B 组：0.0，+0.1，-0.7，+0.1，-0.1，-0.2，+0.9，+0.1，-0.2

从上述两组数据可以看出，B 组中有两个较大的偏差（-0.7 和 +0.9），明显比 A 组数据更分散，精密度更差。但两组数据的平均偏差相同（都是 0.24），没有体现出精密度的差异。这时，如果用标准偏差就能分辨出这两组数据精密程度，它们的标准偏差分别为 0.28 和 0.40，可见，A 组数据精密度更好。

5. 相对标准偏差（RSD） 标准偏差 S 与测量平均值 $\bar{x}$ 的比值称为相对标准偏差，表示如下：

$$RSD = \frac{\sqrt{\dfrac{\sum\limits_{i=1}^{n}(x_i - \bar{x})^2}{n-1}}}{\bar{x}} \times 100\% \qquad (2-7)$$

在实际工作中常用相对标准偏差 RSD 表示分析结果的精密度。

例 2-2 测定某 HCl 溶液的浓度，平行测定四次，测定结果分别为 $0.1021\,mol \cdot L^{-1}$、$0.1025\,mol \cdot L^{-1}$、$0.1029\,mol \cdot L^{-1}$ 和 $0.1023\,mol \cdot L^{-1}$，计算测定结果的平均值、平均偏差、相对平均偏差、标准偏差和相对标准偏差。

解：$\bar{x} = \dfrac{0.1021 + 0.1025 + 0.1029 + 0.1023}{4} = 0.1024 \ (mol \cdot L^{-1})$

$\bar{d} = \dfrac{|x_1 - \bar{x}| + |x_2 - \bar{x}| + \cdots\cdots + |x_n - \bar{x}|}{n}$

$= \dfrac{|0.1021 - 0.1024| + |0.1025 - 0.1024| + |0.1029 - 0.1024| + |0.1023 - 0.1024|}{4}$

$= 0.0002 \ (mol \cdot L^{-1})$

$\bar{Rd} = \dfrac{\bar{d}}{\bar{x}} \times 100\% = \dfrac{0.0002}{0.1024} \times 100\% = 0.2\%$

$$S = \sqrt{\frac{\sum_{i=1}^{n} (x_i - \bar{x})^2}{n-1}} = \sqrt{\frac{(-0.0003)^2 + (0.0001)^2 + (0.0005)^2 + (-0.0001)^2}{4-1}} = 0.0003 \ (mol \cdot L^{-1})$$

$$RSD = \frac{\sqrt{\dfrac{\sum_{i=1}^{n} (x_i - \bar{x})^2}{n-1}}}{\bar{x}} \times 100\% = \frac{0.0003}{0.1024} \times 100\% = 0.3\%$$

重复性、中间精密度与重现性均用于反映测量结果的精密度，但三者的概念不同。重复性是指相同操作条件下，在较短的时间间隔内，由同一分析人员对同一试样测定结果的接近程度；中间精密度是指在同一实验室内，改变某些实验条件（如分析人员、仪器设备等），对同一试样测定结果的接近程度；重现性是指在不同的实验室之间，由不同的分析人员对同一试样测定结果的接近程度。

（三）准确度与精密度的关系

准确度表示测量结果的正确性；精密度表示测量结果的重复性或重现性。当有真实值作比较时，它们从不同侧面反映了分析结果的可靠性。系统误差是定量分析中误差的主要来源，它影响分析结果的准确度；偶然误差影响分析结果的精密度。测定结果的好坏应从精密度和准确度两个方面衡量。

图 2 - 2 表示 A、B、C、D 四人同时测定同一试样中某组分含量时所得的结果。每人各平行测定 4 次，试样的真实含量为 32.50%。A 的测定值之间相差很小，因此它的精密度高，偶然误差很小，而且平均值与真实值也接近，因此它的准确度也高，测定结果可靠；B 测得的数据精密度高但准确度差，说明偶然误差很小但系统误差大，测量结果不可靠；C 的准确度与精密度都很

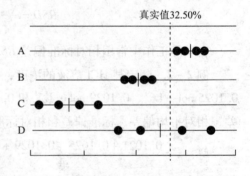

图 2 - 2 定量分析中准确度与精密度的关系

差，结果不可靠；D 的平均值虽然接近真实值，但几个数据彼此相差很远，仅是由于正负误差相互抵消才使结果接近真实值，纯属巧合，不可靠。

由此可见，精密度高，准确度不一定高，因为可能存在较大的系统误差。但准确度高一定要求精密度好，若精密度差，说明偶然误差大，测定结果不可靠。即精密度高是准确度高的前提，只有精密度与准确度都高的测量值才是可信的。

四、提高分析结果准确度的方法

为了提高分析结果的准确度，必须尽量减小分析过程中的系统误差和偶然误差。下面介绍几种减小误差的主要方法。

（一）选择合理的分析方法

不同分析方法具有不同的灵敏度和准确度。化学分析法对于常量组分的测定能获得比较理想的分析结果，其相对误差一般能控制在 0.2% 以内。但化学分析法灵敏度不高，不能准确测定微量或痕量组分。仪器分析法灵敏度高、绝对误差小，能满足微量或痕量组分测定准确度的要求，但是其相对误差较大，不适合于常量组分的测定。因此常量组分的测定一般应选用化学分析法，微量或痕量组分的测定应选用仪器分析法。另外，选择分析方法时，还应考虑共存组分的干扰等各种因素。因此，应根据分析对象、样品情况及对分析结果的要求选择合理的分析方法。

（二）减小测量误差

为保证分析结果的准确度，应尽量减小测量误差。

在称量固体试样时，为了减小称量的相对误差，可适当增大样品的称量质量。一般分析天平称量的绝对误差为 ±0.0001g，用减重称量法称量一份试样需要称量两次，可能引起的最大绝对误差是 ±0.0002g。如使用万分之一的分析天平分别称取 0.02g、0.1g、0.2g 试样，三次称量的称量误差分别如下：

$$RE_1 = \frac{E}{\mu} \times 100\% = \frac{\pm 0.0002g}{0.02g} \times 100\% = \pm 1\%$$

$$RE_2 = \frac{E}{\mu} \times 100\% = \frac{\pm 0.0002g}{0.1g} \times 100\% = \pm 0.2\%$$

$$RE_3 = \frac{E}{\mu} \times 100\% = \frac{\pm 0.0002g}{0.2g} \times 100\% = \pm 0.1\%$$

（三）减小偶然误差

在消除系统误差的前提下，因为偶然误差的随机性（有正、有负），可通过平行测定多次取平均值的方法抵消掉部分偶然误差，以达到减小偶然误差的目的。平行测定次数越多，所得结果的平均值越接近于真实值。通常在实际工作中，一般对同一试样平行测定 3~5次即可。当分析结果的准确度要求较高时，需适当增加平行测定的次数，通常在 10 次左右。增加测定的次数过多，费时费事，效果却不太明显，得不偿失，所以在实际工作中只要精密度达到要求即可。

（四）减小系统误差

1. 校准仪器 系统误差中的仪器误差可以通过校准仪器来减小。例如砝码、滴定管、移液管、容量瓶等，必须进行校准，并在计算结果时采用校正值。由于计量及测量仪器的状态会随时间、环境等条件发生变化，因此需要定期进行校准。

2. 空白试验 在不加入试样的情况下，按照与测定试样相同的方法、条件、步骤进行的分析试验，称为空白试验。所得结果称为空白值。从试样的分析结果中扣除掉空白值，可以消除由于试剂、蒸馏水、实验器皿等引入的杂质所造成的系统误差，使测量值更接近于真实值。空白值一般很小，否则应通过提纯试剂或改用其他器皿等方法减小系统误差。

3. 对照试验 用已知溶液代替样品溶液，在相同条件下进行测定，这种分析试验称为对照试验。用以检查试剂是否失效、反应条件是否正常、测量方法是否可靠。对照试验是检查系统误差的有效方法。常用的有标准试样对照法和标准方法对照法。

标准试样对照法是用已知准确含量的试样代替待测试样，在完全相同的条件下进行分析，以此对照。

标准方法对照法是用公认的经典分析法或国家颁布的标准分析方法与被检验的分析方法，对同一试样进行分析对照。若测定结果很接近，则说明被检验的方法可靠。

4. 回收试验 如果无标准试样做对照试验，或对试样的组成不太清楚时，可做回收试验。在几份相同的试样（$n \geqslant 5$）中，加入适量待测组分的纯品，以相同的条件进行测定，按下式计算回收率：

$$回收率（\%） = \frac{加入纯品后的测得量 - 加入前的测得量}{纯品加入量} \times 100\%$$

回收率越接近 100%，系统误差越小，方法准确度越高。回收试验常在微量组分分析中应用。

第二节　有效数字及其应用

分析化学中的数字有两类，一类数字为非测量所得的自然数，如各类常数、测量次数、计算中的倍数、反应中化学计量关系等，这类数字无准确度问题。另一类数字是测量所得，即测量值或数据计算的结果，其数字的位数多少应与分析方法的准确度及仪器测量的精度适应，这类数字需要正确地记录和计算。因为测量值不仅仅表示了测定结果的多少，而且还反映了测定的准确程度。因此了解有效数字的意义，掌握正确的使用方法，避免随意性，是非常重要的。

一、有效数字

有效数字是指在分析工作中能测量到的具有实际意义的数字，其位数包括所有的准确数字和最后一位可疑数字。在记录、处理测量数据和计算分析结果时，应保留几位有效数字，必须根据测量仪器、分析方法的准确程度确定。

例如，用万分之一的分析天平称量某试样的质量为 1.0338g，五位有效数字。这一数字中，1.033 是准确的，最后一位"8"存在误差，是可疑数字。根据所用分析天平的准确程度，该试样的实际质量应为 1.0338 ± 0.0001g。又如，记录滴定管读数为 21.36mL，四位有效数字，该数据前三位是准确的，而第四位是估读值，可能有 ±0.01mL 的误差。

在确定有效数字的位数时，数字中的"0"有双重意义。若作为普通数字使用，是有效数字；若作为定位用，不是有效数字。例如在数据 0.1800g 中，8 后面的两个 0 都是有效数字，而 1 前面的一个 0 只起定位作用，不是有效数字，因此该数据为四位有效数字。

再如：

1.0003g	18.762	五位有效数字
0.1201g	81.70%	四位有效数字
0.000230g	1.75×10^{-8}	三位有效数字
0.0023g	0.70%	两位有效数字
0.2g	0.02%	一位有效数字

分析化学中还经常遇到 pH、pK 等对数值，其有效数字的位数仅取决于小数部分数字的位数，因为其整数部分的数字只代表原值的幂次。例如，pH = 12.00，即 $[H^+]$ = 1.0×10^{-12} mol·L^{-1}，其有效数字为两位，而不是四位。首位为 8 或 9 的数字，其有效数字的位数在运算过程中可多算一位。例如，9.23 实际上只有三位有效数字，在运算过程中可视为四位有效数字。

变换单位时，有效数字的位数必须保持不变。例如，0.0076g 应写成 7.6mg。在整数中有时不能确定"0"是否为有效数字，如 2600mL，因此常用指数形式明确其有效数字位数，写成 2.60×10^3 mL。对于很小的数字，也常用指数形式表示，但要注意有效数字位数不能改变，如 0.000036 可写成 3.6×10^{-5}。

二、有效数字的记录、修约及运算规则

在处理数据过程中，因为测定过程各环节中所使用仪器或器皿的精度不完全一致，各个测量数据的有效数字位数可能不同。处理分析这些数据，必须按一定规则进行记录、修约及运算。这样可以避免在数据处理上改变分析测定客观的准确度，得出不合理的结论。

（一）记录规则

根据所用仪器精度的要求，记录只保留一位可疑数字的测量值。

（二）修约规则

在处理数据过程中，各测量值的有效数字的位数可能不同，在处理分析数据时，对有效数字位数较多（即误差较小）的测量值，应将多余的数字舍弃，该过程称为数字的修

约，其规则如下：

1. 采用"四舍六入五留双"的规则进行修约，即当被修约的数字小于或等于4时，则舍去该数字；当被修约的数字大于或等于6时，则进位；当被修约的数字等于5（5后面无数字或数字为0）时，若5前面为偶数则舍去，为奇数则进位；当被修约的数字等于5，且5后面还有不为0的数字时，一律进位。

例如，将下列测量值修约为四位有效数字：

13.0548	13.05
13.06501	13.07
13.055	13.06
13.065	13.06
13.066	13.07

2. 不能分次修约，只允许对原测量值一次修约到所需位数。如将 13.0548 修约为四位有效数字，不能先修约为 13.055，再修约成 13.06，而应一次修约为 13.05。

(三) 有效数字的运算规则

1. 加减法 几个数据相加或相减时，应以小数点后位数最少的数据（绝对误差最大的数据）为依据进行修约。

例如，$0.0232 + 18.15 + 1.03773$，它们的和应以 18.15 为依据，保留到小数点后第二位。计算时，可先修约成 $0.02 + 18.15 + 1.04$，再计算出其和为 19.21。

2. 乘除法 几个数相乘或相除时，应以有效数字位数最少的数据（相对误差最大的数据）为依据进行修约。

例如，$0.0232 \times 18.15 \times 1.03773$，其积的有效数字位数的保留应以 0.0232 三位有效数字为依据，确定其他数据的位数，修约后进行计算。

$$0.0232 \times 18.2 \times 1.04 = 0.439$$

另外，在对数运算中，所取对数的位数应和原数据的有效数字位数相等。如 $[H^+] = 1.0 \times 10^{-2} mol \cdot L^{-1}$ 的溶液，则 $pH = 2.00$。在表示准确度和精密度时，大多数情况下，只取一位有效数字即可，最多取两位有效数字，如 $RSD = 0.05\%$。

三、有效数字在定量分析中的应用

(一) 正确记录原始数据

记录原始数据时应保留几位有效数字，应根据测量方法和测量仪器的准确程度确定。例如，用万分之一的分析天平进行称量时，称量结果必须记录到以克为单位小数点后第四位。例如，0.2500g 不能写成 0.25g，也不能写成 0.25000g；在滴定管上读取数据时，必须记录到以毫升为单位小数点后第二位，如消耗滴定液的体积刚好为 20mL 时，应记录为 20.00mL。

（二）选择适当的测量仪器和适当的试剂用量

不同的分析工作对准确度的要求不同，为了达到一定的要求，必须选择适当的测量仪器和适当的试剂用量。例如，用万分之一的分析天平以减重法称取试样时，为了使称量误差小于 0.1%，称取样品质量必须大于 0.2g；用滴定分析法测定常量组分时，消耗滴定液的体积不能小于 20mL。

（三）正确表示分析结果

分析结果的有效数字位数与分析过程的实际情况紧密相关，如仪器、器皿的精度等。如果有效数字位数过多，超过实际情况，会夸大准确度，使测定结果不可靠；如果有效数字位数过少，则会降低测定结果的准确度。

例如，甲、乙两人用同样方法同时测定样品中某组分的含量，均用减重称量法称取样品 0.3000g，甲的分析结果为 55.200%，乙的分析结果为 55.20%，试问哪个分析结果表示正确？

称量的准确度：$RE = \dfrac{E}{\mu} \times 100\% = \dfrac{\pm 0.0002g}{0.3000g} \times 100\% = \pm 0.07\%$

甲分析结果的准确度：$\dfrac{\pm 0.001}{55.200} \times 100\% = \pm 0.002\%$

乙分析结果的准确度：$\dfrac{\pm 0.01}{55.20} \times 100\% = \pm 0.02\%$

乙的分析结果准确度与称量的准确度一致，而甲的分析结果准确度与称量的准确度不相符，没有意义，因此乙的结果表示正确。通常对于含量 ≥10% 的组分测定，分析的结果一般要求用四位有效数字表示；对于含量在 1% ~10% 的组分测定，分析结果一般要求用三位有效数字表示；对于含量 ≤1% 的组分测定，分析结果一般要求用两位有效数字表示。

第三节 分析数据的处理与分析结果的表示方法

定量分析中，得到一组分析数据后，必须将这些分析数据加以处理。数据处理的任务是通过对少量或有限次实验测量数据的合理分析，来正确、科学地评价分析结果，并用一定的方式将分析结果表示出来。

一、可疑值的取舍

在分析工作中，常常会遇到一组平行测定所得的数据中有个别数据过高或过低，这种数据称为可疑值，也称为异常值或逸出值。可疑数据对测定的精密度和准确度均有很大的影响。可疑数据可能是偶然误差波动性的极度表现，也可能是测量时的过失引起。因此，可疑数据不能凭个人主观愿望任意取舍，要按一定的统计学方法进行处理，决定其取舍。统计学处理可疑值的方法有多种，目前常用的方法是 Q – 检验法和 G – 检验法。

（一）Q – 检验法

当测定次数 $n = 3 \sim 10$ 次时，用 Q – 检验法决定可疑值的取舍是比较合理的方法。其具体步骤如下：

1. 将所测得的数据按递增的顺序排列，可疑值排在序列的开头或末尾。

2. 计算出可疑值与其邻近值（$x_{邻近}$）之差的绝对值。

3. 算出序列中最大值与最小值之差（极差）。

4. 用可疑值与其邻近值之差的绝对值除以极差，所得的商称为舍弃商 Q。即：

$$Q = \frac{|x_{(可疑)} - x_{(邻近)}|}{x_{(最大)} - x_{(最小)}} \tag{2-8}$$

5. 查 Q 值表 2 – 1，如果 $Q_{计} \geqslant Q_{表}$，将可疑值舍去，否则保留。

表 2 – 1　不同置信度下的 Q 值表

n	3	4	5	6	7	8	9	10
Q（90%）	0.94	0.76	0.64	0.56	0.51	0.47	0.44	0.41
Q（95%）	0.97	0.84	0.73	0.64	0.59	0.54	0.51	0.49
Q（99%）	0.99	0.93	0.82	0.74	0.68	0.63	0.60	0.57

例 2 – 3　某一测定中平行测定四次得到以下数据：0.1019mol · L^{-1}、0.1014mol · L^{-1}、0.1012mol · L^{-1}、0.1016mol · L^{-1}。试用 Q – 检验法判断置信度为 95% 时，测量值 0.1019mol · L^{-1} 是否应该舍弃？

解：$Q = \dfrac{|0.1019 - 0.1016|}{0.1019 - 0.1012} = 0.43$

查表 2 – 1 得：当 $n = 4$，置信度为 95% 时，$Q_{表} = 0.84$。因为 $Q_{计} < Q_{表}$，所以测量值 0.1019mol · L^{-1} 不能舍弃。

（二）G – 检验法

G – 检验法的适用范围较 Q – 检验法广，准确度更高，因此该方法是目前应用较多的检验方法，其具体步骤如下：

1. 计算出包括可疑值在内的平均值。

2. 计算出包括可疑值在内的标准偏差。

3. 按下列公式计算 G 值：

$$G = \frac{|x_{可疑} - \bar{x}|}{S} \tag{2-9}$$

查 G 值表 2 – 2，如果 $G_{计} \geqslant G_{表}$，将可疑值舍弃，否则保留。

表 2 - 2　95% 置信度的 G 临界值表

n	3	4	5	6	7	8	9	10
G	1.15	1.48	1.71	1.89	2.02	2.13	2.21	2.29

例 2 - 4　用 G - 检验法判断例 2 - 3 中的数据 0.1019 是否应舍弃？

解：$\bar{x} = \dfrac{0.1019 + 0.1014 + 0.1012 + 0.1016}{4} = 0.1015$

$$S = \sqrt{\frac{(-0.0001)^2 + (-0.0003)^2 + (0.0004)^2 + (0.0001)^2}{4 - 1}} = 0.0003$$

$$G = \frac{|x_{可疑} - \bar{x}|}{S} = \frac{|0.1019 - 0.1015|}{0.0003} = 1.33$$

查表 2 - 2 得：$n = 4$ 时，$G_表 = 1.48$，因为 $G_计 < G_表$，故数据 0.1019 不应舍弃。此法与 Q - 检验法判断一致。

二、分析结果的表示方法

（一）一般分析结果的表示方法

在系统误差可忽略的情况下，进行定量分析实验，一般是对每个试样平行测定 3 ~ 5 次，得到一组测定值。首先看是否有可疑值，并判断可疑值是否应舍弃，然后计算测定结果的平均值，再计算出结果的相对平均偏差。一般来说，如果相对平均偏差 ≤ 0.2%，可认为符合要求，取其平均值报告分析结果。否则，此次实验不符合要求，需重做。

但对于准确度要求较高的分析，如制定分析标准、涉及重大问题的试样分析等，就不能这样简单地处理。需要多次对试样进行平行测定，将取得的多个数据用数理统计的方法进行处理。

（二）平均值的精密度

平均值的精密度可用平均值的标准偏差（$S_{\bar{x}}$）表示，而平均值的标准偏差表示如下：

$$S_{\bar{x}} = \frac{S}{\sqrt{n}} \tag{2 - 10}$$

可以看出，n 次测量平均值的标准偏差是 1 次测量标准偏差的 $\dfrac{1}{\sqrt{n}}$ 倍，即 n 次测量的可靠性是 1 次测量的 $\dfrac{1}{\sqrt{n}}$ 倍。由此推算，4 次测量的可靠性是 1 次测量的 2 倍，25 次测量的可靠性是 1 次测量的 5 倍。测量次数的增加与可靠性的增加不成正比，增加测量次数可以减小偶然误差的影响，提高测量的准确度，但过多增加测量次数并不能使准确度显著提高。

（三）测定平均值的置信区间

在准确度要求较高的分析工作中，需要对测定平均值进行估计。真实值 μ 所在的范围称为置信区间，在对 μ 的取值区间进行估计时，应指明这种估计的可靠性或概率，将 μ 落在此范围内的概率称为置信概率或置信度，用 P 表示。由此说明测定平均值的可靠程度。

估计真实值 μ 的置信区间，实际上是对偶然误差进行统计处理。但这种统计处理必须要在消除或校正系统误差的前提下进行。

在实际分析工作中，通常对试样进行的是有限次数测定。为了对有限次测量数据进行处理，在统计学中引入统计量 t 代替 μ。t 值不仅与置信度 P 有关，还与自由度 $f\,(n-1)$ 有关，故常写成 $t_{(p,f)}$。当 $f \to \infty$ 时，$t \to \mu$。所以，对于有限次数的测量，其平均值的置信区间为：

$$\mu = \bar{x} \pm t_{(p,\mu)} \times \frac{S}{\sqrt{n}} \tag{2-11}$$

不同置信度 P 及自由度 f 所对应的 t 值已计算出来，见表 2-3，可供查用。

表 2-3　t 分布表

P		90%	95%	99%
	3	2.35	3.18	5.84
	4	2.13	2.78	4.60
	5	2.01	2.57	4.03
	6	1.94	2.45	3.71
	7	1.90	2.36	3.50
$f\,(n-1)$	8	1.86	2.31	3.36
	9	1.83	2.26	3.25
	10	1.81	2.23	3.17
	20	1.72	2.09	2.84
	∞	1.64	1.96	2.58

例 2-5　测定某试样中铁的含量，平行测定 10 次，测定的 $\bar{x}=10.80\%$，$S=0.04\%$，估计置信度为 95% 或 99% 时平均值的置信区间。

解：查表 2-3，$P=95\%$，$f=10-1=9$ 时，$t=2.26$；$P=99\%$，$f=10-1=9$ 时，$t=3.25$。

（1）95% 置信度时置信区间为：

$$\mu = \bar{x} \pm t_{(p,\mu)} \times \frac{S}{\sqrt{n}} = 10.80\% \pm 2.26 \times \frac{0.04\%}{\sqrt{10}} = 10.80\% \pm 0.029\%$$

即真实值在 10.77% ~ 10.83% 间的概率为 95%。

（2）99% 置信度时置信区间为：

$$\mu = \bar{x} \pm t_{(p,\mu)} \times \frac{S}{\sqrt{n}} = 10.80\% \pm 3.25 \times \frac{0.04\%}{\sqrt{10}} = 10.80\% \pm 0.041\%$$

即真实值在 10.76% ~ 10.84% 间的概率为 99%。

由此可见，增加置信度需扩大置信区间。另外，在相同的置信度下，增加 n，可缩小置信区间。

实验一　电子天平称量练习

一、实验目的

1. 掌握电子天平操作方法及注意事项。
2. 掌握直接称量法、减重称量法、固定质量称量法的基本操作。
3. 熟悉电子天平结构。
4. 了解电子天平的基本原理。

二、实验原理

分析天平是定量分析中最常用的一类精密称量仪器。按结构可分为电子天平、等臂双盘电光天平、不等臂单盘减码式电光天平等。

常用的电子天平的称量方法有直接称量法、减重称量法、固定质量称量法等。

电子天平有去皮功能（去皮键 "Tare"），应巧妙利用该功能进行操作。

使用电子天平前如需进行校准可采用内校与外校两种方法。外校时，根据天平显示器显示的砝码质量，添加相应的校正砝码，待稳定后，天平显示读数为校正砝码的质量；移走砝码，显示器应显示 0.0000g。若显示不为零，则再清零，重复以上校准操作。自动内校的电子天平，可直接自动校准，不用砝码。当电子天平显示器显示为零位时，说明电子天平已经内校准完毕。

三、仪器与试剂

1. 仪器　托盘天平、电子天平、干燥器（180mm）、称量瓶（25mm × 40mm）、锥形瓶（250mL）、烧杯（50mL）、滴瓶（30mL）、药匙。

2. 试剂　基准物质无水碳酸钠、NaCl 溶液。

四、实验步骤

（一）称量前准备

1. 清扫　取下天平罩，折叠整齐。用软毛刷清扫电子天平的秤盘等。

2. 检查、调水平　天平开机前，应观察天平水平仪内的水泡是否位于圆环中央，否则应调节天平的水平调节螺丝至天平水平。

3. 预热　天平在初次接通电源或长时间断电后开机时，至少需要 30 分钟的预热时间。因此，为保证称量效果，天平最好保持在待机状态，不要时刻拔断电源。

4. 校准　如果需要校准天平，应根据天平型号选择合适的校准方法。

（二）称量练习

1. 直接称量法　首先用托盘天平粗称小烧杯的质量，检查是否超过电子天平称量范围。然后将小烧杯轻放在电子天平的秤盘中央，关闭天平门。待读数稳定后按"去皮"键（Tare），显示"0.0000"g 后，打开天平门，用药匙将一定质量无水碳酸钠加入小烧杯中，这时天平显示的数据即为加入样品的质量，记录数据。

2. 减重称量法

（1）**准确称取 0.3g 基准物质无水碳酸钠**　用托盘天平粗称装有无水碳酸钠基准物质的称量瓶后，将称量瓶轻放入电子天平称盘中央，关闭天平门。按去皮键"Tare"清零后。用手套或纸条取出称量瓶，用瓶盖轻敲称量瓶上口，将瓶中无水碳酸钠少量倾入洗净的锥形瓶中，将称量瓶放回天平称盘，关闭天平门，读数。天平显示的负值即称量瓶中的质量减少量，也就是锥形瓶中无水碳酸钠的加入量。反复上述操作直到准确称取 0.3g 样品，记录数据。

（2）**准确称取 0.7g NaCl 溶液**　用托盘天平粗称装有 NaCl 溶液的小滴瓶，然后用手套或纸条将小滴瓶放在电子天平称盘中央，关闭天平门，按去皮键"Tare"清零。打开天平门，用手套或纸条小心取出滴管，将 NaCl 溶液滴入锥形瓶中，放回滴管，这时天平显示负值，即滴入锥形瓶中 NaCl 溶液的质量。反复上述操作，直至准确称取 0.7g。

3. 固定质量称量法　称取 0.2000g 无水碳酸钠：粗称后，将一干燥的小烧杯放入电子天平称盘，去皮。用药匙取一定量无水碳酸钠，从天平门伸入，将药匙中无水碳酸钠少量、缓慢抖入小烧杯中，直至天平读数恰好为"0.2000"g，关闭天平门。再次确定电子天平读数，并记录数据。如果加多了，用药匙取出一定量样品，重复上述操作。

（三）结束工作

按"去皮"键（Tare）显示"0.0000g"后，按开关键"ON/OFF"。用软毛刷清扫称盘，罩上天平罩。

五、数据处理

实验内容	质量（g）	
直接称量法称取试样质量		
减重称量法称取 0.3g 无水碳酸钠	样品1：	样品2：
减重称量法称取 0.7g NaCl 溶液	样品1：	样品2：
固定质量法称取 0.2000g 无水碳酸钠	样品1：	样品2：

六、思考题

1. 为什么用电子天平称量前，需要先用托盘天平粗称？
2. 称量时为什么需要使用手套或纸条接触称量瓶及称量瓶盖？
3. 电子天平的基本原理是什么？它的准确度与哪些因素有关？

本章小结

本章主要介绍误差的分类、表示方法与减小误差提高准确度的方法，有效数字的概念及应用。

1. 基本术语和概念：系统误差、偶然误差、绝对误差、相对误差、精密度、相对平均偏差、标准偏差、空白试验、对照试验、有效数字。

2. 误差的分类：系统误差和偶然误差。

3. 表示准确度的方法：绝对误差、相对误差；表示精密度的方法：相对平均偏差、标准偏差。

4. 提高准确度的方法：选择适当的分析方法、减小测量误差、减小偶然误差、减小系统误差。

5. 有效数字的记录、修约与计算方法。

6. 可疑值的取舍：Q-检验法、G-检验法。

7. 误差的有关计算：

（1）准确度的表示方法：绝对误差（E）=测量值（x）-真实值（μ）

相对误差（RE）$= \dfrac{绝对误差（E）}{真实值（\mu）} \times 100\%$

（2）精密度的表示方法：$\bar{Rd} = \dfrac{\bar{d}}{\bar{x}} \times 100\%$　　$RSD = \dfrac{\sqrt{\dfrac{\sum\limits_{i=1}^{n}（x_i - \bar{x}）^2}{n-1}}}{\bar{x}} \times 100\%$

(3) 可疑值的取舍：$Q = \dfrac{\left| x_{(可疑)} - x_{(邻近)} \right|}{x_{(最大)} - x_{(最小)}}$ $G = \dfrac{\left| x_{可疑} - \bar{x} \right|}{S}$

复习思考

一、选择题

1. 下列叙述错误的是（   ）

　　A. 方法误差属于系统误差　　　　　　　B. 系统误差又称可定误差

　　C. 系统误差成正态分布　　　　　　　　D. 系统误差包括操作误差

2. 下列措施为减小偶然误差的是（   ）

　　A. 空白试验　　　　B. 对照试验　　　　C. 回收试验　　　　D. 多次测定取平均值

3. 偶然误差产生的原因不包括（   ）

　　A. 实验方法不当　　　B. 温度的变化　　　C. 湿度的变化　　　D. 气压的变化

4. 精密度的表示方法不包括（   ）

　　A. 绝对偏差　　　　B. 相对误差　　　　C. 相对平均偏差　　　D. 标准偏差

5. 一次成功的测量结果应是（   ）

　　A. 精密度高，准确度高　　　　　　　　B. 精密度高，准确度差

　　C. 精密度差，准确度高　　　　　　　　D. 精密度差，准确度差

6. 下列测量值中，不是四位有效数字的是（   ）

　　A. 10.00mL　　　　B. 0.1234g　　　　C. pH = 10.00　　　　D. 20.10%

二、判断题

1. 多次平行测定得到的数据都很接近，说明测定结果精密度好，准确度高。（   ）

2. 有效数字是指在分析工作中能准确测量到，并有实际意义的数。（   ）

3. 系统误差可正可负，具有随机性。（   ）

4. 精密度体现了误差的大小。（   ）

5. 如果平行测定的一组数据中，有一个明显和其他数据相差比较大，应该直接舍去该数据，再由其他数据求平均值，这样得到的分析结果更准确。（   ）

6. 用同一台天平称量时，称量的样品质量越大，则称量误差越小。（   ）

三、简答题

1. 误差分为哪两类，分别有什么特点和规律性？

2. 准确度与精密度的关系是什么？

3. 定量分析一般有哪些步骤？

4. 将下列数据修约为三位有效数字：

（1）28.25　　　（2）0.3215　　　（3）3.26501

四、计算题

1. 测定某样品时，滴定液消耗体积为 20.00mL，已知滴定管读数误差为 ±0.02mL，则滴定管的相对误差为多少？

2. 用酸碱滴定法测定氢氧化钠溶液浓度，平行操作 3 次得到的结果分别为 0.1085mol·L^{-1}、0.1035mol·L^{-1}、0.1092mol·L^{-1}，计算相对平均偏差和相对标准偏差，并根据计算结果判断这次测定的精密度是否符合滴定分析的要求。

扫一扫，知答案

第二篇 滴定分析

第三章

滴定分析基础知识

【学习目标】

掌握滴定分析法对化学反应的基本要求；滴定基准物质、滴定液等基本概念；滴定液浓度表示的方法。

熟悉滴定液的配制方法；滴定分析的实践操作。

了解滴定分析有关计算依据和计算公式的应用。

引 子

法国物理学家兼化学家盖·吕萨克（Gay - Lussac，1778 - 1850）发明了滴定分析，他是滴定分析的创始人，在继承前人的分析成果上对滴定分析进行了深入研究，推进了滴定分析法的进一步发展。滴定分析法作为标准分析方法之一，被广泛应用在医药行业：进行简单、快速、具有重现性和准确性的有效成分、药品及其原料的分析（含量测定），滴定尤其适合于生产过程中的质量控制和常规分析。

滴定分析法是化学分析法中的重要分析方法之一。它包括酸碱滴定法、配位滴定法、氧化还原滴定法及沉淀滴定法等，它们的基本原理和操作方法将在本书的其他章节作讨论，本章主要讨论滴定分析法的基本概念和一般问题。

第一节 滴定分析法概述

滴定分析法又称容量分析法，是化学定量分析法中最重要的一种分析方法。其原理是将一种已知准确浓度的试剂溶液（称为滴定液①）滴加到被测物质的溶液中，或是将被测物质的溶液滴加到滴定液中，直到化学反应完全时为止，然后根据所用试剂溶液的浓度和用量，计算出被测物质的含量。

一、滴定分析法的基本概念及条件

滴定分析法中，通常把已知准确浓度的试剂溶液称为滴定液，又称标准溶液。把滴定液通过滴定管滴加到被测物质溶液中的操作过程称为滴定，当加入的滴定液与被测物质恰好按照化学反应式所表示的化学计量关系反应完全时，称反应达到化学计量点（一般以 sp 表示）。在化学计量点时，绝大多数反应并没有明显的外部特征变化，为了能较为准确地确定化学计量点的到达，实际操作中常在待滴定的溶液中加入一种能在化学计量点前后发生明显颜色变化的辅助试剂，这种辅助试剂称为指示剂。在滴定过程中指示剂颜色发生改变的那一点称为滴定终点（一般以 ep 表示）。滴定终点与化学计量点不一定恰好吻合，它们之间往往存在很小的差别，由此而引起的误差称为终点误差（一般以 E_t 表示）。

滴定分析法简便、快捷，可用于测定许多元素和化合物。在常量分析中，由于其具有很高的准确度，常作为标准方法使用。

虽然滴定分析法适用于各种类型的化学反应，但并不是每一个化学反应都能用于滴定分析，能用于滴定分析的化学反应，必须满足以下基本条件：

1. 必须按确定的化学计量关系定量完全地进行。即反应按一定的反应方程式定量进行，并且没有副反应发生，反应完全程度应达到 99.9% 以上，这是定量分析的基础。

2. 必须具有较快的反应速率。滴定液与被测物质的反应应在瞬间完成，对于速率较慢的反应，有时可采取加热或加入催化剂等措施来提高反应速率。

3. 必须有适宜且简便可靠的方法来确定滴定终点。

二、滴定分析法的滴定方法与方式

根据化学反应类型的不同，滴定分析法通常分为酸碱滴定法、沉淀滴定法、氧化还原滴定法和配位滴定法四类，本书后续章节将逐一介绍这些滴定分析法。

滴定分析的滴定方式主要包括直接滴定法、返滴定法、置换滴定法和间接滴定法。

1. 直接滴定法 凡能满足前述滴定分析基本要求的反应，可直接用滴定液滴定待测物质，这种方法称为直接滴定法。直接滴定法是最常用和最基本的滴定方式。

例如，以 NaOH 滴定剂滴定 HAc 溶液，以 AgNO₃ 滴定剂滴定 NaCl 溶液等均属于直接滴定法，反应方程式如下：

---

① 滴定分析过程中所用的浓度较低的标准溶液被称为滴定液（有时也称作滴定剂）。

$$NaOH + HAc \Longleftrightarrow NaAc + H_2O$$

$$AgNO_3 + NaCl \Longleftrightarrow AgCl \downarrow + NaNO_3$$

2. 返滴定法　也称为回滴定法或剩余滴定法。一般适用于被测物质是不易溶解的固体，或是被测物质与滴定液反应速率较慢，反应不能立即完成或者没有适宜的指示剂的滴定反应。具体方法是先在被测物质溶液中加入准确、过量的滴定液，待反应完全后，再用另一种滴定剂滴定剩余的第一种滴定溶液，再根据各滴定剂的用量和浓度计算被测物质含量。

例如，$CaCO_3$含量的测定，因为被测物质是固体，且不溶于水，可先加入准确、过量的 HCl 滴定液，待反应完全后，再用 NaOH 滴定液滴定剩余的 HCl 滴定液，反应方程式如下：

$$CaCO_3 + 2HCl（准确、过量）\Longleftrightarrow CaCl_2 + CO_2 \uparrow + H_2O$$

$$NaOH + HCl（剩余）\Longleftrightarrow NaCl + H_2O$$

3. 置换滴定法　适用于被测物质与滴定液之间的化学反应没有确定的计量关系（或伴有副反应）的情况。具体方法为先用适当的试剂与被测物质发生反应，定量置换出另一种可被直接滴定的物质，用适当的滴定液滴定置换出的这种物质，再根据计量关系计算被测物质的含量。

例如，$Na_2S_2O_3$不能直接滴定$K_2Cr_2O_7$或其他强氧化剂，因为在酸性溶液中$K_2Cr_2O_7$可将$S_2O_3^{2-}$氧化为$S_4O_6^{2-}$和SO_4^{2-}等混合物，反应没有定量关系。可在$K_2Cr_2O_7$的酸性溶液中加入过量的 KI，使$K_2Cr_2O_7$还原并定量地生成I_2，再用$Na_2S_2O_3$滴定液滴定I_2，从而计算出$K_2Cr_2O_7$的含量，反应方程式如下：

$$Cr_2O_7^{2-} + 6I^- + 14H^+ \Longleftrightarrow 2Cr^{3+} + 3I_2 + 7H_2O$$

$$2S_2O_3^{2-} + I_2 \Longleftrightarrow 2I^- + S_4O_6^{2-}$$

4. 间接滴定法　如被测物质不能与滴定液直接反应，则可先在被测物质溶液中加入某种试剂进行某种化学反应，再用适当的滴定液滴定其中一种与被测物质有确定的量关系的生成物，间接计算出被测物质的含量，这种滴定方式称为间接滴定法。

例如，Ca^{2+}在溶液中没有可变价态，不能用氧化还原法直接滴定。但可先将Ca^{2+}沉淀为CaC_2O_4，过滤洗净后，用H_2SO_4溶解CaC_2O_4沉淀，再用$KMnO_4$滴定液滴定溶液中的$C_2O_4^{2-}$，从而可间接计算出Ca^{2+}的含量，主要化学反应方程式如下：

$$Ca^{2+} + C_2O_4^{2-} \Longleftrightarrow CaC_2O_4 \downarrow$$

$$CaC_2O_4 + 2H^+ \Longleftrightarrow H_2C_2O_4 + Ca^{2+}$$

$$2\,MnO_4^- + 5H_2C_2O_4 + 6H^+ \Longleftrightarrow 2Mn^{2+} + 10CO_2 \uparrow + 8H_2O$$

第二节　基准物质与滴定液

一、基准物质

基准物质是一类能用于直接配制滴定液或标定滴定液的物质。基准物质应符合下列要求：

1. 纯度高：质量分数在 99.9% 以上。

2. 组成恒定试剂的实际组成与它的化学式完全相符。若含有结晶水，其含量也应与化学式相符。

3. 性质稳定：不与空气中的氧气及二氧化碳反应，不吸收空气中的水分。

4. 应具有较大的摩尔质量，以降低称量时的相对误差。

5. 定量反应：参加滴定反应时，应按化学反应方程式定量进行，没有副反应。

常用的基准物质有纯金属和纯化合物，表 3−1 列出了滴定分析中一些常用的基准物质及其干燥条件、应用范围。

表 3−1　常用基准物质及其干燥条件、应用范围

基准物质		干燥后的组成	干燥条件	标定对象
名称	化学式			
碳酸钠	$Na_2CO_3 \cdot 10H_2O$	Na_2CO_3	270～300℃	酸
硼砂	$Na_2B_4O_7 \cdot 10H_2O$	$Na_2B_4O_7 \cdot 10H_2O$	放在装有氯化钠和饱和蔗糖溶液的密闭器皿中	酸
碳酸氢钾	$KHCO_3$	K_2CO_3	270～300℃	酸或碱
二水合草酸	$H_2C_2O_4 \cdot 2H_2O$	$H_2C_2O_4 \cdot 2H_2O$	室温，空气干燥	$KMnO_4$
邻苯二甲酸氢钾	$KHC_8H_4O_4$	$KHC_8H_4O_4$	110～120℃	碱
重铬酸钾	$K_2Cr_2O_7$	$K_2Cr_2O_7$	140～150℃	还原剂
溴酸钾	$KBrO_3$	$KBrO_3$	130℃	还原剂
碘酸钾	KIO_3	KIO_3	130℃	还原剂
铜	Cu	Cu	室温，干燥器中保存	还原剂
三氧化二砷	As_2O_3	As_2O_3	室温，干燥器中保存	氧化剂
草酸钠	$Na_2C_2O_4$	$Na_2C_2O_4$	130℃	氧化剂
碳酸钙	$CaCO_3$	$CaCO_3$	110℃	EDTA
锌	Zn	Zn	室温，干燥器中保存	EDTA
氧化锌	ZnO	ZnO	900～1000℃	EDTA
氯化钠	$NaCl$	$NaCl$	500～600℃	$AgNO_3$

续 表

基准物质		干燥后的组成	干燥条件	标定对象
名称	化学式			
氯化钾	KCl	KCl	500~600℃	$AgNO_3$
硝酸银	$AgNO_3$	$AgNO_3$	220~250℃	氯化物

在分析化学中，称量基准物质时一般要求干燥至恒重。《中国药典》（2015年版）一部凡例中对恒重作了专门的定义：恒重，除另有规定外，是指试剂连续两次干燥或炽灼后称重的差异在0.3mg以下的重量；干燥至恒重的第二次及以后各次称重均应在规定条件下继续干燥1小时后进行；炽灼至恒重的第二次称重应在继续炽灼30分钟后进行。

二、滴定液

（一）滴定液的配制方法

滴定液的配制有直接法和标定法两种。

1. 直接法 凡符合基准物质条件的试剂，可用直接法进行配制。其步骤为：准确称取一定量基准物质，用水溶解后完全转入一定体积的容量瓶中，定容。然后根据基准物质的质量和溶液的体积，计算出该滴定液的准确浓度。例如，准确称取4.2538g基准物质$K_2Cr_2O_7$，用水溶解后，转移至1L容量瓶中定容、混匀，即得$0.01446mol \cdot L^{-1} K_2Cr_2O_7$滴定液。

2. 标定法 又称间接法，有很多物质不符合基准物质的条件，不能用直接法配制滴定液，这时可采用标定法配制。其步骤为：先配制成近似于所需浓度的溶液，然后用基准物质（或已经用基准物质标定过的滴定液）通过滴定反应来确定它的准确浓度，这一过程称为标定。例如，欲配制$0.1mol \cdot L^{-1}$的NaOH滴定液，可先配成近似浓度为$0.1mol \cdot L^{-1}$的NaOH溶液，然后称取一定量的基准物质如$H_2C_2O_4 \cdot 2H_2O$进行标定，或者用已知准确浓度的HCl滴定液进行标定，便可求得所配NaOH滴定液的准确浓度。

在实际工作中，有时选用与被分析试样组成相似的"标准试样"来标定滴定液，以消除共存元素的影响。

（二）滴定液浓度的表示方法

1. 物质的量浓度 滴定液的浓度常用物质的量浓度（简称浓度）来表示。物质B的物质的量浓度，是指溶液中所含溶质B的物质的量除以溶液的体积，一般用符号c_B表示：

$$c_B = \frac{n_B}{V} \tag{3-1}$$

式中 n_B 表示溶液中溶质 B 的物质的量，其单位为 mol 或 mmol；V 为溶液的体积，单位为 m^3 或 dm^3 等，在分析化学中，常用的体积单位为 L 或 mL。故浓度 c_B 的常用单位为 $mol \cdot L^{-1}$。

物质的量的计算公式如下：

$$n_B = \frac{m_B}{M_B} \tag{3-2}$$

式中 m_B 为溶质 B 的质量，单位为 g；M_B 为溶质 B 的摩尔质量，单位为 $g \cdot mol^{-1}$。

将式 3-2 代入式 3-1，可得：

$$c_B = \frac{m_B}{M_B V} \tag{3-3}$$

国际单位制（法语：Système International d'Unités，符号：SI），源自公制或米制，旧称"万国公制"，是现时世界上最普遍采用的标准度量衡单位系统，采用十进制进位系统，是 18 世纪末科学家的努力结果，最早于法国大革命时期的 1799 年被法国作为度量衡单位。国际单位制是在公制基础上发展起来的单位制，于 1960 年第十一届国际计量大会通过，推荐各国采用，其国际简称为 SI。

国际单位制（international system of units）是国际计量大会（CGPM）采纳和推荐的一种一贯单位制。在国际单位制中，将单位分成三类：基本单位、导出单位和辅助单位。7 个严格定义的基本单位是：长度（米 m）、质量（千克 kg）、时间（秒 s）、电流（安培 A）、热力学温度（开尔文 K）、物质的量（摩尔 mol）和发光强度（坎德拉 cd）。基本单位在量纲上彼此独立，导出单位很多，都是由基本单位组合起来而构成的。辅助单位目前只有两个，纯系几何单位。当然，辅助单位也可以再构成导出单位。各种物理量通过描述自然规律的方程及其定义而彼此相互联系。为了方便，选取一组相互独立的物理量作为基本量，其他量则根据基本量和有关方程来表示，称为导出量。

国家推荐在各行业中使用国际单位制单位，同时也选定了一些非国际单位制单位在日常生活中使用。如《中国药典》（2015 年版）中将 L、mL、μL 作为体积单位；生活中常将吨、公斤、斤作为质量单位使用。

例 3-1 准确称取 270～300℃ 干燥至恒重的基准物质碳酸钠 5.3000g，溶解后定容于 500mL 容量瓶中，试计算该碳酸钠滴定液的浓度。（$M_{Na_2CO_3} = 106.0 \, g \cdot mol^{-1}$）

解：根据式3-3：

$$c_{Na_2CO_3} = \frac{m_{Na_2CO_3}}{M_{Na_2CO_3}V} = \frac{5.3000}{106.0 \times 0.5000} = 0.1000 \; (mol \cdot L^{-1})$$

答：该碳酸钠滴定液的浓度为0.1000mol·L⁻¹。

注意：在表示物质的量浓度时，必须指明基本单元。基本单元的选择，一般以化学反应的计量关系为依据。

2. 滴定度 在生产单位的例行分析中，由于测定对象较为固定，常使用同一滴定液测定同种物质，为了简化计算，常用滴定度来表示滴定液的浓度。滴定度是指每毫升标准溶液相当于被测物质的质量，用$T_{B/T}$表示，其常用单位为$g \cdot mL^{-1}$、$mg \cdot mL^{-1}$。以滴定度来计算被测物质的质量非常简单，即：

$$m_B = T_{B/T}V_T \tag{3-4}$$

式中，下标T、B分别表示滴定液中的溶质、被测物质的化学式。V_T表示滴定物质B所消耗的滴定液的体积，单位为mL；$T_{B/T}$表示滴定液滴定物质B时的滴定度；m_B为被测物质B的质量，单位为g或mg。

例3-2 用$T_{Na_2CO_3/HCl} = 0.005000 g \cdot mL^{-1}$的HCl滴定液测定碳酸钠的含量，滴定终点时消耗HCl滴定液为20.00mL，请计算试样中碳酸钠的质量。

解：根据式3-4：

$$m_{Na_2CO_3} = T_{Na_2CO_3/HCl}V_{HCl} = 0.005000 \times 20.00 = 0.1000 \; (g)$$

答：该试样中所含碳酸钠的质量为0.1000g。

知识链接

滴定度的含义有两种，一是指每毫升滴定液相当于被测物质的质量，以$T_{B/T}$表示，如本节所述；滴定度还有一种含义，是指每毫升滴定液所含溶质的质量，以T_B表示，比如$T_{NaOH} = 0.003500 g/mL$ 时，表示1mL氢氧化钠溶液中含有0.003500g氢氧化钠。

第三节　滴定分析的计算

一、滴定分析计算的依据

前面提到，能用于滴定分析的化学反应基本条件之一便是反应必须按确定的化学计量关系定量完全地进行，这是滴定分析定量计算的依据。一般地，对于滴定液T与被测物质B之间的化学反应可表示为：

$$tT + bB \rightleftharpoons cC + dD$$

到达化学计量点时，参与反应的滴定液 T 与被测物质 B 的物质的量之比符合其化学反应方程式所示的化学计量数比，即：

$$n_T : n_B = t : b \tag{3-5}$$

式 3-5 是滴定分析中滴定液 T 与被测物质 B 之间化学计量的基本关系式，根据实际情况，可衍生出不同的计算表达式。

二、滴定分析计算的基本公式及应用示例

（一）直接法配制和溶液稀释有关计算

无论滴定剂是采用基准物质直接配制，还是使用滴定液稀释得到，其计算基本原理是根据配制前后物质的量相等的原则。

如果使用基准物质直接配制，则：

$$\frac{m_T}{M_T} = c_T V_T \tag{3-6}$$

如果使用滴定液稀释得到滴定剂，则：

$$c_1 V_1 = c_2 V_2 \tag{3-7}$$

式 3-7 中，下标 "1" 表示稀释前，"2" 表示稀释后。

例 3-3 欲配制 $0.0125 \text{mol} \cdot \text{L}^{-1}$ 的重铬酸钾滴定液 1L，应称取基准重铬酸钾的质量是多少克？（$M_{\text{K}_2\text{Cr}_2\text{O}_7} = 294.18 \text{g} \cdot \text{mol}^{-1}$）

解：根据式 3-6，可得：

$$m_{\text{K}_2\text{Cr}_2\text{O}_7} = c_{\text{K}_2\text{Cr}_2\text{O}_7} V_{\text{K}_2\text{Cr}_2\text{O}_7} M_{\text{K}_2\text{Cr}_2\text{O}_7} = 0.0125 \times 1.000 \times 294.18 = 3.6772 \ (\text{g})$$

答：应称取基准重铬酸钾的质量是 3.6772g。

例 3-4 现有浓度为 $0.1022 \text{mol} \cdot \text{L}^{-1}$ 的 HCl 滴定液 500mL，欲将其稀释成浓度为 $0.1000 \text{mol} \cdot \text{L}^{-1}$ 的标准滴定液，问滴定液中需要加入多少水？

解：设滴定液中需要加入水的体积为 V（mL），稀释后的溶液体积则为（500 + V）mL。根据公式 3-7，可得出：

$$0.1022 \text{mol} \cdot \text{L}^{-1} \times 500 \text{mL} = 0.1000 \text{mol} \cdot \text{L}^{-1} \times (500 + V) \ \text{mL}$$

$$V = 11.00 \ (\text{mL})$$

答：需向该滴定液加入水 11.00mL。

（二）滴定液浓度有关计算及应用

1. 基准物质法标定 用基准物质 B 标定滴定液 T，由式 3-5 可推导出：

$$c_T = \frac{t}{b} \times \frac{m_B}{M_B V_T} \tag{3-8a}$$

式中，c_T 为待标定的滴定液 T 的物质的量浓度，其单位为 $mol \cdot L^{-1}$；$\frac{t}{b}$ 为滴定液中溶质 T 与基准物质 B 的化学反应方程式所示的化学计量数比；m_B 为称取的基准物质 B 的质量，单位为 g；M_B 为基准物质 B 的摩尔质量，单位为 $g \cdot mol^{-1}$；V_T 为消耗的待标定滴定液 T 的体积，单位为 L。实际分析工作中，滴定液的消耗一般用毫升进行计量，因此，式 3 - 8a 也写为：

$$c_T = \frac{t}{b} \times \frac{m_B \times 1000mL \cdot L^{-1}}{M_B V_T} \qquad (3-8b)$$

例 3 - 5　NaOH 滴定液一般使用基准物质邻苯二甲酸氢钾（用 KHP 表示）来进行标定。若精确称取基准 KHP 0.4256g，用 NaOH 溶液滴定至滴定终点时，消耗 NaOH 溶液 20.50mL，试计算该 NaOH 溶液的浓度。（$M_{KHP} = 204.2g \cdot mol^{-1}$）

解：KHP 与 NaOH 的化学反应方程式为：

根据式 3 - 8b 可得：

$$c_{NaOH} = \frac{m_{KHP} \times 1000mL \cdot L^{-1}}{M_{KHP} V_{NaOH}} = \frac{0.4256g \times 1000mL \cdot L^{-1}}{204.2g \cdot mol^{-1} \times 20.50mL} = 0.1017mol \cdot L^{-1}$$

答：该 NaOH 溶液的浓度为 $0.1017mol \cdot L^{-1}$。

2. 比较法标定　用已知其准确浓度为 c_T 的滴定液标定物质 B 的溶液，由式 3 - 5 可以推导出：

$$c_B = \frac{b}{t} \times \frac{c_T V_T}{V_B} \qquad (3-9)$$

式中，$\frac{b}{t}$ 为物质 B 与滴定液中溶质 T 的化学反应方程式所示的化学计量数比。

例 3 - 6　精密量取待标定的某盐酸溶液 25.00mL 于 250mL 锥形瓶中，用 $0.1012mol \cdot L^{-1}$ 的 NaOH 滴定液滴定至终点，消耗 NaOH 滴定剂 25.45mL，试计算该盐酸溶液的物质的量浓度。

解：HCl 与 NaOH 的化学反应方程式为：

$HCl + NaOH \Longrightarrow NaCl + H_2O$

根据式 3 - 9 可得：

$$c_{HCl} = \frac{c_{NaOH} V_{NaOH}}{V_{HCl}} = \frac{0.1012 \, mol \cdot L^{-1} \times 25.45mL}{25.00mL} = 0.1030mol \cdot L^{-1}$$

答：该盐酸溶液的物质的量浓度为 $0.1030mol \cdot L^{-1}$。

3. 物质的量浓度与滴定度的相互转换 根据物质的量浓度和滴定度的定义，将式3 - 4代入式3 - 8b中：

$$c_T = \frac{t}{b} \times \frac{m_B \times 1000\text{mL} \cdot \text{L}^{-1}}{M_B V_T} = \frac{t}{b} \times \frac{T_{B/T} V_T \times 1000\text{mL} \cdot \text{L}^{-1}}{M_B V_T} = \frac{t}{b} \times \frac{T_{B/T} \times 1000\text{mL} \cdot \text{L}^{-1}}{M_B}$$

即：

$$c_T = \frac{t}{b} \times \frac{T_{B/T} \times 1000\text{mL} \cdot \text{L}^{-1}}{M_B} \tag{3 - 9a}$$

或

$$T_{B/T} = \frac{b}{t} \times \frac{c_T \times M_B}{1000\text{mL} \cdot \text{L}^{-1}} \tag{3 - 9b}$$

例3 - 7 试计算 0.1000mol · L^{-1} 的 NaOH 滴定液对 $H_2C_2O_4 \cdot 2H_2O$ 的滴定度。（$M_{H_2C_2O_4 \cdot 2H_2O} = 126.07\text{g} \cdot \text{mol}^{-1}$）

解：NaOH 与 $H_2C_2O_4 \cdot 2H_2O$ 的化学反应方程式为：

$$2NaOH + H_2C_2O_4 \Longrightarrow Na_2C_2O_4 + 2H_2O$$

根据式3 - 9b可得：

$$T_{H_2C_2O_4 \cdot 2H_2O/NaOH} = \frac{1}{2} \times \frac{0.1000\text{mol} \cdot \text{L}^{-1} \times 126.07\text{g} \cdot \text{mol}^{-1}}{1000\text{mL} \cdot \text{L}^{-1}} = 6.304 \times 10^{-3}\text{g} \cdot \text{mL}^{-1}$$

答：0.1000mol · L^{-1} 的 NaOH 滴定液对 $H_2C_2O_4 \cdot 2H_2O$ 的滴定度为 $6.304 \times 10^{-3}\text{g} \cdot \text{mL}^{-1}$。

例3 - 8 已知某 HCl 溶液对 CaO 的滴定度为 0.002804g · mL^{-1}，试计算该 HCl 溶液的物质的量浓度。（$M_{CaO} = 56.08\text{g} \cdot \text{mol}^{-1}$）

解：HCl 与 CaO 的化学反应方程式为：

$$2HCl + CaO \Longrightarrow CaCl_2 + H_2O$$

根据式3 - 9a可得：

$$c_{HCl} = \frac{2}{1} \times \frac{0.002804\text{g} \cdot \text{mL}^{-1} \times 1000\text{mL} \cdot \text{L}^{-1}}{56.08\text{g} \cdot \text{mol}^{-1}} = 0.1000\text{mol} \cdot \text{L}^{-1}$$

答：该 HCl 溶液的物质的量浓度为 0.2000mol · L^{-1}。

（三）被滴定物质质量有关计算及应用

若用浓度为 c_T 的滴定液滴定被测物质 B，滴定至滴定终点时消耗滴定剂的体积为 V_T，则由式3 - 8b可推导出：

$$m_B = \frac{b}{t} \times \frac{c_T V_T M_B}{1000\text{mL} \cdot \text{L}^{-1}} \tag{3 - 10}$$

式中，c_T 单位为 mol · L^{-1}；V_T 单位为 mL；m_T 为测得的被测物质 B 的质量，单位为 g；$\frac{b}{t}$ 为被测物质 B 与滴定液 T 的化学反应方程式所示的化学计量数比。

1. 估算试样称量范围

例3 - 9 用基准物质无水碳酸钠（Na_2CO_3）标定浓度约为 0.1mol · L^{-1} 的 HCl 溶液，

为将 HCl 溶液消耗体积控制在 20 ~ 25mL, 应称取的基准物质无水碳酸钠的质量为多少较为适宜? ($M_{Na_2CO_3} = 106.0g \cdot mol^{-1}$)

解: Na_2CO_3 与 HCl 的化学反应方程式为:

$$Na_2CO_3 + 2HCl \Longrightarrow 2NaCl + H_2CO_3$$

根据式 3 – 10 可得:

$$m_{Na_2CO_3} = \frac{1}{2} \times \frac{c_{HCl}V_{HCl}M_{Na_2CO_3}}{1000mL \cdot L^{-1}}$$

当消耗 HCl 溶液在 20mL 时, $m_{Na_2CO_3} = \frac{1}{2} \times \frac{0.1mol \cdot L^{-1} \times 20mL \times 106.0g \cdot mol^{-1}}{1000mL \cdot L^{-1}} \approx 0.21g$

当消耗 HCl 溶液在 25mL 时, $m_{Na_2CO_3} = \frac{1}{2} \times \frac{0.1mol \cdot L^{-1} \times 25mL \times 106.0g \cdot mol^{-1}}{1000mL \cdot L^{-1}} \approx 0.26g$

答: 要控制消耗的 HCl 体积在 20 ~ 25mL, 应称取基准物质无水碳酸钠的质量为 0.21 ~ 0.26g。

2. 计算被测组分含量 分析化学中, 被测物质组分 B 含量一般使用质量分数 (ω_B) 表示, 其计算表达式如下:

$$\omega_B = \frac{m_B}{m_S} \tag{3 – 11a}$$

式中 m_B 为被测物质组分 B 的质量, m_S 为称取的试样的总质量, 计算时, 两者的单位要相同。若用百分数表示质量分数, 则将质量分数乘以 100% 即可。若将式 3 – 10 代入上式, 则可得:

$$\omega_B = \frac{b}{t} \times \frac{c_T V_T M_B}{m_S 1000mL \cdot L^{-1}} \tag{3 – 11b}$$

式中各物理量的含义和单位与式 3 – 10 相同。

例 3 – 10 用 $AgNO_3$ 滴定液测定 NaCl 样品的含量: 精密称取供试样品 NaCl 0.1628g, 加水溶解, 加入适宜指示剂适量, 用 0.1000mol $\cdot L^{-1}$ 的 $AgNO_3$ 滴定液滴定至终点, 消耗 $AgNO_3$ 滴定剂 22.25mL, 请计算供试样品中 NaCl 的质量分数。($M_{NaCl} = 58.44g \cdot mol^{-1}$)

解: $AgNO_3$ 滴定液测定 NaCl 溶液的化学反应方程式为:

$$AgNO_3 + NaCl \Longrightarrow AgCl + NaNO_3$$

根据式 3 – 11b 可得:

$$\omega_{NaCl} = \frac{c_{AgNO_3} V_{AgNO_3} M_{NaCl}}{m_S 1000mL \cdot L^{-1}} = \frac{0.1000 \times 22.25 \times 58.44}{0.1628 \times 1000} = 0.7987$$

答: 供试样品中 NaCl 的质量分数为 0.7987。

例 3 – 11 测定药用硼砂 ($Na_2B_4O_7 \cdot 10H_2O$) 的含量: 精密称取 0.5068g, 用 0.1000mol $\cdot L^{-1}$ 的 HCl 滴定液滴定至终点, 消耗 HCl 滴定液 25.20mL, 请计算该药品中硼砂 ($Na_2B_4O_7 \cdot 10H_2O$) 的百分含量。($M_{Na_2B_4O_7 \cdot 10H_2O} = 381.4g \cdot mol^{-1}$)

解：硼砂与 HCl 的化学反应方程式为：

$$Na_2B_4O_7 + 2HCl + 5H_2O \Longrightarrow 2NaCl + 4H_3BO_3$$

根据式 3 - 11b 可得：

$$\omega_{Na_2B_4O_7 \cdot 10H_2O} = \frac{1}{2} \times \frac{c_{HCl} V_{HCl} M_{Na_2B_4O_7 \cdot 10H_2O}}{m_S 1000mL \cdot L^{-1}} \times 100\% = \frac{1}{2} \times \frac{0.1000 \times 25.20 \times 381.4}{0.5068 \times 1000} \times 100\%$$

$$= 94.82\%$$

答：该药品中硼砂（$Na_2B_4O_7 \cdot 10H_2O$）的百分含量为 94.82%。

实验二 滴定分析仪器的基本操作练习

一、实验目的

1. 掌握滴定分析中各容量仪器的用途及操作方法。

2. 熟悉各容量仪器操作要点。

3. 了解滴定分析的基本步骤、滴定操作过程和方法。

二、实验原理

以 HCl 和 NaOH 的滴定反应为例，练习移液管、吸量管、容量瓶、滴定管等滴定分析常用容量仪器的使用方法。滴定反应方程式如下：

$$HCl + NaOH \Longrightarrow NaCl + H_2O$$

$0.1mol \cdot L^{-1}$ 的 HCl 溶液与 $0.1mol \cdot L^{-1}$ 的 NaOH 溶液相互滴定时，化学计量点时，溶液 pH = 7.0，滴定突跃的 pH 范围为 4.3 ~ 9.7。当用 NaOH 滴定 HCl 时用酚酞作指示剂，终点由无色变化为浅红色；用 HCl 滴定 NaOH 时用甲基橙作指示剂，终点由黄色变为橙色。

三、仪器与试剂

1. 仪器　托盘天平、烧杯、量筒、锥形瓶（250mL）、酸式滴定管（50mL）、碱式滴定管（50mL）、移液管（25mL）、容量瓶（500mL）。

2. 试剂　NaOH 固体试剂、浓盐酸、酚酞（0.2% 乙醇溶液）、甲基橙（0.1% 水溶液）。

四、实验步骤

（一）溶液配制

1. $0.1mol \cdot L^{-1}$ HCl 溶液的配制　用量筒量取浓盐酸 2.1mL，倒入烧杯中，加适量水稀释至 250mL，摇匀，转移至试剂瓶中，贴上标签备用。

2. 0.1mol·L⁻¹NaOH 溶液的配制　称取 2g 固体 NaOH，置于烧杯中，加水适量，完全溶解并冷却后转移至容量瓶（500mL）中，定容后摇匀，转移至橡皮塞试剂瓶中，贴上标签备用。

（二）滴定管装液

1. 酸式滴定管装液　先对酸式滴定管进行检漏、洗涤后，用 0.1mol·L⁻¹ HCl 溶液润洗 2~3 次，每次 5~10mL。将 0.1mol·L⁻¹ HCl 溶液装入酸式滴定管中，排除气泡，将液面调节至 0.00mL 刻度处。

2. 碱式滴定管装液　先对碱式滴定管进行检漏、洗涤后，用 0.1mol·L⁻¹NaOH 溶液润洗 2~3 次，每次 5~10mL。将 0.1mol·L⁻¹NaOH 溶液装入碱式滴定管中，排除气泡，将液面调节至 0.00mL 刻度处。

（三）滴定操作练习

1. 用 HCl 溶液滴定 NaOH 溶液　用 0.1mol·L⁻¹NaOH 溶液润洗洗净的移液管后，准确移取 25.00mL 0.1mol·L⁻¹NaOH 溶液至 250mL 锥形瓶中，加入 1~2 滴甲基橙指示剂，使用酸式滴定管，以 0.1000mol·L⁻¹ HCl 滴定液滴定至溶液由黄色变成橙色，即为滴定终点。记录读数。平行测定三次。

2. 用 NaOH 溶液滴定 HCl 溶液　用 0.1mol·L⁻¹ HCl 溶液润洗洗净的移液管后，准确移取 25.00mL 0.1mol·L⁻¹HCl 溶液至 250mL 锥形瓶中，加入 2~3 滴酚酞指示剂，使用碱式滴定管，以 0.1000mol·L⁻¹NaOH 滴定液滴定至溶液由无色变为微红色并保持 30 秒不褪色，即为滴定终点。记录读数。平行测定三次。

五、数据记录及处理

（一）用 HCl 溶液滴定 NaOH 溶液

滴定份数	1	2	3
取用 NaOH 溶液体积 V_{NaOH}（mL）			
滴定管初始读数（mL）			
滴定终点时滴定管读数（mL）			
消耗 HCl 溶液体积 V_{HCl}（mL）			
NaOH 溶液物质的量浓度 c_{NaOH}（mol·L⁻¹）			
$\bar{c}_{NaOH}$（mol·L⁻¹）			
绝对偏差 d			
平均偏差 $\bar{d}$			
相对平均偏差 $\bar{Rd}$			

（二）用 NaOH 溶液滴定 HCl 溶液

滴定份数	1	2	3
取用 HCl 溶液体积 V_{HCl}（mL）			
滴定管初始读数（mL）			
滴定终点时滴定管读数（mL）			
消耗 NaOH 溶液体积 V_{NaOH}（mL）			
HCl 溶液物质的量浓度 c_{HCl}（mol·L^{-1}）			
$\bar{c}_{HCl}$（mol·L^{-1}）			
绝对偏差 d			
平均偏差 $\bar{d}$			
相对平均偏差 $\bar{Rd}$			

六、思考题

1. 在滴定开始前和停止后，滴定管尖嘴外留有的液体各应如何处理？

2. 滴定过程中使用的滴定管、量取液体的移液管在使用前均须使用操作溶液进行润洗，为什么？盛放被滴定溶液的锥形瓶需要润洗吗，请说明理由。

3. 如果酸式滴定管出现凡士林堵塞管口，应怎样处理？

附：常用容量仪器的使用方法

一、容量瓶

容量瓶主要用于准确地配制一定浓度的溶液。它是一种细长颈、梨形的平底玻璃瓶，配有磨口塞。瓶颈上刻有标线，当瓶内液体在所指定温度下达到标线处时，其体积即为瓶上所注明的容积数。使用容量瓶配制溶液的方法如下：

（一）检漏

容量瓶在使用前应先检查瓶塞处是否漏水，具体操作方法是：在容量瓶内装入半瓶水，塞紧瓶塞，用右手食指按住瓶塞，另一只手三个手指托住容量瓶底，将其倒立（瓶口朝下 2 分钟），观察容量瓶是否漏水；若不漏水，将瓶正立且将瓶塞旋转 180° 后，再次倒立 2 分钟，检查是否漏水。若两次操作，容量瓶瓶塞周围皆无水漏出，即表明容量瓶不漏水，经检查不漏水的容量瓶才能使用。容量瓶的瓶塞与容量瓶是一一对应的，为避免混淆，检漏后可用细绳将瓶塞拴在对应的容量瓶颈上。

（二）洗涤

检漏后的容量瓶需洗涤后备用，具体操作方法是：先用自来水冲洗，再用纯净水润洗2～3次。如瓶内较脏，不能洗净，可用铬酸洗液荡洗，洗净后用自来水将铬酸洗液冲洗干净，再用纯净水润洗2～3次。

（三）配制溶液

1. 把准确称量好的固体溶质放在烧杯中，用少量溶剂溶解。然后把其室温下的溶液转移到容量瓶里。为保证溶质能全部转移到容量瓶中，要用溶剂多次洗涤烧杯，并把洗涤溶液全部转移到容量瓶里。转移时要用玻璃棒引流。方法是将玻璃棒一端靠在容量瓶颈内壁上，注意不要让玻璃棒其他部位触及容量瓶口，防止液体流到容量瓶外壁上。加入适量溶剂后，振摇，进行初混。

2. 向容量瓶内加入的液体液面离标线0.5～1cm时，应改用滴管小心滴加，最后使液体的弯月面与标线正好相切。若加水超过刻度线，则需重新配制。

3. 盖紧瓶塞，用倒转和摇动的方法使瓶内的液体混合均匀。静置后如果发现液面低于刻度线，这是因为容量瓶内极少量溶液在瓶颈处润湿所损耗，并不影响所配制溶液的浓度，故不要再向瓶内加水，否则，将使所配制的溶液浓度降低。

4. 开盖回流：混合后，小心打开容量瓶盖，让瓶盖与瓶口处的溶液流回瓶内，再盖好瓶盖，再用倒转和摇动的方法使瓶内的液体混合均匀。在处理小体积样品时此点非常重要。

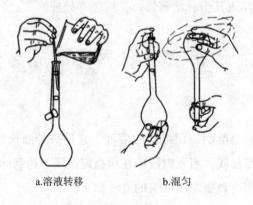

a.溶液转移　　　　b.混匀

实验图2－1　容量瓶使用示意图

二、移液管

移液管是一种量出式玻璃量器，只用来测量它所放出溶液的体积。它是一根中间有一膨大部分的细长玻璃管，其下端为尖嘴状，上端管颈处刻有一条标线，是所移取溶液的准确体积的标志。常用的移液管有5mL、10mL、25mL和50mL等规格。

通常把另一种具有分度线的直形玻璃管称为吸量管，吸量管也是一种量出式玻璃量器。常用的吸量管有 1mL、2mL、5mL 和 10mL 等规格，可以量取最大标识以下体积的溶液。移液管和吸量管所移取的溶液体积通常可准确到 0.01mL。

（一）检查

使用移液管前首先要看一下移液管标记、准确度等级、刻度标线位置等。同时检查其尖嘴状下端有无破损，有破损的移液管或吸量管量取的溶液体积不准确，不能使用。

（二）洗涤

移液管使用前应先用铬酸洗液润洗，以除去管内壁的油污。然后用自来水冲洗残留的洗液，再用水洗净，洗净后的移液管内壁应不挂水珠。移取溶液前，应先用滤纸将移液管末端内外的水吸干。

（三）移液

1. 吸液 用右手的拇指和中指捏住移液管的上端，将管的下口插入欲吸取的溶液中，插入不要太浅或太深，一般为 1~2cm 处，太浅会产生吸空，把溶液吸到洗耳球内弄脏溶液，太深又会在管外黏附溶液过多。左手拿洗耳球，先把球中空气压出，再将球的尖嘴接在移液管上口，慢慢松开压扁的洗耳球使溶液吸入管内，先吸入该管容量的 1/3 左右，用右手的食指按住管口，取出，横持，并转动管子使溶液接触到刻度以上部位，以置换内壁的水分，然后将溶液从管的下口放出并弃去。如此反复润洗 3 次后，即可吸取溶液至刻度以上，立即用右手的食指按住管口。

2. 调节液面 将移液管向上提升离开液面，管的末端仍靠在盛溶液器皿的内壁上，管身保持直立，略为放松食指（有时可微微转动管身）使管内溶液慢慢从下口流出，直至溶液的弯月面底部与标线相切为止，立即用食指压紧管口。将尖端的液滴靠壁去掉，移出移液管，插入承接溶液的器皿中。

3. 放出溶液 承接溶液的器皿如是锥形瓶，应使锥形瓶倾斜 30°~45°，移液管直立，

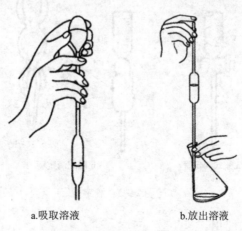

a.吸取溶液　　　　　b.放出溶液

实验图 2-2　移液管使用示意图

管下端紧靠锥形瓶内壁，稍松开食指，让溶液沿瓶壁慢慢流下，全部溶液流完后需等15秒后再拿出移液管，以便使附着在管壁的部分溶液得以流出。除非移液管上标明有"吹"字，否则残留在管尖末端内的溶液不可吹出，因为移液管所标定的量出容积中并未包括这部分残留溶液。

三、滴定管

滴定管是滴定分析中用来准确测量放出标准溶液体积的量出式玻璃量器。根据所装溶液性质的不同，分为碱式滴定管和酸式滴定管两种：碱式滴定管的下端连接一个橡皮管，管内放一颗直径比橡皮管内径略大一些的玻璃珠，用于控制溶液的滴定速度，橡皮管下端连一尖嘴玻璃管。碱性滴定管用于盛碱性溶液和无氧化性溶液。酸式滴定管下端有玻璃活塞开关，可以控制滴定速度。酸式滴定管用于盛装酸性、中性及氧化性溶液，不能盛装碱性溶液，因为碱性溶液能腐蚀玻璃，使活塞难以转动。

另外，按其颜色的不同，滴定管可分为无色透明滴定管和棕色滴定管。一些需要避光的溶液，如硝酸银、硫代硫酸钠、高锰酸钾等都要用棕色滴定管盛装，以防止溶液在滴定过程中分解。

滴定管的刻度由上而下数值增大，其常用的容量规格有 25mL 和 50mL 两种，最小刻度单位为 0.1mL，读数可估计到 0.01mL。

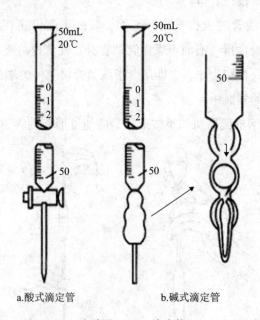

a.酸式滴定管　　　　　　b.碱式滴定管

实验图 2-3　滴定管

（一）酸式滴定管的使用

1. **检漏**　酸式滴定管在使用前须检查其玻璃旋塞与管身是否配套、结合部分转动是否灵活及密合性是否良好。检查方法是：在滴定管内装水至最高标线，垂直置于滴定管架上，静置2分钟，观察旋塞两端及滴定管管口处有否渗水，无渗水则转动旋塞180°，再次观察，不漏水为通过。否则按下述方法处理：把滴定管放在平台上，先取下旋塞上的小橡皮圈，再取下旋塞，用滤纸将旋塞擦干净，再将旋塞槽的内壁擦干净，取少量凡士林擦在旋塞两头，沿周围各涂一薄层，涂完后，将旋塞一直插入槽中然后向同一方向转动，直到从外面观察时，全部透明为止。处理后重新检漏直至通过检查。

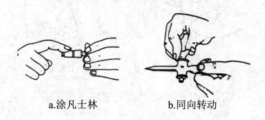

a.涂凡士林　　　　　b.同向转动

实验图2－4　酸式滴定管旋塞处理

2. 洗涤滴定管　无明显污染时，可直接用自来水冲洗，有油污时可使用洗衣粉溶液，当滴定管内壁非常脏时，可用铬酸洗液浸泡数分钟或几小时；最后用自来水充分冲净，继而用水润洗三次，每次加入水后，也是边转边向管口倾斜使水布满全管，并稍微震荡。立起以后，打开旋塞使水流出一些以冲洗出口管，然后关闭旋塞，将其余的水从上端口倒出，在每次倒出水时，注意尽量不使水残留。滴定管要洗涤到装满水后再放出时，内外壁全部为一层薄水膜湿润而不挂水珠方可，否则说明未洗净，必须重洗。

3. 装液　先用摇匀的标准溶液5~10mL润洗滴定管2~3次；关闭活塞，用左手前三指拿住滴定管上部无刻度处（若拿有刻度的部位，滴定管会因受热膨胀而造成体积误差）并让滴定管稍微倾斜，右手拿住试剂瓶往滴定管中倾倒溶液，使溶液沿滴定管内壁慢慢流下，直到"0.00mL"刻度以上。再用右手拿住滴定管上部无刻度处，并使滴定管倾斜30°，在下面放承接溶液的烧杯，左手迅速打开活塞，溶液急速冲出，赶出气泡，出口全部装满溶液。赶气泡操作若一次不成功时，可重复进行多次。补充溶液至滴定管的"0.00mL"刻度线以上，将滴定管固定在滴定架上，保持滴定管垂直，拧动活塞放掉过多的溶液，调节液面到"0.00mL"刻度线。

4. 滴定　用左手控制活塞进行滴定，右手摇动锥形瓶。拇指在前，食指和中指在后，握持活塞柄，无名指与小指弯曲在活塞下方和滴定管之间的直角内，转动活塞时，手掌微曲，手掌中心要空。注意手心不要向外顶，以免将活塞顶出而造成漏液。

滴定一般在锥形瓶中进行，滴定管插入锥形瓶口1~2cm，要边滴边摇瓶。眼睛注意观察锥形瓶中溶液颜色的变化，以便准确地确定滴定终点。滴定开始时，滴落点周围无明显的颜色变化，滴定速度可以快些，并边滴边摇瓶；继续滴定，颜色可暂时扩散到溶液，此时应滴一滴摇几下，最后要每滴出半滴就需要摇几下，直至终点。在滴定时要掌握三种滴加溶液的技能：第一种是逐滴滴加；第二种是只加一滴；第三种是使溶液悬而未落，即加半滴。

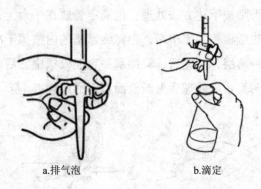

a.排气泡   b.滴定

实验图 2－5   酸式滴定管使用示意图

（二）碱式滴定管的使用

1. 检漏   检查碱式滴定管的胶管孔径与玻璃珠大小是否合适，胶管是否有孔洞、裂纹和硬化，滴定管是否完好无损等。检查方法是：在滴定管内装水至最高标线，垂直置于滴定管架上，静置 2 分钟，观察滴定管管口处有否渗水，若漏液，更换橡胶管或玻璃珠。

2. 洗涤滴定管   洗涤程序与酸式滴定管相同，只是在使用洗涤液或铬酸洗液时，需将橡胶管换成滴定时不用的橡胶管，等用自来水冲洗后再换回，避免橡胶管受到洗涤液腐蚀。

3. 装液   碱式滴定管装液程序与酸式滴定管相同。区别在于排除气泡的操作，碱式滴定管排除气泡的操作：将橡胶管向上弯曲，使管尖向斜上方，同时用两个手指轻轻挤压玻璃珠两侧的橡胶管，使溶液从管尖喷出，排除气泡。

4. 滴定   用左手控制玻璃珠，拇指在前，食指在后，捏住玻璃珠中部偏上方的橡胶管，用无名指及小指夹住尖嘴玻璃管，向一侧推动橡胶管，使其与玻璃珠之间形成一条缝隙供溶液流出。注意不要捏玻璃珠下方的橡胶管，也不要使玻璃珠在橡胶管中移动，否则易使空气进入尖嘴玻璃管，形成气泡。其他滴定操作同酸式滴定管。

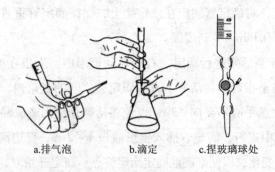

a.排气泡   b.滴定   c.捏玻璃球处

实验图 2－6   碱式滴定管使用示意图

四、滴定管的读数

分析工作中经常涉及定容、精密量取特定体积及滴定管读数等操作，这些操作的共同点是都须将溶液的液面和容量仪器的某一刻度标线进行对齐。下面以滴定管的读数为例，简单介绍容量仪器中液面和刻度标线对齐读数的一般原则。

滴定管读数时，应将滴定管从架上取下来，用右手大拇指和食指夹持在滴定管液面上方，使滴定管与地面呈垂直状态。等液面稳定后，保持视线、读数位置、溶液液面三者在同一水平面上。对无色或浅色溶液，读取溶液凹液面最低处与水平相切线位置数值；对深色溶液，可读取溶液凹液面两侧最高处的刻度位置数值。有的容量仪器管身背后有一条蓝底白线的助读带，无色溶液这时会形成两个凹液面，且相交于助读带的中线上，读数时读取该交点的刻度位置数值即可；对深色溶液，仍读取液面两侧最高处的刻度位置数值。

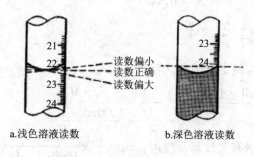

a.浅色溶液读数　　　　　b.深色溶液读数

实验图 2－7　滴定管读数示意图

五、常用容量玻璃仪器使用注意事项

1. 容量玻璃仪器一般均标有适用温度，只有在标识温度下，所标识的刻度才能准确对体积进行量取（一般的分析工作在室温下进行，也即一般容量玻璃仪器标识的20℃）。

2. 容量玻璃仪器仅用于量取溶液的体积，一般不用作溶解、加热或储存（使用容量瓶配制溶液时，也不能长时间储存溶液，因为溶液可能会对瓶体进行腐蚀从而使容量瓶的精度受到影响）等其他用途。

3. 量取试剂后，如短时间内不再量取同一试剂，一般应将所用容量玻璃仪器洗净晾干以备它用。禁止在未洗净晾干的情况下使用同一量器量取不同的试剂。

本章小结

本章主要介绍滴定分析法中的基本术语、概念和基本计算方法。

1. 基本术语和概念：滴定液（标准溶液）、滴定、化学计量点、滴定终点、指示剂、终点误差、基准物质、标定及恒重。

2. 滴定分析法的类型：酸碱滴定法、配位滴定法、氧化还原滴定法和沉淀滴定法。

3. 滴定分析的滴定方式：直接滴定、返滴定、置换滴定和间接滴定。

4. 滴定液的配制方法：直接法和标定法。

5. 滴定液浓度的表示方法：物质的量浓度和滴定度。

6. 滴定分析有关计算：

（1）滴定分析的化学计量关系：$tT + bB \Longrightarrow cC + dD$，$n_T : n_B = t : b$

（2）直接法配制滴定液：$\dfrac{m_T}{M_T} = c_T V_T$

（3）溶液稀释：$c_1 V_1 = c_2 V_2$

（4）基准物质法标定：$c_T = \dfrac{t}{b} \times \dfrac{m_B}{M_B V_T}$

（5）比较法标定：$c_B = \dfrac{b}{t} \times \dfrac{c_T V_T}{V_B}$

（6）物质的量浓度与滴定度的相互转换：

$$c_T = \dfrac{t}{b} \times \dfrac{T_{B/T} \times 1000\,mL \cdot L^{-1}}{M_B} \quad 或 \quad T_{B/T} = \dfrac{b}{t} \times \dfrac{c_T \times M_B}{1000\,mL \cdot L^{-1}}$$

（7）被滴定物质质量有关计算及应用：$m_B = \dfrac{b}{t} \times \dfrac{c_T V_T M_B}{1000\,mL \cdot L^{-1}}$

复习思考

一、选择题

1. 已知准确浓度的溶液称为（　　　）

  A. 试液　　　　　　　B. 缓冲溶液　　　　C. 滴定液　　　　D. 被测物质溶液

2. 滴定分析法是（　　　）中的一种分析方法。

  A. 化学分析法　　　B. 重量分析法　　　C. 仪器分析法　　　D. 中和分析法

3. 下列哪项不是基准物质必须具备的条件（　　　）

  A. 物质具有足够的纯度　　　　　　　B. 物质组成与化学式完全符合

  C. 物质易溶于水　　　　　　　　　　D. 物质的性质稳定

4. 下列滴定分析对化学反应的要求，哪一个不正确（　　　）

  A. 反应定量进行　　　　　　　　　　B. 反应速度快

  C. 滴定终点和化学计量点完全吻合　　D. 不发生副反应

5. 在测定 Cl^- 时，采用 $AgNO_3$ 滴定液进行滴定，此种滴定方式属于( )

    A. 直接滴定法   B. 返滴定法   C. 置换滴定法   D. 间接滴定法

6. 滴定分析法主要用于( )

    A. 定性分析   B. 常量分析   C. 重量分析   D. 仪器分析

7. 滴定分析中，在指示剂变色时停止滴定，这一点称为( )

    A. 计量点   B. 化学计量点   C. 等量点   D. 滴定终点

8. 待测组分的质量除以试液的质量表示的是( )

    A. 质量分数   B. 质量浓度   C. 物质的量浓度   D. 体积分数

9. 下列说法中，哪个是不正确的( )

    A. 酸碱滴定是以中和反应为基础的一种滴定分析法

    B. 凡是能进行氧化还原反应的物质，都能用直接法测定它的含量

    C. 适用于直接滴定法的化学反应，必须是能定量完成的化学反应

    D. 滴定分析对化学反应的要求之一是反应速率快

10. 由于滴定终点与化学计量点的差别而造成的分析误差称为( )

    A. 相对误差   B. 绝对误差   C. 偶然误差   D. 滴定误差

11. 对于滴定分析法，下列错误的是( )

    A. 以化学反应为基础的分析方法

    B. 要有合适的方法指示滴定终点

    C. 是药物分析中常用的一种含量测定方法

    D. 所有化学反应都可以用于滴定分析

12. 某 500mL 硫酸溶液含有硫酸 4.904g，则此溶液浓度表示为 $c_{\frac{1}{2}H_2SO_4}$ 时，其值为( )

    A. $9.808mol \cdot L^{-1}$ B. $0.1mol \cdot L^{-1}$

    C. $4.904mol \cdot L^{-1}$ D. $0.2mol \cdot L^{-1}$

13. 用基准物质配制滴定液应选用的方法是( )

    A. 移液管配制法   B. 直接配制法

    C. 间接配制法   D. 多次称量配制法

14. 滴定液是指( )

    A. 只能用基准物质配制的溶液   B. 浓度已知、准确的溶液

    C. 浓度永远不变的溶液   D. 当天配制、标定、使用的溶液

15. 下列说法中不正确的是( )

    A. 同样质量的一种物质，选用不同的基本单元，物质的量总是相同的

    B. 使用摩尔质量时，必须指明物质的基本单元

    C. 基本单元可以是原子、分子、电子及其他粒子或是这些粒子的特定组合

D. 表示物质的量时，应指明物质的基本单元

16. 在滴定分析中，化学计量点与滴定终点的关系是( )

    A. 两者必须吻合   B. 两者互不相干

    C. 两者含义相同   D. 两者愈接近，滴定误差愈小

17. 将 0.2500g Na_2CO_3 基准物质溶于适量水中后，用 0.2mol·L^{-1} 的 HCl 溶液滴定至终点，大约消耗此 HCl 溶液的体积是( )

    A. 18mL   B. 20mL   C. 24mL   D. 26mL

18. 滴定终点是指( )

    A. 指示剂发生颜色变化的转折点

    B. 滴定液和被测物质质量相等

    C. 滴定液与被测物质按化学反应式反应完全时

    D. 加入滴定液 25.00mL 时

19. 用基准物质配制滴定液，应选用的量器是( )

    A. 量杯   B. 滴定管   C. 量筒   D. 容量瓶

20. 测定 $CaCO_3$ 的含量时，加入一定量过量的 HCl 滴定液与其完全反应，剩余的 HCl 用 NaOH 溶液滴定，此滴定方式属于( )

    A. 直接滴定方式   B. 间接滴定方式

    C. 置换滴定方式   D. 返滴定方式

二、判断题

1. 称量分析比滴定分析更为简便、迅速。( )

2. 一般能满足滴定分析要求的反应，都可用于直接滴定。( )

3. 酸碱滴定法主要应用于测定金属离子。( )

4. 用滴定液直接滴定被测物质溶液的方法叫直接滴定法。( )

5. 被测物和适当过量的试剂反应，生成一定量的新物质，再用一标准溶液来滴定生成的物质，此法叫返滴定法。( )

6. 滴定分析是以测量溶液体积为基础，故又称容量分析。( )

7. 滴定分析结果的计算是根据所加标准溶液的浓度和所消耗的体积。( )

8. 滴定分析的化学计量点又称滴定终点。( )

9. 滴定分析多用于微量组分分析。( )

10. 滴定分析测定的相对误差一般小于 0.1%。( )

三、简答题

1. 化学计量点与滴定终点两者有何不同？终点误差怎样理解？

2. 能够用于滴定分析的化学反应应具备哪些条件？

3. 滴定液的标定方法有几种？请说出每种的优缺点。

4. 常用的滴定方式有哪几种？各在什么情况下使用？

四、计算题

1. 用基准物质硼砂（$Na_2B_4O_7 \cdot 10H_2O$）标定浓度约为 $0.1mol \cdot L^{-1}$ HCl 溶液，若希望控制消耗的 HCl 溶液体积在 25mL 左右，则应称取基准物质硼砂（$Na_2B_4O_7 \cdot 10H_2O$）多少克？（$M_{Na_2B_4O_7 \cdot 10H_2O} = 381.4g \cdot mol^{-1}$）

2. 精密称取基准物质草酸（$H_2C_2O_4 \cdot 2H_2O$）0.2025g，溶于适量水中，用待标定的 NaOH 溶液滴定，以酚酞为指示剂滴定至终点时，消耗 20.00mL，请计算此 NaOH 溶液的物质的量浓度。（$M_{H_2C_2O_4 \cdot 2H_2O} = 126.07g \cdot mol^{-1}$）

3. 分析不纯的碳酸钙试样（不含干扰物质），精密称取试样 0.3000g，加入浓度 $0.2500mol \cdot L^{-1}$ 的 HCl 标准溶液 25.00mL，煮沸除去 CO_2，用 $0.2012mol \cdot L^{-1}$ 的 NaOH 溶液返滴定过量的 HCl 标准溶液，消耗 NaOH 溶液 5.84mL，计算试样中碳酸钙的百分含量。（$M_{CaCO_3} = 100.09g \cdot mol^{-1}$）

扫一扫，知答案

酸碱滴定法

引　子

　　酸碱滴定法在医药卫生等方面都有非常重要的意义。如测定血液中 HCO_3^- 的含量，供临床诊断参考；测定药物活性成分的含量，如阿司匹林中的乙酰水杨酸及用于药物合成的药物添加剂的含量测定和纯度控制，它是医药行业用得最多的滴定。一个典型的例子就是盐酸麻黄碱的纯度控制。该成分通常出现在咳嗽糖浆中，用以治疗支气管哮喘。其含量的测定就是用酸碱滴定法进行测定。

　　酸碱滴定法是以酸碱反应为基础的滴定分析方法，包括水溶液和非水溶液中进行的酸碱滴定法两大类。一般酸、碱及能与酸、碱直接或间接发生质子转移反应的物质都可以用酸碱滴定法测定，酸碱滴定法是滴定分析法中重要的分析方法之一，应用十分广泛，是化学分析法中最常用的分析方法。

　　本章重点讨论酸碱指示剂及其选择、酸碱滴定的理论和应用等问题。

第一节　酸碱指示剂

一、指示剂的变色原理和变色范围

（一）指示剂的变色原理

酸碱指示剂是一类在特定 pH 范围内，由于自身结构改变而显示不同颜色的有机物。大多是一些结构比较复杂的有机弱酸或有机弱碱。其共轭碱酸对具有不同的结构，并且呈现不同的颜色。当溶液的 pH 改变时，指示剂失去或得到质子，其结构随之发生转变，引起颜色的变化。

例如，甲基橙是一种双色指示剂，其结构为有机弱碱。在溶液中的解离平衡及相应的颜色变化如下：

黄色（碱式色）　　　　　　　　　　　　　红色（酸式色）

当溶液酸度增大时，甲基橙主要以醌式偶极离子存在，溶液呈红色；当溶液酸度减小时，平衡向左移动至一定程度后，甲基橙主要以偶氮结构存在，溶液呈黄色。

又例如，酚酞是一种单色指示剂，其结构为有机弱酸，在溶液中的解离平衡及相应的颜色变化为：

无色（酸式色）　　　　　　　　红色（碱式色）

当溶液酸度增大时，酚酞主要以酸式结构存在，溶液无色；当溶液酸度减小时，酚酞主要以碱式结构（醌型）存在，溶液呈红色。

综上所述，酸碱指示剂的变色原理是基于溶液 pH 的变化，导致指示剂的结构变化，从而引起溶液的颜色发生改变。

（二）指示剂的变色范围

溶液 pH 的变化使指示剂共轭酸碱的解离平衡发生移动，致使颜色变化。但由于肉眼观察颜色的局限性，只有当溶液的 pH 改变到一定范围，才能明显看到指示剂的颜色变化。

现以弱酸指示剂（HIn）为例，说明指示剂的变色与溶液中 pH 之间的数量关系。HIn

在溶液中存在下列解离平衡：

$$HIn \rightleftharpoons H^+ + In^-$$

$$酸式色 \quad 碱式色$$

平衡时，得：

$$\frac{[H^+][In^-]}{[HIn]} = K_{HIn}，即 \frac{[In^-]}{[HIn]} = \frac{K_{HIn}}{[H^+]} \qquad (4-1)$$

K_{HIn} 为指示剂的解离平衡常数，又称为指示剂常数。在一定温度下，K_{HIn} 为常数。

理论上，当 $\frac{[In^-]}{[HIn]} < 1$ 时，可以看到指示剂的酸式色；而当 $\frac{[In^-]}{[HIn]} > 1$ 时，可以看到指示剂的碱式色。但由于肉眼观察的局限性，则必须在 $\frac{[In^-]}{[HIn]} \leq \frac{1}{10}$ 时，才能看到该指示剂的酸式色，即 HIn 的颜色，而看不到其碱式色，即 In^- 的颜色；同理，当 $\frac{[In^-]}{[HIn]} \geq 10$ 时，肉眼才能看到该指示剂 In^- 的颜色，而看不到 HIn 的颜色。

可见，肉眼只能在一定浓度范围内看到指示剂的颜色变化。这一范围是：

$$\frac{[In^-]}{[HIn]} \geq 10 \sim \frac{[In^-]}{[HIn]} \leq \frac{1}{10} \quad 即 \ pH = pK_{HIn} \pm 1 \qquad (4-2)$$

式 4-2 表示，$pH \geq pK_{HIn} + 1$ 时，溶液只显示指示剂的碱式色；$pH \leq pK_{HIn} - 1$ 时，溶液只显示指示剂的酸式色。只有溶液的 pH 从 $pK_{HIn} - 1$ 变化到 $pK_{HIn} + 1$ 后，肉眼才能看到指示剂的颜色变化。故 $pH = pK_{HIn} \pm 1$ 称为指示剂的理论变色范围。当 $[HIn] = [In^-]$ 时，则溶液的 $[H^+] = K_{HIn}$，即 $pH = pK_{HIn}$，这是酸式色和碱式色浓度相等时的 pH，称为指示剂的理论变色点。

不同的指示剂 pK_{HIn} 不同，因此其变色范围各不相同。由于肉眼对各种颜色敏感程度不同，实际观察到的指示剂变色范围与理论变色范围存在一定的差别。如甲基橙的 $pK_{HIn} = 3.4$，其理论变色范围为 $pH = 2.4 \sim 4.4$，由于肉眼对红色比黄色更加敏感，其实际变色范围为 $3.1 \sim 4.4$。实际应用中，使用的均为由实验测得的指示剂的实际变色范围。常用酸碱指示剂的变色范围见表 4-1。

表 4-1　常用酸碱指示剂的 pK_{HIn} 及变色范围

指示剂	变色范围 pH	颜色		pK_{HIn}	浓度
		酸色	碱色		
百里酚蓝	1.2 ~ 2.8	红	黄	1.65	0.1% 的 20% 乙醇溶液
甲基橙	3.1 ~ 4.4	红	黄	3.45	0.05% 的水溶液
溴酚蓝	3.0 ~ 4.6	黄	紫	4.1	0.1% 的 20% 乙醇溶液或其钠盐的水溶液
甲基红	4.2 ~ 6.3	红	黄	5.1	0.1% 的 60% 乙醇溶液或其钠盐的水溶液
溴百里酚蓝	6.2 ~ 7.6	黄	蓝	7.3	0.1% 的 20% 乙醇溶液或其钠盐的水溶液

指示剂	变色范围 pH	颜色		pK_{HIn}	浓度
		酸色	碱色		
酚酞	8.0 ~ 10.0	无	红	9.1	0.5% 的 90% 乙醇溶液
百里酚酞	9.4 ~ 10.6	无	蓝	10.0	0.1% 的 90% 乙醇溶液

二、影响指示剂变色范围的因素

为了在化学计量点时，当 pH 稍有改变，指示剂即由一种颜色变到另一种颜色，使滴定终点更接近于化学计量点，因此指示剂的变色范围应越窄越好。但影响指示剂变色范围的因素是多方面的。现分别讨论如下：

1. 温度 指示剂的解离常数 K_{HIn} 随着温度的改变而发生变化，因而指示剂的变色范围也随之发生改变。例如，酚酞在 18℃ 时，其 pH 的变色范围为 8.0 ~ 10.0，而在 100℃ 时为 8.0 ~ 9.2。

2. 指示剂的用量 指示剂本身是弱酸或者弱碱，在滴定过程中也要消耗一定量的滴定液，因而指示剂的用量一定要适当。当指示剂浓度过大时将导致终点颜色变化不敏锐，变色范围变宽。如酚酞，在 50 ~ 100mL 溶液中，加入 0.1% 酚酞指示剂 2 ~ 3 滴，在 pH = 9.0 时出现红色；在同样条件下，加入 10 ~ 15 滴，则在 pH = 8.0 时即出现红色。当指示剂用量太少时，则颜色太浅，不易观察到颜色变化。

3. 溶剂 指示剂在不同的溶剂中 K_{HIn} 不同，其变色范围也不同。例如，甲基橙在水溶液中的 pK_{HIn} = 3.4，而在甲醇中的 pK_{HIn} = 3.8。

4. 滴定程序 滴定程序与指示剂的选用有关系，如果指示剂使用不当，会影响变色的敏锐性。一般溶液由浅色变为深色，或由无色变为有色时，肉眼更易辨认。例如，酚酞由酸式结构变为碱式结构，颜色变化明显，易辨别。

三、混合指示剂

在某些酸碱滴定中，pH 突跃范围很窄，使用一般指示剂难以准确判断终点，可采用混合指示剂。

混合指示剂具有变色范围窄、变色敏锐的特点。通常可分为两类，一类是在某种指示剂中加入一种惰性染料，因颜色互补使变色敏锐。例如，由甲基橙和靛蓝组成的混合指示剂，靛蓝的颜色不随溶液的 pH 改变而变化，只作甲基橙的蓝色背景，在滴定过程中随溶液 pH 的变化而发生如下颜色变化。

溶液的酸度	甲基橙的颜色	甲基橙+靛蓝的颜色
pH≥4.4	黄色	绿色
pH =4	橙色	浅灰色
pH≤3.1	红色	紫色

可见，甲基橙由黄（红）色变到红（黄）色时，有一过渡色橙色较难辨认；而甲基橙-靛蓝混合指示剂，由绿色（或紫色）变化为浅灰色，再到紫色（绿色），中间呈近于无色的浅灰色，变色范围窄，终点颜色变化非常敏锐。

另一类是由 pK_{HIn} 接近的两种或两种以上的指示剂按一定比例混合而成，由于颜色互补的原理使变色范围变窄，颜色变化更敏锐。例如溴甲酚绿（pK_{HIn} 为 4.9，pH 变色范围 4.0～5.6，颜色变化黄～蓝）和甲基红（pK_{HIn} 为 5.2，pH 变色范围 4.4～6.2，颜色变化红～黄）按 3∶1 混合后，在 pH 小于 5.2 时溶液显酒红色；在 pH 大于 5.2 时溶液显绿色；而在 pH 为 5.2 时二者发生颜色互补，显浅灰色。溶液 pH 由 4.9 变为 5.2 时，颜色发生突变，由酒红色变为绿色，变色十分敏锐。常用的酸碱混合指示剂见表 4-2。

表 4-2　常用的混合指示剂

混合指示剂	变色点 pH	变色情况		备注
		酸式色	碱式色	
一份 0.1% 甲基黄乙醇溶液 一份 0.1% 亚甲基蓝乙醇溶液	3.25	蓝紫	绿	pH 值 3.4 绿色 pH 值 3.2 蓝紫色
一份 0.1% 甲基橙水溶液 一份 0.25% 靛蓝二磺酸水溶液	4.1	紫	黄绿	pH 值 4.0 灰色
三份 0.1% 溴甲酚绿乙醇溶液 一份 0.2% 甲基红乙醇溶液	5.1	酒红	绿	颜色变化显著
一份 0.1% 溴甲酚绿钠盐水溶液 一份 0.1% 氯酚红钠盐水溶液	6.1	黄绿	蓝紫	pH 值 5.4 蓝绿色，pH 值 5.8 蓝色 pH 值 6.0 蓝带紫，pH 值 6.2 蓝紫
一份 0.1% 中性红乙醇溶液 一份 0.1% 次甲基蓝乙醇溶液	7.0	蓝紫	绿	pH 值 7.0 紫蓝
一份 0.1% 甲酚红钠盐水溶液 三份 0.1% 百里酚蓝钠盐水溶液	8.3	黄	紫	pH 值 8.2 玫瑰色 pH 值 8.4 清晰的紫色
一份 0.1% 百里酚蓝 50% 乙醇溶液 三份 0.1% 酚酞 50% 乙醇溶液	9.0	黄	紫	从黄到绿再到紫
两份 0.1% 百里酚酞乙醇溶液 一份 0.1 茜素黄乙醇溶液	10.2	黄	紫	

第二节　酸碱滴定曲线及指示剂的选择

酸碱滴定的关键是滴定终点的确定，而滴定终点通常是通过指示剂变色来指示的，而指示剂变色与溶液的 pH 有关。要了解待测物质能否被准确滴定和如何选择合适的指示剂指示化学计量点，则必须了解滴定反应过程中溶液酸度的变化规律，尤其是在计量点前后 ±0.1% 的相对误差范围内溶液的 pH 变化情况。因为在此 pH 范围内发生颜色变化的指示剂，才符合滴定分析误差的要求。

在酸碱滴定过程中，以加入滴定液的体积为横坐标，以溶液的 pH 为纵坐标而绘制的曲线称为酸碱滴定曲线，它能很好地描述滴定过程中溶液的 pH 变化情况。下面按照不同类型的酸碱反应分别进行讨论。

一、强酸强碱的滴定

强酸、强碱在稀溶液中是全部解离的，因此，强酸与强碱的滴定反应完全，强酸与强碱相互滴定的基本反应为：

$$H^+ + OH^- \Longrightarrow H_2O$$

（一）滴定曲线

现以浓度为 $0.1000 \text{mol} \cdot L^{-1}$ 的 NaOH 滴定 20mL $0.1000 \text{mol} \cdot L^{-1}$ 的 HCl 为例，讨论滴定过程中溶液 pH 的变化情况。滴定过程可分为四个阶段：

1. 滴定开始前 溶液的 pH 取决于 HCl 的原始浓度。

$$[H^+] = 0.1000 \text{mol} \cdot L^{-1}, \quad pH = \lg[H^+] = \lg 0.1000 = 1.00$$

2. 滴定开始至化学计量点前 溶液的 pH 取决于剩余 HCl 的量和溶液的体积，即：

$$[H^+] = \frac{c_{HCl}V_{HCl} - c_{NaOH}V_{NaOH}}{V_{HCl} + V_{NaOH}}$$

例如，当滴入 NaOH 溶液 19.98mL，即化学计量点前 0.1% 时，

$$[H^+] = \frac{0.1000 \times 20.00 - 0.1000 \times 19.98}{20.00 + 19.98} \times 0.1000 = 5.00 \times 10^{-5} (\text{mol} \cdot L^{-1})$$

$$pH = 4.3$$

3. 化学计量点时 当滴入 NaOH 20.00mL 时，溶液中的 HCl 恰好被完全中和，溶液呈中性。

$$[H^+] = [OH^-] = 1.00 \times 10^{-7} (\text{mol} \cdot L^{-1}) \qquad pH = 7.00$$

4. 化学计量点后 溶液的 pH 由过量的 NaOH 的量和溶液的体积决定，即：

$$[OH^-] = \frac{c_{NaOH}V_{NaOH} - c_{HCl}V_{HCl}}{V_{HCl} + V_{NaOH}}$$

例如，当滴入 NaOH 溶液 20.02mL，即化学计量点后 0.1% 时，

$$[OH^-] = \frac{0.1000 \times 20.02 - 0.1000 \times 20.00}{20.02 + 20.00} = 5.00 \times 10^{-5} (\text{mol} \cdot L^{-1})$$

$$pOH = 4.30 \qquad pH = 9.70$$

如此逐一计算滴定过程中的 pH，计算结果列于表 4 - 3。

表 4 – 3 0.1000mol · L^{-1} NaOH 滴定 0.1000mol · L^{-1} HCl（20.00mL）溶液的 pH 变化

加入 NaOH（mL）	HCl 被滴定%	剩余的 HCl%	过量 NaOH%	[H$^+$]mol/L	pH
0	0	100		1.00×10^{-1}	1.00
18.00	90.0	10		5.00×10^{-3}	2.30
19.80	99.0	1		5.00×10^{-4}	3.30
19.98	99.9	0.1		5.00×10^{-5}	4.30
20.00	100.00	0		1.00×10^{-7}	7.00
20.02	100.1		0.1	2.00×10^{-10}	9.70
20.20	101.0		1.0	2.00×10^{-11}	10.70

若以加入 NaOH 的体积为横坐标，以溶液的 pH 为纵坐标作图，可得强碱滴定强酸的滴定曲线，如图 4 – 1 所示。

从表 4 – 3 和图 4 – 1 可以看出：

（1）在滴定开始时，pH 变化较小，至加入 NaOH 滴定液 19.98mL 时，溶液的 pH 仅改变了 3.30 个 pH 单位，曲线比较平坦。这是由于溶液中存在着较多的 HCl，酸度较大，因此 pH 变化缓慢。

（2）当 NaOH 滴定液从 19.98mL 增加到 20.02mL，即在化学计量点前后 ±0.1% 范围内，仅加入 NaOH 0.04mL（1 滴）时，溶液的 pH 值就由 4.30 急剧变化至 9.70，改变了 5.40 个 pH 单位，溶液由酸性突变到碱性。由图 4 – 1 可以看出，在计量点前后曲线呈近似垂直的一段，表明溶液的 pH 发生了急剧变化。这种在化学计量点附近溶液的 pH 的突变称为滴定突跃，滴定突跃所在的 pH 范围称为滴定突跃范围。

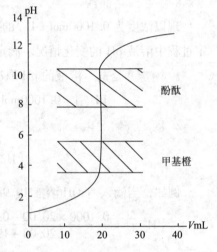

图 4 – 1 0.1000mol · L^{-1} NaOH 滴定 0.1000mol · L^{-1} HCl（20.00mL）溶液的滴定曲线

（3）化学计量点时 pH = 7.00。强酸强碱滴定的化学计量点溶液呈中性。

（4）此后再继续滴加 NaOH，溶液的 pH 变化又很缓慢，曲线趋于平坦。

滴定突跃具有十分重要的实际意义，它是选择指示剂的依据。理想的指示剂应恰好在化学计量点变色，但实际上这样的指示剂很难找到。因此凡是变色范围全部或部分处在滴定突跃范围内的指示剂，都可以用来指示滴定终点。例如，以上滴定突跃范围是 4.30 ~ 9.70，可选甲基橙、甲基红、酚酞等作指示剂。

如果用 0.1000mol · L^{-1} HCl 滴定 0.1000mol · L^{-1} NaOH，滴定曲线恰好与图 4 – 1 对称，但 pH 变化方向相反，滴定突跃范围为 9.70 ~ 4.30，也可选酚酞、甲基红、甲基橙等作指示剂，但终点颜色变化不同。

（二）影响滴定突跃范围的因素

图 4-2 是三种不同浓度的 NaOH 溶液滴定不同浓度的 HCl 溶液的滴定曲线。由图可见，滴定突跃的大小与溶液的浓度有关，浓度越大，滴定突跃范围越大，可供选用的指示剂越多；浓度越小，滴定突跃范围越小，可供选用的指示剂越少。例如 NaOH 溶液（$0.01 \text{mol} \cdot \text{L}^{-1}$）滴定 HCl 溶液（$0.01 \text{mol} \cdot \text{L}^{-1}$），滴定突跃范围的 pH 为 $5.30 \sim 8.70$，可选甲基红、酚酞作指示剂，但却不能选甲基橙作指示剂，否则会超过滴定分析的误差。当溶液浓度低于 $10^{-4} \text{mol} \cdot \text{L}^{-1}$ 时，无明显的滴定突跃，无法选择适当的指示剂。如果溶

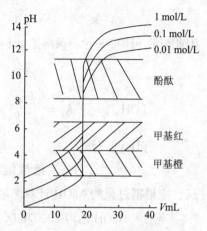

图 4-2 不同浓度的 NaOH 溶液滴定不同浓度的 HCl 溶液的滴定曲线

液浓度太高，虽然滴定突跃大，但引起的滴定误差也较大。故在酸碱滴定中一般滴定液浓度控制在 $0.1 \sim 0.5 \text{mol} \cdot \text{L}^{-1}$ 较适宜。

二、一元弱酸（碱）的滴定

这类滴定包括强酸滴定一元弱碱和强碱滴定一元弱酸。滴定反应式分别为：

$$OH^- + HA \rightleftharpoons A^- + H_2O$$

$$H^+ + B \rightleftharpoons HB^+$$

（一）滴定曲线

1. 强碱滴定弱酸 以 $0.1000 \text{mol} \cdot \text{L}^{-1}$ NaOH 滴定 20.00mL $0.1000 \text{mol} \cdot \text{L}^{-1}$ HAc 溶液为例，说明强碱滴定弱酸过程中溶液 pH 的变化情况，滴定反应为：

$$OH^- + HAc \rightleftharpoons Ac^- + H_2O$$

滴定过程分为四个阶段：

（1）滴定开始前 溶液组成为 HAc，溶液的 H^+ 主要来自于 HAc 的解离。弱酸溶液中的 [H^+] 计算公式：

$$[H^+] = \sqrt{cK_a}$$

$$[H^+] = \sqrt{0.1 \times 1.76 \times 10^{-5}} = 1.33 \times 10^{-3} (\text{mol} \cdot \text{L}^{-1})$$

$$pH = 2.88$$

（2）滴定开始至化学计量点前 随着 NaOH 的加入，溶液的组成为 HAc-NaAc 缓冲体系，溶液的 pH 可根据缓冲溶液公式计算：

$$pH = pK_a + \lg \frac{c_{NaAc}}{c_{HAc}}$$

当加入 NaOH 溶液 19.98mL 即化学计量点前 0.1% 时，生成 1.998mmol NaAc，剩余 0.002mmol HAc，此时溶液 pH = 7.76。

（3）化学计量点时 NaOH 与 HAc 全部反应，溶液组成为 NaAc。由于 Ac^- 为弱碱，因此溶液 pH 按一元弱碱溶液 pH 的最简式进行计算：

$$[OH^-] = \sqrt{cK_b}$$

$$[OH^-] = \sqrt{cK_b} = \sqrt{c\frac{K_w}{K_a}} = \sqrt{0.05 \times 5.68 \times 10^{-10}} = 5.33 \times 10^{-3} (mol \cdot L^{-1})$$

pH = 8.73

（4）化学计量点后 溶液组成为 NaAc + NaOH，由于 NaOH 过量，抑制了 Ac^- 的水解，应根据过量的 NaOH 计算溶液的 pH。

当加入 NaOH 溶液 20.02mL，即化学计量点后 0.1% 时，pH = 9.70。

如此逐一计算滴定过程中各点的 pH，将计算结果列于表 4-4。绘制滴定曲线如图 4-3 所示。

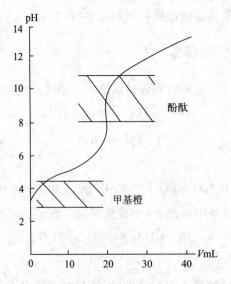

图 4-3 $0.1000mol \cdot L^{-1}$ NaOH 滴定 $0.1000mol \cdot L^{-1}$ HAc（20.00mL）的滴定曲线

表 4-4 用 NaOH（$0.1000mol \cdot L^{-1}$）滴定 20.00mL HAc（$0.1000mol \cdot L^{-1}$）溶液的 pH 变化

加入的 NaOH（mL）	HAc 被滴定%	剩余的 HAc%	过量 NaOH	计算式	pH
0	0	100		$[H^+] = \sqrt{cK_a}$	2.88
10.00	50.0	50.0			4.75
18.00	90.0	10		$pH = pK_a + lg\frac{c_{NaAc}}{c_{HAc}}$	5.71
19.80	99.0	1			6.75
19.98	99.9	0.1			7.75

续 表

加入的 NaOH（mL）	HAc 被滴定%	剩余的 HAc%	过量 NaOH	计算式	pH
20.00	100.0	0			8.73
20.02	100.1		0.02	$[OH^-] = \sqrt{cK_b}$	9.70
20.20	101.0		0.20		10.70

比较图 4-1 和图 4-3，可以看出强碱滴定弱酸有如下特点：

①滴定曲线起点 pH 高。因为 HAc 是弱酸，溶液中部分解离，因此 $[H^+]$ 低，pH 高。

②滴定开始至化学计量点前的曲线变化复杂。化学计量点前，由于 NaAc 的不断生成，在溶液中形成了 HAc - NaAc 的缓冲体系，pH 增加较慢，曲线较为平坦。当接近化学计量点时，溶液中的 HAc 已很少，溶液缓冲能力减弱，pH 增加变快。

③化学计量点时 pH = 8.73，溶液呈碱性。化学计量点时溶液组成为 NaAc，溶液呈碱性。

④滴定突跃范围小。滴定突跃 pH 范围为 7.76 ~ 9.70，比强碱强酸滴定突跃小很多。根据选择指示剂的原则，只能选用碱性区域内变色的指示剂，如酚酞或百里酚酞。

2. 强酸滴定弱碱　　以 $0.1000 mol \cdot L^{-1}$ HCl 滴定 $0.1000 mol \cdot L^{-1}$ $NH_3 \cdot H_2O$（20.00mL）为例，讨论强酸滴定一元弱碱溶液的 pH 变化。滴定反应：

$$HCl + NH_3 \rightleftharpoons NH_4^+ + Cl^-$$

与强碱滴定弱酸比较，pH 的变化方向相反。由于滴定产物是 NH_4Cl，化学计量点与突跃范围都在酸性区域内（pH 值 6.24 ~ 4.30），故应选用酸性区域变色的指示剂。

（二）影响滴定突跃范围的因素

一元弱酸（弱碱）的滴定突跃大小，取决于弱酸（碱）的强度和溶液的浓度两个因素。

1. 弱酸（弱碱）的强度　　用 $0.1000 mol \cdot L^{-1}$ 的 NaOH 滴定不同强度的 $0.1000 mol \cdot L^{-1}$ 的一元弱酸，绘制滴定曲线如图 4-4 所示。当弱酸浓度一定时，K_a 越大，滴定突跃范围越大，反之越小。当 $K_a < 10^{-9}$ 时，即使弱酸浓度为 $1 mol \cdot L^{-1}$，也无明显的突跃。

2. 溶液的浓度　　弱酸、弱碱的解离常数 K_a、K_b 一定时，其浓度越大，滴定突跃范围越大。

综上所述，用强碱滴定弱酸是有条件的。一般情况下，滴定液的浓度为 $0.1000 mol \cdot L^{-1}$，因此当弱酸的 $cK_a \geq 1.0 \times 10^{-8}$ 时，才能用强碱准确滴定。同理，

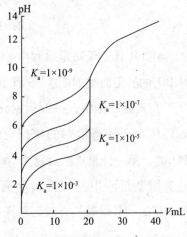

图 4-4　$0.1000 mol \cdot L^{-1}$ NaOH 滴定不同强度一元弱酸的滴定曲线

只有当弱碱的 $cK_b \geqslant 1.0 \times 10^{-8}$，才能用强酸准确滴定。

必须指出，如果用弱酸和弱碱来相互滴定，因无明显的滴定突跃，无法用一般的指示剂指示滴定终点。故在酸碱滴定中，一般用强碱和强酸作滴定液。

三、多元酸碱的滴定

（一）多元酸的滴定

常见的多元酸除 H_2SO_4 外，多数是弱酸，在水溶液中分步解离。在滴定多元酸中，主要涉及三个问题：首先是多元酸中每级解离 H^+ 能否与被滴定液准确滴定；其次是相邻两级解离的 H^+ 能否被分步滴定；三是如何选择指示剂。以二元弱酸 H_2A 为例：

1. 若 $cK_{a_1} \geqslant 1.0 \times 10^{-8}$，$cK_{a_2} \geqslant 1.0 \times 10^{-8}$，且 $K_{a_1}/K_{a_2} > 10^4$ 时，则两级解离的 H^+ 均可被准确滴定，而且可以分步滴定，即可形成两个突跃。

2. 若 $cK_{a_1} \geqslant 1.0 \times 10^{-8}$，$cK_{a_2} \geqslant 1.0 \times 10^{-8}$，且 $K_{a_1}/K_{a_2} < 10^4$ 时，则两级解离的 H^+ 均可被准确滴定，但不可以分步滴定，只形成一个突跃。

3. 若 $cK_{a_1} \geqslant 1.0 \times 10^{-8}$，$cK_{a_2} < 1.0 \times 10^{-8}$，则只能准确滴定第一级解离的 H^+，形成一个突跃。第二级解离的 H^+ 不能准确滴定。

例如：H_3PO_4 在水溶液中分三步解离：

$$H_3PO_4 \rightleftharpoons H^+ + H_2PO_4^- \qquad K_{a_1} = 1.0 \times 10^{-2.12}$$

$$H_2PO_4^- \rightleftharpoons H^+ + HPO_4^{2-} \qquad K_{a_2} = 1.0 \times 10^{-7.21}$$

$$HPO_4^{2-} \rightleftharpoons H^+ + PO_4^{3-} \qquad K_{a_3} = 1.0 \times 10^{-12.7}$$

因 K_{a_3} 太小，不能被准确滴定。可见用 NaOH 滴定 H_3PO_4 时，只有两个滴定突跃，其滴定反应为：

$$H_3PO_4 + NaOH \rightleftharpoons NaH_2PO_4 + H_2O$$

$$NaH_2PO_4 + NaOH \rightleftharpoons Na_2HPO_4 + H_2O$$

用 pH 计记录滴定过程中 pH 的变化，得 NaOH 滴定 H_3PO_4 的滴定曲线如图 4-5 所示。

在实际工作中，一般根据化学计量点时生成物的酸碱性作为选择指示剂的依据。例如，用 NaOH 滴定 H_3PO_4 时，第一计量点生成物为 NaH_2PO_4，其呈酸性，故可选择甲基橙或甲基红为指示剂；第二计量点生成物为 Na_2HPO_4，其呈碱性，故可选择酚酞为指示剂。

（二）多元碱的滴定

多元碱的滴定方法与多元酸的滴定类似，所以，多

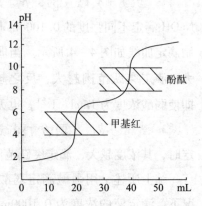

图 4-5 NaOH 溶液滴定 H_3PO_4 溶液的滴定曲线

元酸分步滴定的结论同样适用于多元碱的滴定，只需将 K_a 换成 K_b 即可。

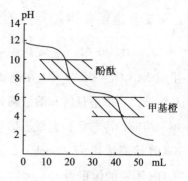

图 4 - 6　HCl 溶液滴定 Na_2CO_3 溶液的滴定曲线

现以 HCl 滴定 Na_2CO_3 为例。Na_2CO_3 为二元碱，用 HCl 滴定反应式如下：

$$HCl + Na_2CO_3 \rightleftharpoons NaHCO_3 + H_2O \qquad K_{b_1} = 2.1 \times 10^{-4}$$

$$HCl + NaHCO_3 \rightleftharpoons NaCl + H_2CO_3 \qquad K_{b_2} = 2.2 \times 10^{-8}$$

滴定曲线如图 4 - 6 所示。

第一计量点生成物为 $NaHCO_3$，其呈碱性，故可选酚酞为指示剂；第二计量点生成物为 H_2CO_3，其呈酸性，故可选择甲基橙为指示剂。

第三节　酸碱滴定液的配制和标定

酸碱滴定中的滴定液一般是 HCl 和 NaOH，其浓度在 $0.01 \sim 1 mol \cdot L^{-1}$ 之间，最常用的浓度是 $0.1 mol \cdot L^{-1}$。因 HCl 具有挥发性，NaOH 易吸收空气中的 CO_2 和 H_2O，只能采用间接法配制。

一、盐酸滴定液的配制与标定

1. $0.1 mol \cdot L^{-1}$ 盐酸滴定液配制　市售浓 HCl 的密度为 1.19，质量分数为 0.37，物质的量浓度约为 $12 mol \cdot L^{-1}$。

配制浓度为 $0.1 mol \cdot L^{-1}$ HCl 滴定液 1000mL 应取浓 HCl 的体积为：

$$V = \frac{0.1 \times 1000}{12} = 8.3 \ （mL）$$

因 HCl 易挥发，配制时应比计算量多取些，一般取 9mL。

2. $0.1 mol \cdot L^{-1}$ 盐酸滴定液的标定　标定 HCl 常用的基准物质是无水碳酸钠或硼砂，以无水碳酸钠为例，标定反应如下：

$$2HCl + Na_2CO_3 \rightleftharpoons 2NaCl + H_2CO_3$$

精密称取在 $270 \sim 300℃$ 干燥至恒重的基准无水碳酸钠约 0.12g，置于 250mL 锥形瓶中，加 50mL 水溶解后，加甲基红 - 溴甲酚绿混合指示剂 10 滴，用待标定的 HCl 滴定液滴定至溶液由绿变紫红色，煮沸约 2 分钟，冷却至室温，继续滴定至暗紫色，即为终点。记录所消耗 HCl 溶液的体积。平行测定 3 次。按下式计算盐酸溶液的浓度：

$$c_{HCl} = 2 \times \frac{m_{Na_2CO_3}}{V_{HCl} \times M_{Na_2CO_3}} \times 10^3$$

二、氢氧化钠滴定液的配制与标定

1. 0.1mol·L^{-1}氢氧化钠滴定液的配制 NaOH 易吸收空气中的水分，并与 CO$_2$ 反应生成 Na$_2$CO$_3$，因 Na$_2$CO$_3$ 在饱和的 NaOH 溶液中不溶解，故在实际应用中先配制 NaOH 饱和溶液，再取适量饱和溶液稀释到所需浓度和体积。取氢氧化钠适量，加水振摇使溶解成饱和溶液，冷却后，置聚乙烯塑料瓶中，静置数日，澄清后备用。配制时取上清液，饱和 NaOH 溶液浓度为 20mol·L^{-1}。如果配制 0.1mol·L^{-1} NaOH 溶液 1000mL，应取饱和 NaOH 溶液的体积为：

$$V = \frac{0.1 \times 1000}{20} = 5.0 \ (\text{mL})$$

实际操作时，一般比计算量多取些，取澄清的氢氧化钠饱和溶液 5.6mL，加新沸过的冷纯化水使成 1000mL，摇匀待标定。

2. 0.1mol·L^{-1}氢氧化钠滴定液的标定 标定 NaOH 滴定液常用的基准物质为邻苯二甲酸氢钾或草酸。以邻苯二甲酸氢钾为例，标定反应如下：

取在 105℃ 干燥至恒重的基准邻苯二甲酸氢钾约 0.5g，精密称定，加新沸过的冷纯化水 50mL，振摇，使其溶解，加酚酞指示液 2 滴，用待标定的 NaOH 滴定液滴定至溶液显粉红色。平行测定 3 次，按下式计算 NaOH 滴定液的浓度：

$$c_{\text{NaOH}} = \frac{m_{\text{C}_8\text{H}_5\text{O}_4\text{K}}}{V_{\text{NaOH}} \times M_{\text{C}_8\text{H}_5\text{O}_4\text{K}}} \times 10^3$$

第四节　医药应用与示例

酸碱滴定法应用范围极其广泛，能测定酸、碱及能与酸碱起反应的物质，许多药品如阿司匹林、药用硼砂、药用 NaOH 及铵盐和血浆中 CO$_2$ 等，都可用酸碱滴定法测定。下面按滴定方法不同分别介绍。

一、直接滴定法

凡能溶于水或其中被测组分可溶于水，且 $cK_a \geq 1.0 \times 10^{-8}$ 的强酸、弱酸及多元酸、混合酸都可以用碱滴定液直接滴定；同样，$cK_b \geq 1.0 \times 10^{-8}$ 的强碱、弱碱及多元碱、混合碱都可以用酸滴定液直接滴定。

（一）乙酰水杨酸的含量测定

乙酰水杨酸（阿司匹林）是常用的解热镇痛药，属芳酸酯类结构，分子结构中含有羧基，在溶液中可解离出 H^+（$K_a = 3.24 \times 10^{-4}$），故可用碱滴定液直接滴定，以酚酞为指示剂，其滴定反应为：

精密称取样品约 0.4g，加 20mL 中性乙醇，溶解后，加酚酞指示液 3 滴，在 10℃ 以下，用氢氧化钠滴定液滴定至溶液显粉红色。乙酰水杨酸的含量可按下式计算：

$$\omega_{C_9H_8O_4} = \frac{c_{NaOH} \cdot V_{NaON} \cdot M_{C_9H_8O_4}}{m_s \times 1000} \times 100\%$$

为防止乙酰水杨酸分子中的酯结构水解而使测定结果偏高，滴定应在中性乙醇溶液中进行，并注意滴定时应保持温度在 10℃ 以下，并在振摇下快速滴定。

（二）药用氢氧化钠的含量测定

1. 双指示剂法　药用氢氧化钠易吸收空气中的 CO_2，形成 NaOH 和 Na_2CO_3 的混合物。因此，用盐酸滴定液滴定时，NaOH 和 Na_2CO_3 可同时被滴定。由于滴定碳酸盐有两个化学计量点，可采用双指示剂滴定法将它们的含量分别测定。滴定过程分解示意如下：

$$\begin{cases} NaOH \\ Na_2CO_3 \end{cases} \xrightarrow[\text{至酚酞无色}]{HCl \quad V_1} \begin{cases} NaCl \\ NaHCO_3 \end{cases} \xrightarrow[\text{至甲基橙为橙色}]{HCl \quad V_2} \begin{cases} NaCl \\ H_2O + CO_2 \end{cases}$$

首先用酚酞指示剂，用盐酸滴定液滴定至溶液红色消失，记下消耗的盐酸滴定液的体积 V_1；再加甲基橙指示液 2 滴，继续用盐酸滴定液滴定至溶液显持续的橙色，记下消耗的盐酸滴定液的体积 V_2。NaOH 和 Na_2CO_3 的含量可分别按下式计算：

$$\omega_{NaOH} = \frac{c_{HCl} \cdot (V_1 - V_2) \times M_{NaOH}}{m_s \times 1000} \times 100\%$$

$$\omega_{Na_2CO_3} = \frac{c_{HCl} \cdot V_2 \cdot M_{Na_2CO_3}}{m_s \times 1000} \times 100\%$$

双指示剂法操作简便，但误差较大，若要提高准确度，可用氯化钡法。

2. 氯化钡法　准确称取一定量试样，溶解后稀释至一定体积，吸取相同两份。

第一份试液以甲基橙作指示剂，用 HCl 滴定液滴定至橙色，所消耗 HCl 的体积记为 V_1 mL，此时溶液中的 NaOH 与 Na_2CO_3 完全被中和，测得的是总碱。发生的反应为：

$$HCl + NaOH \Longrightarrow NaCl + H_2O$$

$$2HCl + Na_2CO_3 \Longrightarrow 2NaCl + H_2CO_3$$

第二份试液中加入稍过量的 $BaCl_2$，全部碳酸盐转化成 $BaCO_3$ 沉淀。以酚酞作指示剂，用 HCl 滴定液滴定至红色褪去，记录消耗的 HCl 的体积为 V_2 mL，此时测得的是混合碱中的 NaOH。因此，滴定 Na_2CO_3 消耗 HCl 的体积为（$V_1 - V_2$）mL。按下式计算：

$$\omega_{NaOH} = \frac{c_{HCl} \cdot V_2 \cdot M_{NaOH}}{m_s \times 1000} \times 100\%$$

$$\omega_{\mathrm{Na_2CO_3}} = \frac{1}{2} \times \frac{c_{\mathrm{HCl}} \cdot (V_1 - V_2) \cdot M_{\mathrm{Na_2CO_3}}}{m_s \times 1000} \times 100\%$$

二、间接滴定法

某些物质虽具有酸碱性，但因难溶于水，不能用强酸强碱直接滴定，需用返滴定法来间接滴定，如苦参碱、ZnO 等的测定；有些物质酸碱性很弱，不能直接滴定，但可通过反应增强其酸碱性后予以滴定，如 H_3BO_4 的含量测定、含氮化合物中氮的测定等。

（一）铵盐中氮的测定

某些有机化合物常需要测定其氮的含量，首先将试样进行适当的处理，使试样中各种形式的氮都转换为氨态氮，然后进行测定。NH_4^+ 是弱酸，其 $cK_a < 1.0 \times 10^{-8}$，因此 NH_4Cl、$(NH_4)_2SO_4$ 等不能直接用碱滴定。通常用下述三种方法进行测定。

1. 蒸馏法

（1）加入过量 NaOH，加热煮沸将 NH_3 蒸出，反应为：

$$NH_4^+ + OH^- \Longrightarrow NH_3 + H_2O$$

（2）加入 H_3BO_3 溶液吸收蒸出的 NH_3，反应为：

$$NH_3 + H_3BO_3 \Longrightarrow NH_4^+ + H_2BO_3^-$$

（3）以甲基红 – 溴甲酚绿为指示剂，用 HCl 滴定液滴定至无色透明为终点。滴定反应为：

$$H_2BO_3^- + H^+ \Longrightarrow H_3BO_3$$

按下式计算氮的含量：

$$\omega_N = \frac{c_{\mathrm{HCl}} \cdot V_{\mathrm{HCl}} \times M_N}{m_s \times 1000} \times 100\%$$

蒸馏法的优点是只需一种酸滴定液。H_3BO_3 是极弱的酸，因此它的浓度和体积无须准确，但要确保过量。蒸馏法准确，但比较烦琐费时。

2. 甲醛法 铵盐与甲醛反应，生成六次甲基四铵离子（$K_a = 7.1 \times 10^{-6}$），其反应如下：

$$4NH_4^+ + 6HCHO \Longrightarrow (CH_2)_6N_4H^+ + 3H^+ + 6H_2O$$

以酚酞为指示剂，用 NaOH 滴定液滴定。甲醛中常含有游离酸，使用前应以甲基红为指示剂，用碱预先中和除去。

甲醛法准确度较差，但能够有效地避免酸性太弱不能用 NaOH 直接滴定的局限性，在生产上能够简单快速地测定氮的含量。

3. 凯氏定氮法 蛋白质、生物碱及其他有机样品中的氮常用凯氏定氮法测定。在催化剂的作用下，将样品用浓硫酸煮沸分解（称为消化），有机物中的氮转变为 NH_4^+，然后用上述蒸馏法测定氮的含量。

（二）硼酸含量的测定

H_3BO_3 是极弱的酸，$K_{a_1} = 5.4 \times 10^{-10}$，因此不能用 NaOH 滴定液直接滴定。但是，$H_3BO_3$ 能与多元醇作用生成配合酸，其酸性较强，如 H_3BO_3 与丙三醇生成的配合酸的 $K_{a_1} = 3 \times 10^{-7}$，与甘露醇生成的配合酸的 $K_{a_1} = 5.5 \times 10^{-5}$，它们都可用 NaOH 滴定液滴定。硼酸与丙三醇反应生成配合酸，反应如下式：

生成的配合酸与 NaOH 的滴定反应如下式：

精密称取预先置硫酸干燥器中干燥的硼酸约 0.2g，加水与丙三醇的混合液（1:2，对酚酞指示液显中性）30mL，微热使溶解，迅速放冷至室温，加酚酞指示液 3 滴，用 NaOH 滴定液滴定至溶液显粉红色。H_3BO_3 的含量按下式计算：

$$\omega_{H_3BO_3} = \frac{c_{NaOH} \cdot V_{NaOH} \cdot M_{H_3BO_3}}{m_s \times 1000} \times 100\%$$

实验三　盐酸滴定液的配制和标定

一、实验目的

1. 掌握盐酸滴定液（$0.1\,mol \cdot L^{-1}$）的配制和标定方法。
2. 巩固滴定分析的基本操作。
3. 熟悉甲基红 – 溴甲酚绿混合指示剂确定终点的方法。

二、实验原理

市售浓盐酸为无色透明的氯化氢水溶液，密度为 1.19，质量分数为 0.37，物质的量浓度约为 $12\,mol \cdot L^{-1}$，因浓盐酸易挥发，所以配制 HCl 滴定液需要用间接法配制。实际工作中一般用 $0.1\,mol \cdot L^{-1}$ 的 HCl。

标定 HCl 用的基准物质很多，《中国药典》采用无水碳酸钠作基准物质，用甲基红 –

溴甲酚绿混合指示剂指示终点，终点颜色是溶液由绿色转变为暗紫色。标定反应为：

$$2HCl + Na_2CO_3 \rightleftharpoons 2NaCl + CO_2 \uparrow + H_2O$$

三、仪器与试剂

1. 仪器 酸式滴定管（50mL）、锥形瓶（250mL）、量筒（100mL）、容量瓶（1000mL）、电炉

2. 试剂 浓盐酸（A.R）、无水碳酸钠、甲基红 - 溴甲酚绿混合指示剂。

四、实验步骤

1. HCl 滴定液的配制 取浓盐酸 9mL 置酸试剂瓶中，加水适量使成 1000mL，摇匀即得。

2. HCl 滴定液的标定 精密称取在 270～300℃ 干燥至恒重的基准无水碳酸钠约 0.12g，置于 250mL 锥形瓶中加水 50mL 溶解，加甲基红 - 溴甲酚绿混合指示剂 10 滴，用待标定的 HCl 滴定液滴定至溶液由绿变紫红色，煮沸约 2 分钟，冷却至室温，继续滴定至暗紫色，记下所消耗的滴定液的体积。平行测定 3 次。按下式计算盐酸溶液的浓度：

$$c_{HCl} = 2 \times \frac{m_{Na_2CO_3}}{V_{HCl} \times M_{Na_2CO_3}} \times 10^3$$

五、数据记录及处理

样品号	1	2	3
无水碳酸钠质量（g）			
滴定管初始读数（mL）			
滴定终点时滴定管读数（mL）			
消耗 HCl 溶液体积 V_{HCl}（mL）			
c_{HCl}（mol·L^{-1}）			
$\bar{c}_{HCl}$（mol·L^{-1}）			
绝对偏差 d			
平均偏差 $\bar{d}$			
相对平均偏差 $\bar{Rd}$			

六、思考题

1. 配制 HCl 滴定液（0.1mol·L^{-1}）1000mL，需取浓盐酸 9mL，是如何计算的？

2. 实验中，溶解 Na_2CO_3 加入水的体积是否需要准确？

3. 用碳酸钠标定盐酸溶液，滴定至近终点时，为什么需将溶液煮沸？煮沸后为什么又要冷却后再滴定至终点？

实验四　氢氧化钠滴定液的配制和标定

一、实验目的

1. 掌握氢氧化钠滴定液（$0.1mol \cdot L^{-1}$）的配制和标定方法。
2. 巩固用减重法准确称取固体物质的方法及滴定分析的基本操作。
3. 熟悉酚酞指示剂滴定终点的方法。

二、实验原理

NaOH 容易吸收空气中的 CO_2，使配得的溶液中含有少量 Na_2CO_3，反应为：

$$2NaOH + CO_2 \Longrightarrow Na_2CO_3 + H_2O$$

配制不含 Na_2CO_3 的 NaOH 滴定液，最常用的方法是用 NaOH 的饱和水溶液（120:100）配制，因为 Na_2CO_3 在饱和的 NaOH 溶液中不溶解。待 Na_2CO_3 沉淀沉下后，量取适量的上层澄清溶液，再稀释至所需体积，即可得到不含 Na_2CO_3 的 NaOH 溶液。饱和 NaOH 溶液比重约1.56，浓度约为 $20mol \cdot L^{-1}$。用来配制 NaOH 滴定液的水，应加热煮沸，放冷，以除去其中的 CO_2。

用来标定碱溶液的基准物质很多，《中国药典》规定用邻苯二甲酸氢钾。其滴定反应如下：

三、仪器与试剂

1. 仪器　碱式滴定管（50mL）、锥形瓶（250mL）、量筒（100mL）、塑料瓶（100mL）、烧杯（250 mL）、称量瓶、具塞瓶（1000mL）。

2. 试剂　氢氧化钠（A. R）、邻苯二甲酸氢钾、酚酞指示剂（0.1%）。

四、实验步骤

1. NaOH 饱和水溶液的配制　称取氢氧化钠约120g至烧杯中，加水100mL，搅拌使溶解成饱和溶液。冷却后，置于塑料瓶中，静置数日，澄清后备用。

2. NaOH 滴定液（0.1mol·L^{-1}）的配制　量取上层澄清的 NaOH 饱和水溶液5.6mL，加新沸过的冷纯化水至1000mL，摇匀即得。

3. NaOH 滴定液（0.1mol·L^{-1}）的标定　精密称定在105℃干燥至恒重的基准邻苯二甲酸氢钾约0.5g，加新沸过的冷纯化水50mL，振摇，使其溶解，加酚酞指示液2滴，用待标定的 NaOH 滴定液滴定至溶液显粉红色。平行测定3次。按下式计算 NaOH 滴定液的浓度：

$$c_{NaOH} = \frac{m_{C_8H_5O_4K}}{V_{NaOH} \times M_{C_8H_5O_4K}} \times 10^3$$

五、数据记录及处理

样品号	1	2	3
邻苯二甲酸氢钾的质量（g）			
滴定管初始读数（mL）			
滴定终点时滴定管读数（mL）			
消耗 NaOH 溶液体积 V_{NaOH}（mL）			
c_{NaOH}（mol·L^{-1}）			
$\bar{c}_{NaOH}$（mol·L^{-1}）			
绝对偏差 d			
平均偏差 $\bar{d}$			
相对平均偏差 $\bar{Rd}$			

六、思考题

1. 配制 NaOH 滴定液，用托盘天平称取固体 NaOH 是否会影响其浓度的准确度？

2. 为什么 NaOH 滴定液要用间接法配制而不用直接法配制？

3. 配制 NaOH 滴定液和溶解邻苯二甲酸氢钾，为什么要求用新沸冷却的纯化水？

4. 装 NaOH 滴定液的瓶子为什么不能用玻璃塞，并且每次量取 NaOH 溶液后必须用橡皮塞立即塞紧？

实验五　药用硼砂含量的测定

一、实验目的

1. 掌握用酸碱滴定法测定硼砂含量的原理和操作方法。

2. 学会用甲基红确定滴定终点的颜色。

二、实验原理

硼砂具有较强的碱性，可与 HCl 滴定液发生如下反应：

$$Na_2B_4O_7 + 2HCl + 5H_2O \Longrightarrow 2NaCl + 4H_3BO_3$$

由于在上述反应中存在硼酸－硼砂缓冲对，如果用 HCl 滴定液直接滴定硼砂溶液，HCl 与硼砂的反应不能进行完全，并且滴定终点的观察也受一定的影响。故《中国药典》采用间接滴定法测定药用硼砂的含量。

三、仪器与试剂

1. 仪器 酸式滴定管（50mL）、锥形瓶（250mL）、量筒（100mL）、电炉。

2. 试剂 硼砂固体试样、HCl 滴定液（$0.1mol \cdot L^{-1}$）、甲基红指示剂（0.1% 乙醇溶液）、NaOH 滴定液（$0.1mol \cdot L^{-1}$）、酚酞指示液、中性丙三醇。

四、实验步骤

取硼砂样品约 0.5g，精密称定，加水 25mL 溶解后，加甲基红指示液 2 滴，用 HCl 滴定液滴定至溶液由黄色变成橙色。煮沸 2 分钟，冷却，如溶液呈黄色，继续滴定至溶液呈橙色。加中性丙三醇 80mL 与酚酞指示剂 8 滴，用 NaOH 滴定液滴定至溶液呈粉红色。每 1mL NaOH 滴定液（$0.1mol \cdot L^{-1}$）相当于 9.534mg 的 $Na_2B_4O_7 \cdot 10H_2O$。平行测定 3 次。按下式计算硼砂的含量：

$$\omega_{Na_2B_4O_7 \cdot 10H_2O} = \frac{T_{Na_2B_4O_7 \cdot 10H_2O/NaOH} \cdot V_{NaOH} \cdot f}{m_s \times 1000} \times 100\%$$

五、数据记录及处理

样品号	1	2	3
硼砂的质量（g）			
滴定管初始读数（mL）			
滴定终点时滴定管读数（mL）			
消耗 NaOH 溶液体积 V_{NaOH}（mL）			
$\omega_{硼砂}$			
$\bar{\omega}_{硼砂}$			
绝对偏差 d			
平均偏差 $\bar{d}$			
相对平均偏差 $\bar{Rd}$			

六、思考题

1. 哪些酸碱可用酸碱滴定法的直接法进行测定？

2. 若 $Na_2B_4O_7 \cdot 10H_2O$ 部分风化失去结晶水，则测得的硼砂含量是偏高还是偏低？

实验六　药用 NaOH 含量测定 （双指示剂法）

一、实验目的

1. 掌握双指示剂法测定混合碱含量的原理、方法及计算。

2. 进一步巩固滴定分析法中各种仪器的使用及实验操作方法。

二、实验原理

双指示剂法是用盐酸滴定液滴定混合碱时，有两个差别较大的化学计量点，利用两种指示剂在不同的化学计量点的颜色变化分别指示两个滴定终点的测定方法。

NaOH 易吸收空气中的 CO_2，使一部分 NaOH 变成 Na_2CO_3，即形成 NaOH 和 Na_2CO_3 的混合物。用双指示剂法测定 NaOH 和 Na_2CO_3 的含量时，先以酚酞为指示剂，用 HCl 滴定液滴定至溶液由红色刚好变为无色，这是第一计量点，记录消耗体积为 V_1。此时溶液中 NaOH 完全被中和，Na_2CO_3 被滴定为 $NaHCO_3$，反应式为：

$$NaOH + HCl = NaCl + H_2O$$

$$Na_2CO_3 + HCl = NaCl + NaHCO_3$$

在此溶液中再加入甲基橙指示剂，继续用 HCl 滴定液滴定至溶液由黄色变为橙色，为第二计量点，记录消耗体积为 V_2。此时溶液中的 $NaHCO_3$ 完全被中和。反应式为：

$$NaHCO_3 + HCl = NaCl + H_2O + CO_2 \uparrow$$

NaOH 消耗的 HCl 体积为 $V_1 - V_2$，Na_2CO_3 消耗的 HCl 体积为 $2V_2$。

三、仪器与试剂

1. 仪器　酸式滴定管（25mL），锥形瓶（250mL），移液管（25mL），量筒（50mL），烧杯（50mL），容量瓶（100mL），分析天平。

2. 试剂　药用 NaOH 试样，HCl 标准溶液（0.1mol·L^{-1}），酚酞指示剂（0.2% 乙醇溶液），0.1% 甲基橙指示剂。

四、实验步骤

1. 迅速地精密称取药用 NaOH 试样约 0.35g 于 50mL 小烧杯中，加水溶解后，定量转移至 100mL 容量瓶中，加水稀释至刻度，摇匀。

2. 精密移取 25.00mL 上述样品溶液于 250mL 锥形瓶中，加 25mL 蒸馏水及 2 滴酚酞指示剂，以 HCl 滴定液滴至溶液恰好由红色变为无色，记下所消耗体积 V_1。再加入 2 滴甲基橙指示剂，继续用 HCl 标准溶液滴定至溶液由黄色变为橙色，即为第二计量点，记录所用 HCl 标准溶液体积 V_2。平行测定 3 次。按下式计算各组分含量：

$$\omega_{NaOH} = \frac{c_{HCl} \cdot (V_1 - V_2) \cdot M_{NaOH}}{m_s \times \dfrac{25}{100} \times 1000} \times 100\%$$

$$\omega_{Na_2CO_3} = \frac{1}{2} \times \frac{c_{HCl} \cdot 2V_2 \cdot M_{Na_2CO_3}}{m_s \times \dfrac{25}{100} \times 1000} \times 100\%$$

五、数据记录及处理

	样品号	1	2	3
	样品的质量（g）			
酚酞指示剂	HCl 滴定液初读数（mL）			
	HCl 滴定液终读数（mL）			
	V_1			
	ω_{NaOH}			
	$\bar{\omega}_{NaOH}$			
	相对平均偏差 $\bar{Rd}$			
甲基橙指示剂	HCl 滴定液初读数（mL）			
	HCl 滴定液终读数（mL）			
	V_2			
	$\omega_{Na_2CO_3}$			
	$\bar{\omega}_{Na_2CO_3}$			
	相对平均偏差 $\bar{Rd}$			

六、思考题

1. 用双指示剂法测定混合碱中各组分含量的原理是什么？

2. 滴定混合碱时，如果 $V_1 < V_2$ 时，试样的组成怎样？

3. 如果 NaOH 滴定液在贮存的过程中吸收了空气中的 CO_2，再用该 NaOH 滴定液滴定盐酸时，以酚酞指示剂和甲基橙指示剂分别进行滴定，测定结果是否相同？为什么？

本章小结

1. 酸碱滴定法是以酸碱反应为基础的滴定分析方法，是"四大滴定"之一。酸碱滴定法通常需要借助指示剂的颜色变化来指示滴定终点。指示剂自身结构随 pH 变化而改变，从而引起溶液颜色的改变。$pH = pK_{HIn} \pm 1$ 为指示剂的理论变色范围。

2. 在酸碱滴定过程中，以滴定液的体积为横坐标，以溶液的 pH 为纵坐标绘制酸碱滴定曲线，它能很好地描述滴定过程中 pH 的变化情况。在化学计量点前后 0.1%，溶液 pH 的变化称为滴定突跃，滴定突跃所在的 pH 范围称为滴定突跃范围。凡是变色范围全部或部分落在滴定突跃范围内的指示剂，都可用来指示滴定的终点。

3. 一元弱酸（碱）的滴定是有条件的，当弱酸的 $cK_a \geq 1.0 \times 10^{-8}$ 时，才能用强碱准确滴定；当弱碱的 $cK_b \geq 1.0 \times 10^{-8}$，才能用强酸准确滴定。

4. 对于多元酸而言，若 $cK_{a_1} \geq 1.0 \times 10^{-8}$，$cK_{a_2} \geq 1.0 \times 10^{-8}$，且 $K_{a_1}/K_{a_2} > 10^4$ 时，则两级解离的 H^+ 均可被准确滴定，而且可以分步滴定，即可形成两个突跃；若 $cK_{a_1} \geq 1.0 \times 10^{-8}$，$cK_{a_2} \geq 1.0 \times 10^{-8}$，且 $K_{a_1}/K_{a_2} < 10^4$ 时，则两级解离的 H^+ 均可被准确滴定，但不可以分步滴定，只形成一个突跃；若 $cK_{a_1} \geq 1.0 \times 10^{-8}$，$cK_{a_2} < 1.0 \times 10^{-8}$，则只能准确滴定第一级解离的 H^+，形成一个突跃，第二级解离的 H^+ 不能准确滴定。

多元碱的滴定方法与多元酸的滴定类似，所以，多元酸分步滴定的结论同样适用于多元碱的滴定，只需将 K_a 换成 K_b 即可。

在多元酸、碱的滴定中，一般根据化学计量点时生成物的酸碱性作为选择指示剂的依据。

5. 酸碱滴定中，最常用的滴定液是 HCl 和 NaOH。标定 NaOH 的基准物质有邻苯二甲酸氢钾（$KHC_8H_4O_4$）、草酸（$H_2C_2O_4 \cdot 2H_2O$）等。用来标定 HCl 溶液的基准物质有无水碳酸钠（Na_2CO_3）、硼砂（$Na_2B_4O_7 \cdot 10H_2O$）等。

复习思考

一、选择题

1. 关于酸碱指示剂，下列说法错误的是（   ）

A. 酸碱指示剂本身是弱酸或弱碱，加入的量越少越好

B. 为提高滴定灵敏度、减小滴定误差，可选择混合指示剂

C. 双色指示剂比单色指示剂更灵敏，适用范围更广

D. 在一次滴定中可使用 2 种或以上指示剂

2. 酸碱滴定中选择指示剂的原则是(　　　)

　A. 指示剂变色范围与化学计量点完全符合

　B. 指示剂应在 pH = 7.00 时变色

　C. 指示剂的变色范围应全部或部分落入滴定 pH 突跃范围之内

　D. 指示剂变色范围应全部落在滴定 pH 突跃范围之内

3. 关于酸碱指示剂,下列说法错误的是(　　　)

　A. 指示剂本身是有机弱酸或弱碱

　B. 指示剂的变色范围越窄越好

　C. 指示剂的变色范围必须全部落在滴定突跃范围之内

　D. HIn 与 In⁻ 颜色差异越大越好

4. 在酸碱滴定中,选择指示剂不必考虑的因素是(　　　)

　A. pH 突跃范围　　　　　　　　　　　　B. 指示剂的变色范围

　C. 指示剂的颜色变化　　　　　　　　　D. 指示剂的分子结构

5. 某酸碱指示剂的 $K_{HIn} = 1.0 \times 10^{-4}$,则该指示剂的理论变色范围为(　　　)

　A. 2 ~ 4　　　　　B. 3 ~ 5　　　　　C. 4 ~ 5　　　　　D. 4 ~ 6

6. 用已知浓度的 HCl 标准溶液,滴定相同浓度的不同弱碱溶液,若弱碱的 K_b 越大,则(　　　)

　A. 消耗的 HCl 越少　　　　　　　　　B. 消耗的 HCl 越多

　C. 滴定突跃范围越小　　　　　　　　D. 滴定突跃范围越大

7. 下列弱酸或弱碱能用酸碱滴定法直接准确滴定的是(　　　)

　A. $0.1 mol \cdot L^{-1}$ 苯酚　$K_a = 1.1 \times 10^{-10}$

　B. $0.1 mol \cdot L^{-1}$ H_3BO_3　$K_a = 7.3 \times 10^{-10}$

　C. $0.1 mol \cdot L^{-1}$ 羟胺　$K_b = 1.07 \times 10^{-8}$

　D. $0.1 mol \cdot L^{-1}$ HF　$K_a = 3.5 \times 10^{-4}$

8. 下列水溶液用酸碱滴定法能准确滴定的是(　　　)

　A. $0.1 mol \cdot L^{-1}$ HAc ($pK_a = 4.74$)

　B. $0.1 mol \cdot L^{-1}$ HCN ($pK_a = 9.21$)

　C. $0.1 mol \cdot L^{-1}$ NaAc [pK_a(HAc) = 4.74]

　D. $0.1 mol \cdot L^{-1}$ NH_4Cl [pK_b(NH_3) = 4.75]

9. 用 $0.1 mol \cdot L^{-1}$ 的 NaOH 溶液滴定同浓度的 HCl 溶液,滴定的突跃范围是(　　　)

　A. 10.70 ~ 6.30　　　B. 6.30 ~ 10.70　　　C. 8.70 ~ 5.30　　　D. 4.30 ~ 9.70

10. 用 $0.1mol \cdot L^{-1}$ 的 HCl 溶液滴定 $0.1mol \cdot L^{-1}$ NaOH 的 pH 突跃范围为 $9.7 \sim 4.3$，用 $0.01mol \cdot L^{-1}$ 的 HCl 溶液滴定 $0.01mol \cdot L^{-1}$ NaOH 溶液的 pH 突跃范围是（　　）

  A. $8.7 \sim 4.3$ B. $5.3 \sim 8.7$ C. $4.3 \sim 8.7$ D. $8.7 \sim 5.3$

11. 用 $0.1mol \cdot L^{-1}$ 的 NaOH 滴定 $0.1mol \cdot L^{-1}$ $pK_a = 4.0$ 的弱酸时，pH 突跃范围是 $7.0 \sim 9.7$。用 $0.1mol \cdot L^{-1}$ 的 NaOH 滴定 $0.1mol \cdot L^{-1}$ 的 $pK_a = 3.0$ 的弱酸时，pH 突跃范围是（　　）

  A. $6.0 \sim 10.7$ B. $6.0 \sim 9.7$ C. $7.0 \sim 10.7$ D. $8.0 \sim 9.7$

12. 标定 HCl 和 NaOH 溶液常用的基准物质是（　　）

  A. 硼砂和 EDTA   B. 草酸和 $K_2Cr_2O_7$

  C. $CaCO_3$ 和草酸   D. 硼砂和邻苯二甲酸氢钾

13. 某碱样以酚酞作指示剂，用标准 HCl 溶液滴定到终点时耗去 V_1 mL，继续以甲基橙作指示剂又耗去 HCl 溶液 V_2 mL，若 $V_2 > V_1$，则该碱样溶液是（　　）

  A. Na_2CO_3 B. $NaOH + Na_2CO_3$

  C. $NaHCO_3$ D. $NaHCO_3 + Na_2CO_3$

14. 用双指示剂法分步滴定未知碱试样时，若 $V_1 > V_2 > 0$，则未知碱为（　　）

  A. $Na_2CO_3 + NaHCO_3$ B. $Na_2CO_3 + NaOH$ C. $NaHCO_3$ D. Na_2CO_3

15. NaOH 滴定 H_3PO_4，以酚酞为指示剂，终点时生成物为（　　）（H_3PO_4：$K_{a_1} = 6.9 \times 10^{-3}$；$K_{a_2} = 6.2 \times 10^{-8}$；$K_{a_3} = 4.8 \times 10^{-13}$）

  A. NaH_2PO_4 B. Na_3PO_4

  C. Na_2HPO_4 D. $NaH_2PO_4 + Na_2HPO_4$

16. 现有磷酸盐的混合碱，以酚酞为指示剂，用 HCl 滴定消耗 12.84mL；若以甲基橙为指示剂，则需 20.24mL。此混合物的组成是（　　）

  A. Na_3PO_4 B. $Na_3PO + Na_2HPO_4$

  C. $Na_2HPO_4 + NaH_2PO_4$ D. $Na_3PO_4 + NaOH$

17. 在滴定分析中一般利用指示剂颜色的突变来判断化学计量点的到达，当指示剂颜色突变时停止滴定，这一点称为（　　）

  A. 化学计量点 B. 滴定终点 C. 理论变色点 D. 以上说法都可

18. NaOH 溶液从空气中吸收了 CO_2，现以酚酞为指示剂，用 HCl 滴定液滴定时，NaOH 的含量分析结果将（　　）

  A. 无影响 B. 偏高 C. 偏低 D. 不能确定

19. 用 $0.1mol \cdot L^{-1}$ NaOH 滴定 $0.1mol \cdot L^{-1}$ 的甲酸（$pK_a = 3.74$），适用的指示剂为（　　）

  A. 甲基橙（$pK_{HIn} = 3.46$）   B. 百里酚兰（$pK_{HIn} = 1.65$）

C. 甲基红（$pK_{HIn} = 5.00$）   D. 酚酞（$pK_{HIn} = 9.10$）

20. 用 $0.1000mol \cdot L^{-1}$ HCl 滴定液滴定 $0.1000mol \cdot L^{-1}$ NaOH 溶液，合适的指示剂是（　　）

A. 甲基橙   B. 铬黑 T   C. 淀粉   D. 钙指示剂

21. 测定（NH_4）$_2SO_4$ 中的氮时，不能用 NaOH 直接滴定，这是因为（　　）

A. NH_3 的 K_b 太小   B. （NH_4）$_2SO_4$ 不是酸

C. （NH_4）$_2SO_4$ 中含游离 H_2SO_4 D. NH_4^+ 的 K_a 太小

22. 用同一盐酸溶液分别滴定体积相等的 NaOH 溶液和 $NH_3 \cdot H_2O$ 溶液，消耗盐酸溶液的体积相等。说明 NaOH 和 $NH_3 \cdot H_2O$ 溶液中的（　　）

A. ［OH^-］相等

B. NaOH 和 $NH_3 \cdot H_2O$ 的浓度相等

C. 两物质的 pK_b 相等

D. 两物质的电离度相等

23. 下列物质中，可以用直接法配制滴定液的是（　　）

A. 固体 NaOH   B. 浓 HCl   C. 固体 Na_2CO_3 D. 固体 $Na_2S_2O_3$

24. 多元酸能够准确分步滴定的条件是（　　）

A. $K_{a_1} > 1.0 \times 10^{-5}$

B. $K_{a_1}/K_{a_2} \geqslant 1.0 \times 10^4$

C. $cK_{a_1} \geqslant 1.0 \times 10^{-8}$

D. $cK_{a_1} \geqslant 1.0 \times 10^{-8}$，$cK_{a_2} \geqslant 1.0 \times 10^{-8}$，$K_{a_1}/K_{a_2} \geqslant 1.0 \times 10^4$

25. 以 $H_2C_2O_4 \cdot 2H_2O$ 作为基准物质标定 NaOH 标准溶液的浓度，但因保存不当，失去了部分结晶水，其对标定结果的影响是（　　）

A. 偏低   B. 偏高   C. 无影响   D. 不确定

二、填空题

1. 在酸碱滴定中，一元弱酸能够在水溶液中被滴定的条件是：＿＿＿＿＿＿＿＿＿。

2. 酸碱指示剂（HIn）的理论变色范围是 pH = ＿＿＿＿＿＿＿＿，选择酸碱指示剂的原则是＿＿＿＿＿＿＿＿。

3. 标定盐酸溶液常用的基准物质有＿＿＿＿＿＿和＿＿＿＿＿，滴定时应选用在＿＿＿＿性范围内变色的指示剂。

4. 酸碱滴定曲线描述了滴定过程中溶液 pH 变化的规律。滴定突跃的大小与＿＿＿和＿＿＿有关。

5. 某二元弱酸的 $K_{a_1} = 2.5 \times 10^{-2}$、$K_{a_2} = 3.6 \times 10^{-5}$。用碱滴定液滴定时出现＿＿＿个滴

定突跃，其原因是_____。

6. 用 $0.1mol \cdot L^{-1}$ HCl 滴定 $0.1mol \cdot L^{-1}$ NaA（HA 的 $K_a = 2.0 \times 10^{-11}$），化学计量点的 pH = ____，应选用_____作指示剂。

7. NaOH 滴定 HCl 时，浓度增大 10 倍，则滴定曲线突跃范围增大_____个 pH 单位。

8. 硼酸是____元弱酸；因其酸性太弱，在定量分析中将其与_____反应，可使硼酸的酸性大为增强，此时溶液可用强酸以酚酞为指示剂进行滴定。

9. 枸橼酸的离解常数分别为 $pK_{a_1} = 3.14$，$pK_{a_2} = 4.77$，$pK_{a_3} = 6.29$，用 $0.1mol \cdot L^{-1}$ NaOH 溶液滴定同浓度的枸橼酸溶液，滴定曲线上有____个突跃。

10. 用 HCl 溶液滴定等浓度的 Na_2CO_3，若想得到的产物为 $NaHCO_3$，应选择的指示剂为_____；若产物为 H_2CO_3，应选择的指示剂为_____。

三、判断题

1. 酚酞和甲基橙都可以用于强碱滴定弱酸的指示剂。（   ）

2. H_2SO_4 是二元酸，因此用 NaOH 滴定有两个突跃。（   ）

3. 强碱滴定弱酸达到化学计量点时 pH > 7。（   ）

4. $H_2C_2O_4$ 的两步离解常数为 $K_{a_1} = 5.6 \times 10^{-2}$、$K_{a_2} = 5.1 \times 10^{-5}$，因此不能分步滴定。（   ）

5. 酸碱滴定法指示剂的选择原则是：指示剂的变色点部分处于或全部处于滴定突跃范围以内。（   ）

6. 优级纯的 NaOH 可以作为基准物质标定 HCl 溶液。（   ）

7. 两种一元酸只要浓度相同，酸度也一定相同。（   ）

8. 市售浓 HCl 可以作为基准物质标定 NaOH 溶液。（   ）

四、简答题

1. 有一碱液，可能为 NaOH、Na_2CO_3 或 $NaHCO_3$，或者其中两者的混合物。现以酚酞作指示剂，用标准 HCl 溶液滴定到终点时耗去 V_1 mL，继续以甲基橙作指示剂又耗去 HCl 溶液 V_2 mL，在下列情况下，溶液由哪些物质组成？

①$V_1 > V_2 > 0$　②$V_2 > V_1 > 0$　③$V_1 = V_2$　④$V_1 = 0$，$V_2 > 0$　⑤$V_1 > 0$，$V_2 = 0$

2. 苯甲酸能否用酸碱滴定法直接测定？如果可以，应选哪种指示剂？为什么？（设苯甲酸的原始浓度为 $0.2mol \cdot L^{-1}$，$pK_a = 4.21$）

五、计算题

1. 某弱酸的 $pK_a = 9.21$，现有其共扼碱 NaA 溶液 20.00mL、浓度为 $0.1000mol \cdot L^{-1}$。用 $0.1000mol \cdot L^{-1}$ HCl 溶液滴定时，化学计量点的 pH 为多少？滴定突跃为多少？可以选用何种指示剂指示终点？

2. 称取 $CaCO_3$ 试样 0.2501g，用 25.00mL 浓度为 0.2600mol · L^{-1} 的盐酸滴定液完全溶解，返滴定过量酸用去 0.2450mol · L^{-1} 的 NaOH 滴定液 16.50mL，求试样中 $CaCO_3$ 的百分含量。（$CaCO_3$ 的摩尔质量为 100.1）

3. 称取 1.250g 纯一元弱酸 HA，溶于适量水后稀释至 50.00mL，然后用 0.1000 mol · L^{-1} NaOH 溶液进行滴定，从滴定曲线查出滴定至化学计量点时，NaOH 溶液用量为 37.10mL。当滴入 7.42mL NaOH 溶液时，测得 pH = 4.30。计算：①一元弱酸 HA 的摩尔质量；②HA 的解离常数 K_a。

4. 有一含 NaOH 和 Na_2CO_3 的混合物，现称取 0.5895g 溶于水，用 0.3000mol · L^{-1} HCl 滴定至酚酞变色时，用去 HCl 24.08mL，加甲基橙后继续用 HCl 滴定，又消耗 HCl 滴定液 12.02mL，试计算样品中 NaOH 和 Na_2CO_3 的含量。（NaOH 和 Na_2CO_3 的摩尔质量分别为 40 和 106）

5. 用邻苯二甲酸氢钾基准物质 0.4563g 标定 NaOH 溶液时，消耗 NaOH 溶液 22.50mL，计算 NaOH 溶液的浓度。（邻苯二甲酸氢钾的摩尔质量为 204.22）

6. 用 0.1000mol · L^{-1} NaOH 溶液滴定 0.1000mol · L^{-1} HA 溶液（$K_a = 1.0 \times 10^{-6}$），计算化学计量点时的 pH。

7. 精密称取 $NaHCO_3$ 样品 0.2079g，终点消耗 0.05050mol · L^{-1} H_2SO_4 23.32mL，求 $NaHCO_3$ 的百分含量。（每 1mL 0.05mol · L^{-1} H_2SO_4 相当于 0.008401g $NaHCO_3$）

8. 已知试样可能含有 Na_3PO_4、Na_2HPO_4、NaH_2PO_4 或它们的混合物，以及不与酸作用的物质。称取试样 2.00g，溶解后用甲基橙作指示剂，以 HCl 溶液（0.5000mol · L^{-1}）滴定时消耗 32.00mL。用同样的试样，当用酚酞作指示剂时消耗 HCl 溶液 12.00mL。求试样的组成及各组分的含量。已知 $M_{Na_3PO_4} = 164$，$M_{Na_2HPO_4} = 142$，$M_{NaH_2PO_4} = 120$。

扫一扫，知答案

第五章

沉淀滴定法

【学习目标】

　　掌握沉淀滴定法的条件要求；常用沉淀滴定法——莫尔法（铬酸钾指示剂法）、佛尔哈德法（铁铵矾指示剂法）、法扬司法（吸附指示剂法）的原理、特点、测定条件、适用范围、干扰因素及应用；标准溶液浓度表示的方法。

　　熟悉沉淀滴定法的应用和计算。

　　了解银量法的特点、滴定方式和测定对象。

引　子

　　巴比妥类药物（又称巴比妥酸盐，Barbiturate）是一类作用于中枢神经系统的镇静剂，属于巴比妥酸的衍生物，其应用范围可以从轻度镇静到完全麻醉，还可以用作抗焦虑药、安眠药、抗痉挛药，但长期使用会导致成瘾性。根据巴比妥类药物在适当的碱性溶液中易与重金属离子反应，并可定量地形成盐的化学性质，可采用银量法进行本类药物的含量测定。巴比妥类药物首先形成可溶性的一银盐，当被测供试品完全形成一银盐后，继续用硝酸银滴定稍过量的银离子，就与巴比妥类药物形成难溶性的二银盐，使溶液变浑浊，以指示滴定终点。

第一节　银量法

　　沉淀滴定法是以沉淀反应为基础的一种滴定分析方法。虽然沉淀反应很多，但是能用于滴定分析的沉淀反应必须符合下列几个条件：

1. 沉淀反应必须迅速，并按一定的化学计量关系进行。

2. 生成的沉淀应具有恒定的组成，而且溶解度必须很小。

3. 有确定化学计量点的简单方法。

4. 沉淀的吸附现象不影响滴定终点的确定。

由于上述条件的限制，能用于沉淀滴定法的反应并不多，目前有实用价值的主要是形成难溶性银盐的反应，例如：

$$Ag^+ + Cl^- = AgCl\downarrow \text{（白色）}$$

$$Ag^+ + SCN^- = AgSCN\downarrow \text{（白色）}$$

这种利用生成难溶银盐反应进行沉淀滴定的方法称为银量法（aregentometric method）。银量法主要用于测定 Cl^-、Br^-、I^-、Ag^+、CN^-、SCN^- 等离子，也可以测定经处理后能定量产生这些离子的有机物。

除银量法外，Ba^{2+}（Pb^{2+}）与 SO_4^{2-}、Hg^{2+} 与 S^{2-}、$K_4[Fe(CN)_6]$ 与 Zn_2^+、$NaB(C_6H_5)_4$ 与 K^+ 等形成沉淀的反应也可以用于滴定，例如 $K_4[Fe(CN)_6]$ 与 Zn_2^+、$NaB(C_6H_5)_4$ 与 K^+ 的反应：

$$2K_4[Fe(CN)_6] + 3Zn_2^+ = K_2Zn_3[Fe(CN)_6]_2\downarrow + 6K^+$$

$$NaB(C_6H_5)_4 + K^+ = KB(C_6H_5)_4\downarrow + Na^+$$

但其实际应用不及银量法普遍，本章将着重讨论银量法。根据滴定方式的不同、银量法可分为直接法和间接法。直接法是用 $AgNO_3$ 标准溶液直接滴定待测组分的方法；间接法是先于待测试液中加入一定量的 $AgNO_3$ 标准溶液，再用 NH_4SCN 标准溶液来滴定剩余的 $AgNO_3$ 溶液的方法。

一、银量法的基本原理

1. 滴定曲线 沉淀滴定法在滴定过程中的溶液离子浓度（或其负对数）的变化情况也可以用滴定曲线表示。以 $AgNO_3$ 溶液（0.1000mol/L）滴定 20.00mL NaCl 溶液（0.1000mol/L）为例：

（1）滴定开始前：

$$[Cl^-] = 0.1000mol/L \qquad pCl = -\lg1.000 \times 10^{-1} = 1.00$$

（2）滴定开始至化学计量点前：溶液中的氯离子浓度，取决于剩余的氯化钠的浓度。例如，加入 $AgNO_3$ 溶液 18.00mL 时：

$$[Cl^-] = \frac{0.1000 \times 2.00}{20.00 + 18.00} = 5.26 \times 10^{-3} \qquad pCl = 2.279$$

因为 $[Ag^+][Cl^-] = K_{sp} = 1.56 \times 10^{-10}$

$$pAg + pCl = -\lg K_{sp} = 9.807$$

故 pAg =9.087−2.279=7.537

同理，当加入 AgNO₃ 溶液 19.98mL 时，溶液中剩余的 Cl⁻ 浓度为：

$$[Cl⁻]=5.0×10^{-5} \qquad pCl=4.30 \qquad pAg=5.51$$

（3）化学计量点时：溶液是 AgCl 的饱和溶液。

$$pAg= pCl=\frac{1}{2}pK_{sp}=4.91$$

（4）化学计量点后：溶液的 Ag⁺ 溶液浓度由过量的 AgNO₃ 溶液浓度决定，当加入 Ag-NO₃ 溶液 20.02mL 时（过量 0.02mL），则 $[Ag⁺]=5.0×10^{-5}$mol/L，因此：

$$pAg=4.30 \quad pCl=9.81−4.30=5.51$$

用这些计算数据描绘成的滴定曲线有以下特点：

（1）pX 与 pAg 两条曲线以化学计量点对称。这表示随着滴定的进行，溶液中 Ag⁺ 浓度增加时，X⁻ 浓度以相同的比例减小；而化学计量点时，两种离子浓度相等，即两条曲线在化学计量点相交。

（2）与酸碱滴定曲线相似，滴定开始时溶液 X⁻ 浓度较大，滴入 Ag⁺ 所引起的 X⁻ 浓度改变不大，曲线比较平坦；近化学计量点时，溶液中 X⁻ 浓度已很小，再滴入少量 Ag⁺即引起 X⁻ 浓度发生很大变化而形成突跃。

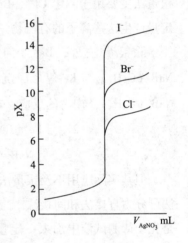

（3）突跃范围的大小，取决于沉淀的溶度积常数 K_{sp} 和溶液的浓度。K_{sp} 越小，突跃范围大，如 K_{sp}（AgI）$< K_{sp}$（AgCl），所以相同浓度的 Cl⁻、Br⁻ 和 I⁻ 与 Ag⁺ 的滴定曲线上，突跃范围是 I⁻ 的最大，Cl⁻ 的最小。若溶液的浓度较低，则突跃范围变小，这与酸碱滴定法相同。

图 5−1　AgNO₃ 溶液滴定 Cl⁻、Br⁻ 和 I⁻ 的滴定曲线

2. 分步滴定　溶液中如果同时含有 Cl⁻、Br⁻ 和 I⁻ 离子时，由于 AgI、AgBr、AgCl 的溶度积差别较大，当浓度差别不太大时，可利用分步滴定的原理，用 AgNO₃ 溶液连续滴定，测出它们各自的含量。溶度积最小的 AgI 被最先滴定，AgCl 被最后滴定。在滴定曲线上显示出 3 个突跃。但是，由于卤化银沉淀的吸附和生成混晶的作用，常会引起误差。因此，实际的滴定结果往往并不理想。

二、滴定液与基准物质

1. 基准物质　银量法常用的基准物质是市售的一级纯硝酸银（或基准硝酸银）和氯化钠。

硝酸银的市售品若纯度不够，可以在硝酸银中重结晶纯制。精制过程应避光并避免有

机物（如滤纸纤维），以免 Ag^+ 被还原。所得结晶可在 100℃干燥除去表面水；在 200 ~ 250℃干燥 15 分钟除去包埋水。$AgNO_3$ 纯品不易吸潮，密闭避光保存。

氯化钠也有基准品规格试剂，也可用一般试剂级规格的氯化钠进行精制。氯化钠极易吸潮，应置于干燥器中保存。

2. 标准溶液 硝酸银标准溶液可用定重法精密称取基准硝酸银，加水溶解定容制成。也可用分析纯硝酸银配制，再用基准 $NaCl$ 标定。硝酸银标准溶液见光容易分解，应于棕色瓶中避光保存。但存放一段时间后，还应重新标定。标定方法最好采用与样品测定相同，以消除方法误差。

硫氰酸铵（或硫氰酸钾）标准溶液可用已标定好的 $AgNO_3$ 标准溶液，按铁铵矾指示剂法的直接滴定法进行标定。

根据确定滴定终点所采用的指示剂不同，银量法分为铬酸钾指示剂法（Mohr 法）、铁铵矾指示剂法（Volhard 法）和吸附指示剂法（Fajans 法）。

三、铬酸钾指示剂法

铬酸钾指示剂法是以 K_2CrO_4 为指示剂，在中性或弱碱性介质中用 $AgNO_3$ 标准溶液测定卤素混合物含量的方法。

（一）指示剂的作用原理

用 $AgNO_3$ 标准溶液直接滴定 Cl^-（或 Br^-）时，以 K_2CrO_4 作指示剂，其反应为：

滴定反应：$Ag^+ + Cl^- = AgCl \downarrow$ 白色 $\qquad K_{sp} = 1.56 \times 10^{-10}$

指示终点反应：$2Ag^+ + CrO_4^{2-} = Ag_2CrO_4 \downarrow$ 砖红色 $\qquad K_{sp} = 1.10 \times 10^{-12}$

这个方法的依据是多级沉淀原理，由于 $AgCl$ 的溶解度比 Ag_2CrO_4 的溶解度小，根据分步沉淀的原理，在用 $AgNO_3$ 标准溶液滴定时，首先发生滴定反应析出白色的 $AgCl$ 沉淀。当滴定剂 Ag^+ 与 Cl^- 达到化学计量点时，Cl^- 被定量沉淀后，稍过量的 Ag^+ 与 CrO_4^{2-} 反应析出砖红色的 Ag_2CrO_4 沉淀，指示滴定终点的到达。

（二）滴定条件

1. 指示剂的用量 用 $AgNO_3$ 标准溶液滴定 Cl^-，指示剂 K_2CrO_4 的用量对于终点指示有较大的影响，指示剂 CrO_4^{2-} 的浓度必须合适。CrO_4^{2-} 浓度过高或过低，Ag_2CrO_4 沉淀的析出就会过早或过迟，会产生一定的终点误差。若太大将会引起终点提前，且 CrO_4^{2-} 本身的黄色会影响对终点的观察；若太小又会使终点滞后。为使终点的显示尽可能接近化学计量点，终点时 $AgNO_3$ 不能过量太多，这要求铬酸钾溶液应有足够的浓度。例如，滴定到达终点时溶液总体积约 50mL，所消耗的 $AgNO_3$ 溶液（0.1mol/L）约 20mL，若终点时允许有 0.05% 的滴定剂过量，即多加入 $AgNO_3$ 溶液 0.01mL，此时过量 Ag^+ 的浓度为：

$$\frac{0.1 \times 0.01}{50} = 2.0 \times 10^{-5} \quad (\text{mol/L})$$

为使 Ag^+ 浓度达到 2.0×10^{-5} mol/L 时，即开始产生 Ag_2CrO_4 沉淀，则 CrO_4^{2-} 离子浓度应达到：

$$\left[CrO_4^{2-} \right] = \frac{K_{sp(Ag_2CrO_4)}}{\left[Ag^+ \right]^2} = \frac{1.10 \times 10^{-12}}{(2.0 \times 10^{-5})^2} = 2.8 \times 10^{-3} \quad (\text{mol/L})$$

实际滴定时，通常在反应液总体积为 50 ~ 100mL 的溶液中加入 5% 铬酸钾指示剂 1 ~ 2mL，此时 $\left[CrO_4^{2-} \right]$ 为 $(5.2 ~ 2.6) \times 10^{-3}$ mol/L。若反应液总体积达到 100mL 时，$AgNO_3$ （0.1mol/L）溶液约过量 0.02mL。

以上计算未计入由于 AgX 沉淀溶解所产生的 Ag^+。对于溶度积小的 AgBr，由沉淀溶解产生的 Ag^+ 可以忽略不计；但滴定氯化物时，当 Ag^+ 浓度达到 2.0×10^{-5} mol/L 时实际上约有 40% 的 Ag^+ 来自 AgCl 沉淀的溶解，因而所需滴定剂的过量也少一些，即终点与化学计量点更接近些。

值得注意的是，在滴定过程中，$AgNO_3$ 标准溶液的总消耗量应适当。若标准溶液体积消耗太小，或标准溶液浓度过低，都会因为终点的过量使测定结果的相对误差增大。为此，必要时须做指示剂的"空白校正"。校正方法是将 1mL 指示剂加到 50mL 水中，或加到无 Cl^- 且含少许 $CaCO_3$ 的混悬液中，用 $AgNO_3$ 标准溶液滴定至同样的终点颜色，记下读数，然后从试样滴定所消耗的 $AgNO_3$ 标准溶液的体积中扣除空白消耗值。

2. 溶液的酸度 滴定应在中性或微碱性介质中进行，若酸度过高，CrO_4^{2-} 将因酸效应致使其浓度降低，导致 Ag_2CrO_4 沉淀出现过迟甚至不沉淀；但溶液的碱性太强，又将生成 Ag_2O 沉淀，故适宜的酸度范围为 pH 值 6.5 ~ 10.5。若试液中有铵盐存在，在碱性溶液中它与 Ag^+ 生成 $Ag(NH_3)^+$ 或 $\left[Ag(NH_3)_2 \right]^{2+}$，致使 AgCl 和 Ag_2CrO_4 的溶解度增大，测定的准确度降低。实验证明，当 $c_{NH_4^+} < 0.05$ mol/L 时，控制溶液的 pH 值在 6.5 ~ 7.2 范围内，滴定可能得到满意的结果。若 $c_{NH_4^+} > 0.15$ mol/L 时，则仅仅通过控制溶液酸度已不能消除其影响，此时须在滴定前将大量铵盐除去。

3. 滴定时应剧烈振摇 使被 AgCl 或 AgBr 沉淀吸附的 Cl^- 或 Br^- 及时释放出来，防止终点提前。

4. 预先分离干扰离子 铬酸钾指示剂法的选择性较差，凡与 Ag^+ 能生成沉淀的阴离子如 PO_4^{3-}、AsO_4^{3-}、SO_3^{2-}、S^{2-}、CO_3^{2-} 和 CrO_4^{2-} 等；与 CrO_4^{2-} 能生成沉淀的阳离子如 Ba^{2+}、Pb^{2+}、Hg^{2+} 等，大量 Cu^{2+}、Co^{2+}、Ni^{2+} 等有色离子，以及在中性或弱碱性溶液中易发生水解反应的离子如 Fe^{3+}、Al^{3+}、Bi^{3+} 和 Sn^{4+} 等均干扰测定，应预先分离。

（三）应用范围

本法主要用于 Cl^-、Br^- 和 CN^- 的测定，不适用于滴定 I^- 和 SCN^-。这是因为 AgI 和

AgSCN 沉淀对 I^- 和 SCN^- 有较强烈的吸附作用，即使剧烈振摇也无法使之释放出来。也不适用于以 NaCl 标准溶液直接滴定 Ag^+，因为在 Ag^+ 试液中加入指示剂 K_2CrO_4 后，就会立即析出 Ag_2CrO_4 沉淀，用 NaCl 标准溶液滴定时，Ag_2CrO_4 再转化成 AgCl 的速率极慢，使终点推迟。因此，如用铬酸钾指示剂法测定 Ag^+，则必须采用返滴定法，即先加入一定量且过量的 NaCl 标准溶液，然后再加入指示剂，用 $AgNO_3$ 标准溶液返滴定剩余的 Cl^-。

四、铁铵矾指示剂法

（一）指示终点原理

铁铵矾指示剂法是在酸性介质中以铁铵矾 $[NH_4Fe(SO_4)_2 \cdot 12H_2O]$ 作指示剂来确定滴定终点的一种银量法。根据滴定方式的不同，分为直接滴定法和返滴定法两种。

1. 直接滴定法 在酸性条件下，以铁铵矾作指示剂，用 KSCN 或 NH_4SCN 标准溶液直接滴定溶液中的 Ag^+，当滴定到化学计量点时，微过量的 SCN^- 与 Fe^{3+} 结合生成红色的 $FeSCN^{2+}$ 即为滴定终点。其反应是：

滴定反应：$Ag^+ + SCN^- \Longrightarrow AgSCN \downarrow$（白色）　　　$K_{sp(AgSCN)} = 1.0 \times 10^{-12}$

指示终点反应：$Fe^{3+} + SCN^- \Longrightarrow FeSCN^{2+}$（红色）　　　$K = 138$

滴定时，溶液的酸度一般控制在 $0.1 \sim 1$ mol/L 之间。由于指示剂在中性或碱性溶液中将形成 $Fe(OH)^+$、$Fe(OH)^{2+}$ 等深色配合物，碱度再大，还会产生 $Fe(OH)_3$ 沉淀。酸度过低，Fe^{3+} 易水解。为使终点时刚好能观察到 $FeSCN^{2+}$ 的最低浓度为 6×10^{-6} mol/L。要维持 $FeSCN^{2+}$ 的配位平衡，Fe^{3+} 的浓度应远远高于这一数值，但 Fe^{3+} 的浓度过大，它的黄色会干扰终点的观察。因此，终点时 Fe^{3+} 的浓度一般控制在 0.015mol/L。

在滴定过程中，用 NH_4SCN 溶液滴定 Ag^+ 溶液时，生成的 AgSCN 沉淀具有强烈的吸附作用，所以有部分 Ag^+ 被吸附于其表面上，使 Ag^+ 浓度降低，以致红色的出现略早于化学计量点。因此往往产生终点过早的情况，使结果偏低。滴定时，必须充分振摇，使被吸附的 Ag^+ 及时地释放出来。

此法的优点在于可用来直接测定 Ag^+，并可在酸性溶液中进行滴定。

2. 返滴定法 在含有卤素离子的 HNO_3 溶液中，必须加入一定量过量的 $AgNO_3$ 溶液之后再加入铁铵矾指示剂，以免 I^- 对 Fe^{3+} 的还原作用而造成误差。强氧化剂和氮的氧化物，以及铜盐、汞盐都与 SCN^- 作用，因而干扰测定，必须预先除去。以铁铵矾为指示剂，用 NH_4SCN 标准溶液返滴定过量的 $AgNO_3$。

滴定前反应：$Ag^+ + X^- \longrightarrow AgX \downarrow$

　　　　定量，过量

滴定反应：$Ag^+ + SCN^- \longrightarrow AgSCN\downarrow$

　　　　　剩余量

指示终点反应：$SCN^- + Fe^{3+} \longrightarrow Fe(SCN)^{2+}$（红色）

由于滴定是在 HNO_3 介质中进行的，许多弱酸盐如 PO_4^{3-}、AsO_4^{3-}、S^{2-} 等都不干扰卤素离子的测定，因此此法选择性高。

应用此法测定 Cl^- 时，由于 AgCl 的溶解度比 AgSCN 大，当剩余的 Ag^+ 被滴定完之后，过量的 SCN^- 将与 AgCl 发生沉淀转化反应：

$$AgCl\downarrow + SCN^- \longrightarrow AgSCN\downarrow + Cl^-$$

该反应使得本应产生的 $[FeSCN]^{2+}$ 红色不能及时出现，或已经出现的红色随着振摇而又消失。因此，要得到持久的红色就必须继续滴入 SCN^-，直到 SCN^- 与 Cl^- 之间建立以下平衡为止：

$$\frac{[Cl^-]}{[SCN^-]} = \frac{K_{sp(AgCl)}}{K_{sp(AgSCN)}} = \frac{1.56\times10^{-10}}{1.1\times10^{-12}} = 156$$

无疑多消耗了 NH_4SCN 标准溶液，造成一定的滴定误差。因此在滴定氯化物时，为了避免上述沉淀转化反应的发生，可以采取下列措施之一：

①将已生成的 AgCl 沉淀滤去，再用 NH_4SCN 标准溶液滴定滤液。但这一方法需要滤过洗涤等操作，手续烦琐。

②在用 NH_4SCN 标准溶液滴定前，向待测 Cl^- 的溶液中加入一定量有机溶剂如硝基苯、二甲酯类等，强烈振摇后，有机溶剂将 AgCl 沉淀包住，使它与溶液隔开，这就阻止了 SCN^- 与 AgCl 发生沉淀转化反应。

③提高 Fe^{3+} 的浓度以减小终点时 SCN^- 的浓度，从而减小滴定误差。实验证明，当溶液中 Fe^{3+} 浓度为 $0.2mol/L$ 时，滴定误差将小于 0.1%。

应用此法测定 Br^-、I^- 时，由于 AgBr 和 AgI 的溶度积常数都比 AgSCN 小，所以不存在沉淀的转化。但在滴定碘化物时，指示剂必须在加入过量 $AgNO_3$ 溶液之后才能加入，以免发生下述反应而造成误差：

$$2I^- + 2Fe^{3+} =\!=\!= I_2 + 2Fe^{2+}$$

（二）滴定条件

滴定应在 HNO_3 溶液中进行，一般控制溶液酸度在 $0.1 \sim 1mol/L$ 之间。若酸度较低，则因 Fe^{3+} 水解形成颜色较深的 $[Fe(H_2O)_5OH]^{2+}$ 或 $[Fe(H_2O)_4(OH)_2]^{4+}$ 等影响终点的观察，甚至产生 $Fe(OH)_3$ 沉淀以致失去指示剂的作用。

（三）应用范围

采用直接滴定法可测定 Ag^+ 等；采用返滴定法可测定 Cl^-、Br^-、I^-、SCN^- 等离子。

五、吸附指示剂法

吸附指示剂法是以吸附指示剂确定滴定终点的一种银量法。

（一）指示终点原理

现以 AgNO₃ 标准溶液滴定 Cl⁻ 为例，说明指示剂荧光黄的作用原理。吸附指示剂是一类有机染料，用 HFIn 表示，在水溶液中可离解为荧光黄阴离子 FIn⁻，呈黄绿色，在溶液中易被带正电荷的胶状沉淀吸附，会因吸附后结构的改变引起颜色的变化，从而指示滴定终点。吸附指示剂可分为两类：①酸性染料，如荧光黄及其衍生物，它们是有机弱酸，离解出指示剂阴离子；②碱性染料，如甲基紫、罗丹明 6G 等，离解出指示剂阳离子。例如用 AgNO₃ 标准溶液滴定 Cl⁻ 时，可采用荧光黄作指示剂。荧光黄是一种有机弱酸，用 HFIn 表示，在溶液中存在如下离解平衡：

$$HFIn \rightleftharpoons FIn^- （黄绿色） + H^+ \quad pK_a = 7$$

在化学计量点之前，生成的 AgCl 沉淀在过量的 Cl⁻ 溶液中，吸附 Cl⁻ 而带负电荷，形成的（AgCl）·Cl⁻ 不吸附指示剂阴离子 FIn⁻，溶液呈现 FIn⁻ 的黄绿色。达化学计量点时，微过量的 AgNO₃ 可使 AgCl 沉淀吸附 Ag⁺ 形成（AgCl）·Ag⁺ 而带正电荷，此带正电荷的（AgCl·Ag⁺）吸附荧光黄阴离子 FIn⁻，结构发生变化呈现粉红色，使整个溶液由黄绿色变成粉红色，指示终点的到达。

此过程可示意如下：

终点前 Cl⁻ 过量：AgCl·Cl⁻ + FIn⁻ （黄绿色）

终点后 Ag⁺ 过量：AgCl·Ag⁺ + FIn⁻ = AgCl·Ag⁺·FIn⁻ （粉红色）

如果用 NaCl 滴定 Ag⁺，则颜色的变化正好相反。

（二）滴定条件

1. 由于吸附指示剂的颜色变化发生在沉淀微粒表面上，因此，欲使终点变色明显，应尽可能使卤化银沉淀呈胶体状态，使沉淀的比表面积大一些。为此常加入一些保护胶体如糊精或淀粉等高分子化合物作为保护剂，阻止卤化银凝聚，使其保持胶体状态。

2. 溶液的酸度要适当：常用的吸附指示剂大多是有机弱酸，而起指示剂作用的是它们的阴离子。溶液的酸度必须有利于指示剂的显色离子存在。例如荧光黄其 $pK_a=7$，适用于 pH 值 7.0 ～ 10 的条件下进行滴定，只能在 pH 值 7.0 ～ 10 的中性或弱碱性溶液中使用。若 pH<7，则主要以 HFIn 形式存在，H⁺ 与指示剂阴离子结合成不被吸附的指示剂分子，它不被沉淀吸附，无法指示终点。二氯荧光黄其 $pK_a=4$，可以在 pH 值 4～10 范围内使用。曙红的酸性更强（$pK_a \approx 2$），即使 pH 低至 2，也能指示终点。甲基紫为阳离子指示剂，它必须在 pH 值 1.5 ～ 3.5 的酸性溶液中使用。

3. 胶体颗粒对指示剂的吸附能力应略小于对被测离子的吸附能力，否则指示剂将在化学计量点前变色。但也不能太小，否则终点出现过迟。

卤化银对卤化物和几种常见吸附指示剂的吸附能力的次序如下：

$$I^- > 二甲基二碘荧光黄 > Br^- > 曙红 > Cl^- > 荧光黄$$

因此，滴定 Cl^- 时只能选用荧光黄，滴定 Br^- 时选用曙红为指示剂。

4. 滴定应避免在强光下进行，因为吸附着指示剂的卤化银胶体对光极为敏感，遇光易分解析出金属银，溶液很快变灰色或黑色。

（三）应用范围

吸附指示剂法可用于 Cl^-、Br^-、I^-、SCN^-、SO_4^{2-} 和 Ag^+ 等离子的测定。

常用的吸附指示剂及其适用范围和条件列于表 5 – 1。

表 5 – 1 常用的吸附指示剂及应用范围

指示剂名称	待测离子	滴定剂	适用的 pH 范围
荧光黄	Cl^-	Ag^+	pH 值 7 ~ 10
二氯荧光黄	Cl^-	Ag^+	pH 值 4 ~ 10
曙红	Br^-、I^-、SCN^-	Ag^+	pH 值 2 ~ 10
甲基紫	SO_4^{2-}、Ag^+	Ba^{2+}、Cl^-	pH 值 1.5 ~ 3.5
橙黄素 IV	Cl^-、I^- 混合液		
氨基苯磺酸	及	Ag^+	微酸性
溴酚蓝	生物碱盐类		
二甲基二碘荧光黄	I^-	Ag^+	中性 5

第二节 医药应用与示例

一、无机卤化物和有机氢卤酸盐的测定

无机卤化物如 NaCl、$CaCl_2$、NH_4Cl、NaBr、KBr、NH_4Br、KI、NaI 等，以及许多有机碱的氢卤酸盐如盐酸麻黄碱，均可用银量法测定。

例：盐酸麻黄碱片的含量测定

盐酸麻黄碱的化学式为 $C_{10}H_{16}NOCl$。

精密称取 15 片（每片含盐酸麻黄碱 25mg 或 30mg，用 $m_{C_{10}H_{16}NOCl}$ 表示），求出平均片重（用 m_{AVG} 表示）。研细，精密称取适量（用 m_s 表示，约相当于盐酸麻黄碱 0.15g）置锥形瓶中，加纯化水 15mL 使其溶解，加溴酚蓝指示剂 2 滴，滴加醋酸使溶液由紫色变成黄绿色，再加溴酚蓝指示剂 10 滴与 1→50 糊精溶液 5mL，用 0.1mol/L 硝酸银滴定液滴定至混浊液呈灰紫色，即为终点。

$$W\% = \frac{\dfrac{m_{AVG}(cV)_{AgNO_3} M_{C_{10}H_{16}NOCl} \times 10^{-3}}{m_s}}{m_{C_{10}H_{16}NOCl}} \times 100\%$$

式中 $W\%$ 为含量占标示量的百分数。

二、有机卤化物的测定

由于有机卤化物中卤素原子与碳原子结合的比较牢固，必须经过适当的预处理，使有机卤化物中的卤素原子转变为卤离子进入溶液再进行测定。通常采用下列三种预处理方法。

1. NaOH 水解法 常用于脂肪族卤化物或卤素结合在芳香环侧链上类似脂肪族卤化物的有机化合物的测定。测定方法如下：

将样品与 NaOH 水溶液加热回流煮沸水解，有机卤素就以 X^- 的形式转入溶液中，待溶液冷却后，用稀 HNO_3 酸化，再用铁铵矾指示剂法测定其释放出来的 X^-。其水解反应可表示为：

$$R - X + NaOH \overset{\Delta}{\rightleftharpoons} R - OH + NaX$$

2. 氧瓶燃烧法 常用于结合在苯环或杂环上的有机卤素化合物的测定。测定方法如下：

将样品包入滤纸内，夹在燃烧瓶的铂丝下部，瓶内加入适量的吸收液（NaOH、H_2O 或二者的混合液）。然后充入氧气，点燃，待燃烧完全后，充分振摇至瓶内白色烟雾完全吸收为止，再用银量法测定含量。有机氯化物和溴化物都可以采用本法测定。

3. Na_2CO_3 熔融法 常用于结合在苯环或杂环上的有机卤素化合物的测定。测定方法如下：

将样品与无水 Na_2CO_3 置于坩埚内，混合均匀，灼烧至完全灰化，冷却，加纯化水溶解，加稀硝酸酸化，用银量法测定。

实验七 生理盐水中 NaCl 的含量测定

一、实验目的

1. 学习银量法测定氯的原理和方法。
2. 掌握沉淀滴定法的基本操作技术。

二、实验原理

中性或弱碱性溶液中，以 K_2CrO_4 为指示剂，用 $AgNO_3$ 标准溶液滴定氯化物。

AgCl 的溶解度 $<Ag_2CrO_4$ 的溶解度，因此溶液中首先析出 AgCl 沉淀，当达到终点后，过量的 $AgNO_3$ 与 CrO_4^{2-} 生成砖红色沉淀。

$$Ag^+ + Cl^- \longrightarrow AgCl\downarrow \text{（白色）}$$

$$2Ag^+ + CrO_4^{2-} \longrightarrow Ag_2CrO_4\downarrow \text{（砖红色）}$$

三、仪器与试剂

1. 仪器 烧杯、电子分析天平、容量瓶（100mL）、坩埚、煤气灯、锥形瓶（250mL）、酸式滴定管（50mL）、移液管（25mL）。

2. 试剂 0.1mol/L AgNO$_3$标准溶液、NaCl 标准溶液、K$_2$CrO$_4$（5%）溶液、生理盐水样品。

四、实验操作步骤

（一）0.1mol/L AgNO$_3$标准溶液的配置

AgNO$_3$标准溶液可直接用分析纯的 AgNO$_3$结晶配制，但由于 AgNO$_3$不稳定，见光易分解，故若要精确测定，要用 NaCl 基准物质来标定。

1. 直接配制 在一小烧杯中精确称量1.7g 左右的 AgNO$_3$，加适量水溶解后，定量转移到100mL 容量瓶中，用水稀释至刻度，摇匀，计算其准确度。

2. 间接配制 将 NaCl 置于坩埚中，用煤气灯加热至500~600℃干燥后，冷却，放置在干燥器中冷却备用。

用台秤称量1.7g 的 AgNO$_3$，定量转移到100mL 容量瓶中，用水稀释至刻度，摇匀。

标定：准确称取0.15~0.2g 的 NaCl 三份，分别置于三个锥形瓶中，各加25mL 水使其溶解。加1mL K$_2$CrO$_4$溶液，在充分摇动下，用 AgNO$_3$溶液滴定至溶液刚出现稳定的砖红色，记录 AgNO$_3$溶液的用量，计算 AgNO$_3$溶液的浓度。

$$c\,(AgNO_3) = \frac{m\,(NaCl)}{M\,(NaCl)\cdot V\,(AgNO_3)} \times 1000$$

平行滴定三次，计算 AgNO$_3$溶液的浓度。

（二）测定生理盐水中 NaCl 的含量

将生理盐水稀释1倍后，用移液管精确移取已稀释的生理盐水25.00mL 置于锥形瓶中，加入1mL K$_2$CrO$_4$指示剂，用标准 AgNO$_3$溶液滴定至溶液刚出现稳定的砖红色（边摇边滴）。平行滴定三次，计算 NaCl 的含量。

$$NaCl\% = \frac{c\,(AgNO_3)\cdot\dfrac{V\,(AgNO_3)}{1000}\cdot M\,(NaCl)}{V_{样}\cdot d} \times 100$$

平行测定3次。计算氯化钠的含量和3次结果的相对平均偏差。

五、实验记录

1. 将实验记录和结果数据记录在下列表格中。

项目	1	2	3
NaCl 的质量，g			
$AgNO_3$ 终读数，mL			
$AgNO_3$ 初读数，mL			
$AgNO_3$ 消耗的体积，mL			
$AgNO_3$ 的浓度，mol/L			
$AgNO_3$ 的平均浓度，mol/L			
相对偏差，%			

2. 生理盐水中 NaCl 的含量测定的数据记录表。

项目	1	2	3
生理盐水的体积（稀释后）/mL			
$AgNO_3$ 终读数，mL			
$AgNO_3$ 初读数，mL			
$AgNO_3$ 消耗的体积，mL			
NaCl 的含量，g/L			
NaCl 的平均浓度，g/L			
平均偏差，%			

六、思考题

1. K_2CrO_4 指示剂浓度的大小对 Cl^- 测定有何影响？

2. 滴定液的酸度应控制在什么范围为宜？为什么？若有 NH_4^+ 存在时，对溶液的酸度范围的要求有什么不同？

3. 铬酸钾指示剂法（莫尔法）测定酸性氯化物溶液中的氯，事先应采取什么措施？

4. 本实验可不可以用荧光黄代替 K_2CrO_4 作指示剂？为什么？

本章小结

铬酸钾指示剂法、铁铵矾指示剂法和吸附指示剂法的测定原理、应用比较如下：

	铬酸钾指示剂法	铁铵矾指示剂法	吸附指示剂法
指示剂	K_2CrO_4	Fe^{3+}	吸附指示剂
滴定剂	$AgNO_3$	SCN^-	Cl^- 或 $AgNO_3$
滴定反应	$Ag^+ + Cl^- = AgCl$	$Ag^+ + SCN^- = AgSCN$	$Ag^+ + Cl^- = AgCl$
指示反应	$2Ag^+ + CrO_4^{2-} \longrightarrow Ag_2CrO_4 \downarrow$（砖红色）	$Fe^{3+} + SCN^- =$ $Fe(SCN)^{2+}$（红色）	$AgCl \cdot Ag^+ + FIn^- =$ $AgCl \cdot Ag^+ \cdot FIn^-$（粉红色）
酸度	pH6.5 ~ 10.5	$0.1 \sim 1mol/L\ HNO_3$介质	与指示剂的 Ka 有关，使其以 FIn^- 型体存在
测定对象	Cl^-、CN^-、Br^-	直接滴定法测 Ag^+；返滴定法测 Cl^-、Br^-、I^-、SCN^-、PO_4^{3-} 和 AsO_4^{3-} 等	Cl^-、Br^-、SCN^-、SO_4^{2-} 和 Ag^+

复习思考

一、选择题

1. 下列叙述中，正确的是（　　　）

　　A. 由于 AgCl 水溶液的导电性很弱，所以它是弱电解质

　　B. 难溶电解质溶液中离子浓度的乘积就是该物质的溶度积

　　C. 溶度积大者，其溶解度就大

　　D. 用水稀释含有 AgCl 固体的溶液时，AgCl 的溶度积不变，其溶解度也不变

2. 下列叙述中正确的是（　　　）

　　A. 混合离子的溶液中，能形成溶度积小的沉淀者一定先沉淀

　　B. 某离子沉淀完全，是指其完全变成了沉淀

　　C. 凡溶度积大的沉淀一定能转化成溶度积小的沉淀

　　D. 当溶液中有关物质的离子积小于其溶度积时，该物质就会溶解

3. NaCl 是易溶于水的强电解质，但将浓盐酸加到它的饱和溶液中时也会析出沉淀，对此现象的正确解释应是（　　　）

　　A. 由于 Cl^- 浓度增加，使溶液中 $c(Na^+) \cdot c(Cl^-) > K_{sp}(NaCl)$，故 NaCl 沉淀出来

　　B. 盐酸是强酸，故能使 NaCl 沉淀析出

　　C. 由于 $c(Cl^-)$ 增加，使 NaCl 的溶解平衡向析出 NaCl 方向移动，故有 NaCl 沉淀析出

　　D. 酸的存在降低了盐的溶度积常数

4. NaCl 滴定 $AgNO_3$（pH = 2.0）的指示剂为（　　　）

A. K_2CrO_4 B. 二氯荧光黄（$pK_a = 4.0$）

C. $(NH_4)_2SO_4 \cdot Fe_2(SO_4)_3$ D. 曙红（$pK_a = 2.0$）

5. 吸附指示剂法中应用的指示剂其性质属于（   ）

   A. 配位   B. 沉淀   C. 酸碱   D. 吸附

6. 用摩尔法测定时，干扰测定的阴离子是（   ）

   A. Ac^- B. NO_3^- C. $C_2O_4^{2-}$ D. SO_4^{2-}

7. 用摩尔法测定时，阳离子（   ）不能存在。

   A. K^+ B. Na^+ C. Ba^{2+} D. Mg^{2+}

二、简答题

1. 银量法根据确定终点所用指示剂的不同可分为哪几种方法？它们分别用的指示剂是什么？又是如何指示滴定终点的？

2. 试讨论摩尔法的局限性。

3. 用银量法测定下列试样中 Cl^- 含量时，选用哪种指示剂指示终点较为合适？

（1）$BaCl_2$ （2）$NaCl + Na_3PO_4$ （3）$FeCl_2$ （4）$NaCl + Na_2SO_4$

4. 什么叫沉淀滴定法？沉淀滴定法所用的沉淀反应必须具备哪些条件？

5. 写出铬酸钾指示剂法、铁铵矾指示剂法和吸附指示剂法测定 Cl^- 的主要反应，并指出各种方法选用的指示剂和酸度条件。

6. 用银量法测定下列试样：（1）$BaCl_2$ （2）KCl （3）NH_4Cl （4）$KSCN$ （5）$NaCO_3 + NaCl$ （6）$NaBr$，各应选用何种方法确定终点？为什么？

7. 在下列情况下，测定结果是偏高、偏低，还是无影响？并说明其原因。

（1）在 $pH = 4$ 的条件下，用铬酸钾指示剂法测定 Cl^-；

（2）用铁铵矾指示剂法测定 Cl^-，既没有将 $AgCl$ 沉淀滤去或加热促其凝聚，又没有加有机溶剂；

（3）同（2）的条件下测定 Br^-；

（4）用吸附指示剂法测定 Cl^-，曙红作指示剂；

（5）用吸附指示剂法测定 I^-，曙红作指示剂。

三、计算题

1. 用铁铵矾指示剂法测定 $0.1mol/L$ 的 Cl^-，在 $AgCl$ 沉淀存在下，用 $0.1mol/L$ $KSCN$ 标准溶液回滴过量的 $0.1mol/L$ $AgNO_3$ 溶液，滴定的最终体积为 $70mL$，$[Fe^{3+}] = 0.015mol/L$。当观察到明显的终点时，（$[FeSCN^{2+}] = 6.0 \times 10^{-6}mol/L$），由于沉淀转化而多消耗 $KSCN$ 标准溶液的体积是多少？［已知 $K_{sp(AgCl)} = 1.8 \times 10^{-10}$，$K_{sp(AgSCN)} = 10 \times 10^{-12}$，$K_{(FeSCN)} = 200$］

2. 称取 NaCl 基准试剂 0.1773g，溶解后加入 30.00mL AgNO$_3$ 标准溶液，过量的 Ag$^+$ 需要 3.20mL NH$_4$SCN 标准溶液滴定至终点。已知 20.00mL AgNO$_3$ 标准溶液与 21.00mL NH$_4$SCN 标准溶液能完全作用，计算 AgNO$_3$ 和 NH$_4$SCN 溶液的浓度各为多少？（已知 $M_{NaCl} = 58.44$）

3. Ag$_2$CrO$_4$ 沉淀在 （1） 0.0010mol/L AgNo$_3$ 溶液中，（2） 0.0010mol/L K$_2$CrO$_4$ 溶液中，溶解度何者为大？

4. 计算沉淀 CaC$_2$O$_4$ 在 （1） 纯水；（2） pH 值 4.0 酸性溶液的溶解度。（已知 CaC$_2$O$_4$ 的 $K_{sp} = 2.0 \times 10^{-9}$，H$_2C_2O_4$ 的 $K_{a_1} = 5.9 \times 10^{-2}$，$K_{a_2} = 6.4 \times 10^{-5}$）

5. 量取 NaCl 试液 20.00mL，加入 K$_2$CrO$_4$ 指示剂，用 0.1023mol/L AgNO$_3$ 标准溶液滴定，用去 27.00mL，求每升溶液中含 NaCl 多少克？

6. 称取可溶性氯化物试样 0.2266g 用水溶解后，加入 0.1121mol/L AgNO$_3$ 标准溶液 30.00mL。过量的 Ag$^+$ 用 0.1185mol/L NH$_4$SCN 标准溶液滴定，用去 6.50mL，计算试样中氯的质量分数。

扫一扫，知答案

第六章

氧化还原滴定法

【学习目标】

掌握碘量法、高锰酸钾法、亚硝酸钠法等常用氧化还原滴定法的测定原理、条件和滴定液的配制及标定方法。

熟悉氧化还原滴定法指示剂的类型、变色原理和确定滴定终点的方法。

了解氧化还原滴定法的特点、分类与应用，会对氧化还原反应的完成程度做出判断。

引 子

维生素C具有抗坏血病的效应，所以又称抗坏血酸。它是人体不可缺少的一种重要营养物质，多存在于新鲜的蔬菜和水果中。临床上采用维生素C片剂做相关治疗，为控制质量，如何测定片剂中维生素C的含量？可采用本章介绍的氧化还原滴定法中的碘量法。

氧化还原滴定法是以氧化还原反应为基础的滴定分析法。该滴定法的应用十分广泛，可用的滴定剂很多，既可直接测定具有氧化性或还原性的物质，也可间接测定能与氧化剂或还原剂定量反应的无氧化还原性的物质。

第一节 原电池与电极电势

一、原电池

氧化还原反应的两个重要特征是反应过程中有电子的转移和热效应，若将一块锌片放入硫酸铜溶液中，过一段时间会发现锌片变小，同时上面还沉积了棕红色的铜，这是因为发生了氧化还原反应：$Zn + Cu^{2+} = Zn^{2+} + Cu$。这个反应中有电子的转移，但未形成电流；有能量释放，以热能形式消耗了。

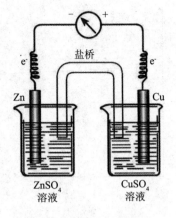

图 6-1　铜锌原电池

现在，若将一块锌片插入硫酸锌溶液中，而将一块铜片插入硫酸铜溶液中，两种溶液用一个装满饱和氯化钾溶液和琼脂的倒置 U 形管（称为盐桥）连接起来，再用导线连接锌片和铜片，并在导线中间串联一个电流计，使电流计的正极和铜片相连，负极和锌片相连（图 6-1）。接通电路后，可以观察到：

1. 电流计指针发生偏转，表明金属导线上有电流通过。因为电子流动的方向是从负极到正极，电流的方向是从正极到负极，所以根据电流计指针偏转方向可以判断锌片为负极，铜片为正极。

2. 锌片溶解而铜片上有铜沉积。

3. 取出盐桥，电流计指针回至零点；放入盐桥，指针又发生偏转。

对上述现象可做如下分析：

在图 6-1 所示的装置里，氧化还原反应 $Zn + Cu^{2+} \Longrightarrow Zn^{2+} + Cu$ 的两个半反应分别在两处进行。一个半反应为：锌片上的锌原子失去电子变成锌离子，进入到溶液中，使锌片上有了过剩电子而成为负极，在负极上发生氧化反应：

$$Zn - 2e^- \longrightarrow Zn^{2+}$$

另一个半反应为：溶液中的铜离子得到电子变成铜原子，沉积在铜片上，使铜片上有了多余的正电荷成为正极，在正极上发生还原反应：

$$Cu^{2+} + 2e^- \longrightarrow Cu$$

电子沿导线由锌片定向地转移到铜片，产生了电流。把这种将化学能转变为电能的装置称为原电池（primary cell）。每个金属片可以与含有其离子的溶液组成一个半电池（half cell），亦称为一个电极（electrode）。如铜锌原电池即由一个铜电极和一个锌电极组成，Zn 和 $ZnSO_4$ 溶液（Zn^{2+}/Zn 电对）组成锌电极；Cu 和 $CuSO_4$ 溶液（Cu^{2+}/Cu 电对）组成铜电极。每个电极上发生的氧化或还原反应，称为半电池反应（half cell reaction），两个半电池反应构成电池反应。

当 Zn 原子失去电子变成 Zn^{2+} 进入溶液时，溶液中的 Zn^{2+} 增多而带正电，同时，Cu^{2+} 在铜片上获得电子变成 Cu 原子，$CuSO_4$ 溶液中的 Cu^{2+} 浓度减少而带负电。这种情况会阻碍电子由锌片向铜片流动。盐桥可以消除这种影响，盐桥中的负离子如 Cl^- 向 $ZnSO_4$ 溶液中扩散，正离子如 K^+ 向 $CuSO_4$ 溶液中扩散，以保持溶液的电中性，使氧化还原反应继续进行。

原电池常用符号表示，如铜锌原电池可表示为：

$$(-)\ Zn \mid Zn^{2+}\ (c_1)\ \parallel Cu^{2+}\ (c_2)\ \mid Cu\ (+)$$

习惯上把负极写在左边，正极写在右边，"∥"表示盐桥，"∣"表示电极和溶液接触界面，c_1、c_2表示溶液的浓度。

二、电极电势

（一）电极电势的产生

铜锌原电池中有电流产生，表明两个电极之间有电势差存在，这说明构成原电池的两个电极各自具有不同的电极电势。用 φ（ + ）表示正极的电极电势，用 φ（ - ）表示负极的电极电势，两个电极之间的电势差，称为原电池的电动势（electromotive force），用 E 表示，则 $E = \varphi$（ + ） $- \varphi$（ - ）。

铜锌原电池中，电子从锌极流向铜极，说明锌极的电极电势比较低，而铜极的电极电势比较高。电极电势是如何产生的呢？

当把金属（如锌片或铜片）插入其对应的离子溶液时，构成了相应的电极。一方面金属表面的金属原子因热运动和受溶液中极性水分子的作用形成水合离子进入溶液中，使溶液带正电荷，金属带负电荷。这一过程是金属的溶解过程，也是金属的氧化过程：

$$M(s)\ - ne^- \longrightarrow M^{n+}(aq)$$

金属越活泼，离子浓度越小，这一溶解的趋势就越大。另一方面，溶液中的金属离子也有可能碰撞金属表面，接受其表面的电子而沉积在金属表面上。这一过程是金属离子沉积的过程，也是金属离子的还原过程：

$$M^{n+}(aq)\ + ne^- \longrightarrow M(s)$$

随金属离子的浓度增加和金属表面电子的增加，沉积的速率加快，直到溶解和沉积达到平衡：

$$M(s) \rightleftharpoons M^{n+}(aq)\ + ne^-$$

金属越活泼（或溶液中金属离子浓度越小），越有利于正反应进行，金属离子进入溶液的速率大于沉积速率直至平衡，从而使金属表面带负电荷，溶液则带正电荷，溶液与金属的界面处形成了双电层（图 6 - 2），产生了电势。反之，如果金属越不活泼，则离子沉积的速率大于溶解的速率，金属表面带正电而溶液带负电荷，也形成了双电层，产生了电势。

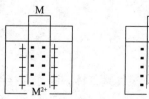

图 6 - 2　金属电极的双电层结构

这种金属与溶液之间因形成双电层而产生的稳定电势称为电极电势（electrode potential），

以符号 $\varphi_{M^{n+}/M}$ 表示。如在铜锌原电池中 Zn 片和 Zn^{2+} 溶液构成一个电极，电极电势用 $\varphi_{Zn^{2+}/Zn}$ 表示；Cu 片和 Cu^{2+} 溶液构成一个电极，电极电势用 $\varphi_{Cu^{2+}/Cu}$ 表示。

电极电势的大小主要取决于电极的本性，例如金属电极，金属越活泼，越容易失去电子，溶解成离子的倾向越大，离子沉积的倾向越小，达到平衡时，电极电势越低；金属越不活泼，则电极电势越高。另外，温度、介质和离子浓度等外界因素也对电极电势有影响。

铜锌原电池中，锌比较活泼，Zn 失电子的倾向大，Zn^{2+} 得到电子的倾向小，所以锌极的电极电势低；而铜比较不活泼，Cu^{2+} 得到电子的倾向大，Cu 失去电子的倾向小，所以铜极的电极电势高。两电极一旦相连，电子就由锌极流向铜极，氧化还原反应即可发生。

（二）标准电极电势

1. 标准氢电极　单个电极的电极电势的绝对值是无法测定的。为比较各种电极的电极电势，必须选一个电极作为比较标准，以求得各个电极的相对电极电势。如同以海平面作标准，用海拔高度比较各山峰的高度一样。按照 IUPAC 的建议，国际上统一用标准氢电极作为测量各电极电势的标准，称其为参比电极。如果将某种电极作正极，标准氢电极作负极组成电池，测定出来的电池电动势即是该电极的电极电势。

标准氢电极的构造如图 6 – 3 所示。

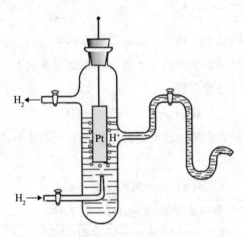

图 6 – 3　标准氢电极

由于氢气是气体，不能直接制成电极，因此选用化学性质极不活泼而又能导电的铂片来制备电极。通常铂片上镀一层疏松而多孔的铂黑，以提高氢气的吸附量。将这种铂片插入含有氢离子浓度（严格地说应为活度）为 $1 mol \cdot L^{-1}$ 的溶液中，通入分压为 $1.01 \times 10^5 Pa$（用符号 $p^{\ominus}$ 表示）的高纯氢气，不断地冲击铂片，使铂黑吸附的氢气达到饱和状态，这样就构成了标准氢电极。电极反应为：

$$2H^+ \ (aq) \ +2e^- \Longrightarrow H_2 \ (g)$$

规定在 298.15K 时，标准氢电极的电极电势为零，即 $\varphi^{y}_{H^+/H_2} = 0.000V$。

2. 标准电极电势 在标准状态下，将各种电极和标准氢电极连接组成原电池，测定其电动势并确定其正极和负极，从而得出各种电极的标准电极电势。所谓标准状态是指：温度恒定为 298.15K，组成电极的相关离子的浓度均为 $1mol \cdot L^{-1}$（严格讲为活度），气体的分压为 $1.01 \times 10^5 Pa$（用符号 p 表示），固体和液体都是纯净物质。标准电极电势用符号表示。

例如要测定锌电极的标准电极电势，可将标准状态下的锌电极与标准氢电极组成原电池，测定其电动势并由电流方向确定其正极和负极。锌电极为负极，氢电极为正极。这个原电池可用符号表示如下：

$$(\ - \ ) \ Zn \ | \ ZnSO_4 \ (1mol \cdot L^{-1}) \ \parallel H^+ \ (1mol \cdot L^{-1}) \ | \ H_2 \ (100kPa) \ | \ Pt \ (\ + \ )$$

如测得此电池的电动势 E 为 0.763V。由于原电池的电动势是正极的电极电势 φ（ + ）与负极的电极电势 φ（ - ）之差，故在上述电池中

$$E = \varphi^{\ominus}_{H^+/H_2} - \varphi^{\ominus}_{Zn^{2+}/Zn}$$

$$0.763 = 0 - \varphi^{\ominus}_{Zn^{2+}/Zn}$$

$$\varphi^{\ominus}_{Zn^{2+}/Zn} = 0.763V$$

同样，如要测定铜电极的标准电极电势，可将标准铜电极与标准氢电极组成电池。氢电极为负极，铜电极为正极。此原电池用符号表示如下：

$$(\ - \ ) \ Pt \ | \ H_2 \ (100kPa) \ | \ H^+ \ (1mol \cdot L^{-1}) \ \parallel Cu^{2+} \ (1mol \cdot L^{-1}) \ | \ Cu \ (\ + \ )$$

如测得原电池的电动势为 0.337V，则：

$$E = \varphi^{\ominus}_{Cu^{2+}/Cu} - \varphi^{\ominus}_{H^+/H_2}$$

$$\varphi^{\ominus}_{Cu^{2+}/Cu} = +0.337V$$

各电极电对的标准电极电势可查阅化学手册，本书附录中列出了一些常见电对在水溶液中的标准电极电势。

应用电极电势表时要注意：

（1）表中的电极反应都是以还原反应式表示：

$$M^{n+} + ne^- \Longrightarrow M$$

其中 M^{n+} 为物质的氧化型，M 为物质的还原型，标准电极电势写作 $\varphi^{\ominus}_{M^{n+}/M}$ 书写时下标中氧化型和还原型的前后位置不能颠倒。

（2）标准电极电势的数值只与电对的种类有关，而与半反应中的系数无关。例如，半反应 $Cl_2 + 2e^- \longrightarrow 2Cl^-$ 与半反应 $Cl + e^- \longrightarrow Cl^-$ 的 $\varphi^{\ominus}$ 值都等于 1.358V。

（3）溶液的酸碱度对许多电极的标准电极电势都有影响，在不同酸碱度的溶液中，电极的标准电极电势不同，甚至电极反应亦不同，因此标准电极电势表分酸表和碱表两种。

酸表是在 $[H^+]=1mol \cdot L^{-1}$（严格讲是 H^+ 活度为 1mol/L）的介质中的测定值，碱表是在 $[OH^-]=1mol/L$（严格讲是 OH^- 活度为 1mol/L）的介质中的测定值，使用时要根据电极反应介质的酸碱度确定查酸表还是碱表。

（4）附录的酸、碱表中的标准电极电势都只适合于水溶液中的氧化还原反应，不适合于非水溶液和熔融系统中的氧化还原反应。

（5）在标准状态下，电对的标准电极电势值愈大，表明其氧化型得电子能力愈强，是愈强的氧化剂，而对应的还原型失电子能力愈弱，是愈弱的还原剂。

三、能斯特方程

标准电极电势（$\varphi^\ominus$）是在标准状态下测定的，如果条件（主要是离子浓度和温度）改变时，电极电势就会发生明显变化。这种离子浓度和温度对电极电势的影响可用能斯特方程式（Nernst equation）计算。

对于电极反应 Ox（氧化态）$+ne \Longleftrightarrow$ Red（还原态），有

$$\varphi = \varphi^\ominus + \frac{RT}{nF}\ln \frac{[Ox]}{[Red]} \tag{6-1}$$

式中 φ 为电极电势，$\varphi^\ominus$ 为标准电极电势，R 为气体常数 $[8.314J \cdot (K \cdot mol)^{-1}]$，$T$ 为绝对温度（$t+273.15K$），n 为电极反应中得失电子数，F 为法拉第常数（96500C·mol^{-1}），$[Ox]$ 为氧化型浓度，$[Red]$ 为还原型浓度，$[Ox]/[Red]$ 表示电极反应中氧化型一方各物质浓度幂的乘积与还原型一方各物质浓度幂的乘积之比。浓度的幂指数为它们各自在电极反应中的化学计量数，凡固体物质、纯液体和溶剂在计算时其浓度规定为1。对于气体物质，以气体分压与标准压力 $p^\ominus$（$1.01 \times 10Pa$）的比值代入相应的浓度项进行计算。

当温度为 298.15K 时，将各常数代入上式，把自然对数换成常用对数，可简化为：

$$\varphi = \varphi^\ominus + \frac{0.059}{n}\lg \frac{[Ox]}{[Red]} \tag{6-2}$$

下面根据能斯特方程讨论在 298.15K 时影响氧化剂或还原剂电极电势大小的因素：

1. 氧化还原电对的性质决定 φ 值的大小。发生氧化还原反应时，还原剂的还原能力越强越易给出电子，标准电极电势越低；氧化剂的氧化能力越强越易接受电子，标准电极电势越高。氧化还原电对的性质是决定电极电势高低的主要因素。

2. 氧化型和还原型及有关离子（包括 H^+）浓度的大小和其比值会影响电极电势。当 $[Ox]/[Red]$ 比值不等于 1 时，电对的电极电势则不等于标准电极电势。应用能斯特方程可以计算非标准状态下的电极电势。

第二节 氧化还原滴定法概述

一、氧化还原滴定法的分类

很多氧化还原反应可以用于滴定分析，习惯上按滴定液所用的氧化剂进行分类。常用的有高锰酸钾法、碘量法、亚硝酸钠法、重铬酸钾法、铈量法、溴酸钾法等，见表6-2。

表6-2　常见氧化还原滴定法

滴定法名称	滴定液	电对反应
直接碘量法	I_2	$I_3^- + 2e \rightleftharpoons 3I^-$
间接碘量法	$Na_2S_2O_3$	$2S_2O_3 - 2e \rightleftharpoons S_4O_6^{2-}$
高锰酸钾法	$KMnO_4$	$MnO_4^- + 8H^+ + 5e \rightleftharpoons Mn^{2+} + 4H_2O$
亚硝酸钠法	$NaNO_2$	重氮化反应/亚硝化基反应
重铬酸钾法	$K_2Cr_2O_7$	$Cr_2O_7^{2-} + 14H^+ + 6e \rightleftharpoons 2Cr^{3+} + 7H_2O$
铈量法	$Ce(SO_4)_2$	$Ce^{4+} + e \rightleftharpoons Ce^{3+}$
溴酸钾法	$KBrO_3 + KBr$	$BrO_3^- + 6H^+ + 6e \rightleftharpoons Br^- + 3H_2O$

鉴于氧化还原反应的机理较为复杂，本章主要介绍高锰酸钾法、碘量法及亚硝酸钠法，其他氧化还原滴定法可在课外学习。

二、氧化还原反应进行的程度

氧化还原反应进行的程度，通常用反应平衡常数（K）来衡量。氧化还原反应的平衡常数可以用有关电对的标准电极电位或条件电极电位求得。

（一）标准电极电位和条件电极电位

在氧化还原反应中，氧化剂和还原剂的强弱可以用有关电对的电极电位（简称电位）来衡量。电对的电位越高，其氧化态的氧化能力越强；电对的电位越低，其还原态的还原能力越强。所以可以依据有关电对的电位判断氧化还原反应进行的方向、次序和程度。

1. 标准电极电位　对于一个可逆的氧化还原电对，其电对反应为：

Ox（氧化态）$+ ne \rightleftharpoons$ Red（还原态）

它的电极电位满足能斯特（Nernst）方程（25℃）：

$$\varphi = \varphi^{\ominus} + \frac{0.0592}{n} \lg \frac{\alpha_{Ox}}{\alpha_{Red}} \tag{6-3}$$

其中 $\varphi^{\ominus}$ 为标准电极电位，α_{Ox} 为氧化态活度，α_{Red} 为还原态活度。

2. 条件电极电位　在实际工作中，通常知道的是物质氧化态和还原态的浓度而并非活度，并且氧化态和还原态在溶液中常发生副反应，如酸效应、配位效应和生成沉淀等，这些均可改变其电极电位。为便于计算，实际工作中常用分析浓度（c）代替活度，引入相应的活度系数（γ），同时考虑副反应的影响，引入副反应系数（α），对能斯特方程进行校正。

活度与平衡浓度的关系：

$$\alpha_{Ox} = \gamma_{Ox}\,[Ox]\quad \alpha_{Red} = \gamma_{Red}\,[Red] \tag{6-4}$$

副反应系数与分析浓度的关系：

$$\alpha_{Ox} = \frac{c_{Ox}}{[Ox]}\alpha_{Red} = \frac{C_{Red}}{[Red]} \tag{6-5}$$

将式 6-4 和式 6-5 代入式 6-3 得：

$$\varphi = \varphi' + \frac{0.0592}{n}\lg\frac{\alpha_{Ox}}{\alpha_{Red}} \tag{6-6}$$

其中：

$$\varphi' = \varphi^{\ominus} + \frac{0.0592}{n}\lg\frac{\alpha_{Ox}}{\alpha_{Red}} \tag{6-7}$$

式中 $\varphi^{\ominus}$ 称为条件电极电位。它是在特定条件下，物质氧化态与还原态的分析浓度均为 1mol/L 或两者浓度比值为 1 时，校正了各种外界因素影响后的实际电极电位。条件电极电位反映了离子强度与各种副反应影响的总结果，在条件不变时为一常数，用它来处理问题，既简便又与实际情况相符，在处理有关氧化还原反应的电位计算时，应尽可能地采用条件电极电位。实际应用时，若没有相同条件下的条件电极电位值时，可借用该电对在相同介质、相近浓度下的条件电极电位进行计算；同时，因条件电极电位随介质种类和浓度的变化而变化，如介质不同或浓度相差太大，则不能借用，否则计算结果会出现错误，此时应使用实验方法测定其条件电极电位。

活度系数与副反应系数的求解很复杂，本书不作探讨。一般情况下，电对的条件电极电位均由实验测得，在条件相同的计算中直接使用。

（二）氧化还原反应进行程度的判断

如前所述，氧化还原反应进行的程度可使用反应平衡常数 K 来衡量，K 值越大，氧化还原反应进行得越完全。K 值的大小与反应平衡时反应物与生成物的活度有关，在实际滴定分析中为了简便，常用物质分析浓度代替其活度，以此计算出的平衡常数称为条件平衡常数 K'，K' 值越大，反应实际进行的程度越高。

对任意氧化还原反应：$n_2 Ox_1 + n_1 Red_2 \rightleftharpoons n_2 Red_1 + n_1 Ox_2$

反应电对及电极电位分别为（25℃）：

$$Ox_1 + n_1e \rightleftharpoons Red_1$$

$$\varphi_1 = \varphi'_1 + \frac{0.0592}{n_1}\lg\frac{c_{Ox_1}}{c_{Red_1}}$$

$$Ox_2 + n_2e \rightleftharpoons Red_2$$

$$\varphi_2 = \varphi'_2 + \frac{0.0592}{n_2}\lg\frac{c_{Ox_2}}{c_{Red_2}}$$

当两电对的电极电位相等时，即 $\varphi_1 = \varphi_2$，反应达平衡，条件平衡常数为：

$$K' = \frac{c_{Red_1}^{n_2} \times c_{Ox_2}^{n_1}}{c_{Ox_1}^{n_2} \times c_{Red_2}^{n_1}} \qquad (6-8)$$

由 $\varphi_1 = \varphi_2$ 得：

$$\varphi'_1 + \frac{0.0592}{n_1}\lg\frac{c_{Ox_1}}{c_{Red_1}} = \varphi'_2 + \frac{0.0592}{n_2}\lg\frac{c_{Ox_2}}{c_{Red_2}}$$

$$\lg\frac{c_{Red_1}^{n_2} \times c_{Ox_2}^{n_1}}{c_{Ox_1}^{n_2} \times c_{Red_2}^{n_1}} = \frac{n_1 n_2\ (\varphi'_1 - \varphi'_2)}{0.0592}$$

则：

$$\lg K' = \frac{n_1 n_2\ (\varphi'_1 - \varphi'_2)}{0.0592} \qquad (6-9)$$

由式 6 - 9 可知，氧化还原反应的条件平衡常数 K' 与氧化还原反应中两电对的条件电极电位差值及电子转移数有关。如可得到反应中两电对的条件电极电位值，就可计算该氧化还原反应的条件平衡常数，进而对该反应进行的程度进行判断，两电对的条件电极电位差值（$\Delta\varphi = \varphi'_1 - \varphi'_2$）越大，反应进行得越完全。

在滴定分析中，一般要求误差不大于 0.1%，在滴定终点时，生成物浓度必须大于或等于反应物浓度的 99.9%，生成物与剩余反应物的浓度关系可近似地表示为：$c_{Red_1} \geqslant c_{Ox_1}$ $\times 10^3$，$c_{Ox_2} \geqslant c_{Red_1} \times 10^3$，将其带入式 6 - 8 中，可得：

$$\lg K' = \lg\frac{c_{Red_1}^{n_2} \times c_{Ox_2}^{n_1}}{c_{Ox_1}^{n_2} \times c_{Red_2}^{n_1}} = \log\ (10^{3n_1} \times 10^{3n_2})$$

$$\lg K' = 3\ (n_1 + n_2) \qquad (6-10)$$

将式 6 - 9 代入式 6 - 10，得：

$$\frac{n_1 n_2\ (\varphi'_1 - \varphi'_2)}{0.0592} = 3\ (n_1 + n_2)$$

$$\varphi = \varphi'_1 - \varphi'_2 = \frac{3 \times 0.0592\ (n_1 + n_2)}{n_1 n_2} \qquad (6-11)$$

由式 6 – 10 和 6 – 11 可知，当 $\lg K' \geqslant 3（n_1 + n_2）$ 时，或 $\Delta\varphi \geqslant \dfrac{3 \times 0.0592（n_1 + n_2）}{n_1 n_2}$ 时，氧化还原反应比较完全，才能用于滴定分析。

如果 $n_1 = 1$、$n_2 = 2$ 型的氧化还原反应，$\lg K' \geqslant 9$ 或 $\Delta\varphi \geqslant 0.27V$ 时，氧化还原反应可用于滴定分析。所以 $\Delta\varphi$ 足够大，表示反应进行的完全程度能满足滴定分析要求，但实际工作中，该反应不一定能定量进行，也不能显示出反应进行的速率，这样的氧化还原反应也不一定能用于滴定分析。

三、指示剂

在氧化还原滴定过程中，通常使用指示剂确定终点。氧化还原滴定中常用的指示剂有以下几类。

（一）自身指示剂

在氧化还原滴定中，部分滴定液或待测组分本身的氧化态和还原态颜色有明显的区别，滴定过程无须另外加入指示剂，利用其自身两种颜色的变化，即可指示滴定终点，这类指示剂称为自身指示剂。例如，用 $KMnO_4$ 滴定液在酸性介质中滴定 $FeSO_4$，$KMnO_4$ 在反应中被还原为几乎无色的 Mn^{2+}，当到达化学计量点时，稍微过量的 $KMnO_4$ 可使溶液呈现浅红色，指示滴定终点的到达。

（二）氧化还原指示剂

氧化还原指示剂本身是一类弱氧化剂或弱还原剂，其氧化态与还原态有明显的颜色差别。在化学计量点附近，指示剂发生氧化或还原反应，其氧化态与还原态发生转变，从而引起溶液颜色改变，指示滴定终点。常用氧化还原指示剂如表 6 – 3 所示。

表 6 – 3　常用氧化还原指示剂的颜色变化及 φ'

指示剂	氧化态	还原态	φ'（V）（$[H] = 1mol/L$）
亚甲蓝	绿蓝色	无色	0.36
二苯胺	紫色	无色	0.76
二苯胺磺酸钠	紫红色	无色	0.85
邻二氮菲 – 亚铁	浅蓝色	红色	1.06

由于该类指示剂本身要消耗一定量的滴定液，当滴定液浓度较大时，可忽略其影响，但在精确测定或滴定液浓度小于 0.01mol/L 时，需要做空白试验进行校正。

（三）不可逆指示剂

某些物质在过量氧化剂存在时会发生不可逆的颜色变化，利用此原理指示滴定终点的物质称为不可逆指示剂。如在溴酸钾法中，过量的溴酸钾在酸性溶液中析出溴，溴能破坏甲基红或甲基橙的显色结构，使其颜色消失而指示滴定终点。

（四）特殊指示剂

特殊指示剂本身不具有氧化还原性质，不参与氧化还原反应，但其可以与滴定液或被测物质的氧化态或还原态作用而产生特殊颜色，从而指示滴定终点，被称为特殊指示剂。如淀粉指示剂在碘量法中的应用，当碘溶液浓度达到 10^{-5} mol/L 时，能被淀粉指示剂吸附而显特殊的蓝色，指示滴定终点的到达。

（五）外指示剂

有些指示剂不直接加入被滴定的溶液中，在化学计量点附近用玻璃棒蘸取少量溶液在外面与指示剂接触来判断滴定终点，这种指示剂称为外指示剂。外指示剂一般制成糊状或试纸使用。

第三节　碘　量　法

以 I_2 为氧化剂或以 I^- 为还原剂进行滴定的分析方法称为碘量法。半反应式为：

$$I_2 + 2e \rightleftharpoons 2I^- \qquad \varphi^{\ominus}_{I_2/I^-} = 0.5345V$$

I_2 是较弱的氧化剂，可与较强的还原剂反应；I^- 是中等强度的还原剂，可与许多氧化剂反应。因此，用碘量法进行分析时，常根据被测组分的氧化性或还原性强弱采用不同方法。

一、基本原理

（一）直接碘量法

如被测物为还原性物质，且其标准电极电位或条件电极电位比碘电对的标准电极电位低，可直接使用 I_2 滴定液进行滴定，这种方法称为直接碘量法，又称碘滴定法。

直接碘量法只能在酸性、中性或弱碱性溶液中进行，滴定过程中应注意控制溶液酸度。

（二）间接碘量法

不能用直接碘量法测定的物质，可使用间接碘量法进行测定。间接碘量法主要包括置换滴定法和返滴定法，两者均是以 I_2 与 $Na_2S_2O_3$ 的定量反应为基础，该法又称为滴定碘法。

$$2S_2O_3^{2-} + I_2 \rightleftharpoons S_4O_6^{2-} + 2I^-$$

1. 置换滴定法　如被测物的标准电极电位高于 $\varphi^{\ominus}_{I_2/I^-}$，其氧化态可将 I^- 氧化成 I_2，定量析出的 I_2 可用 $Na_2S_2O_3$ 滴定液进行滴定，这种方法称为置换滴定法。

2. 返滴定法　如被测物的标准电极电位低于 $\varphi^{\ominus}_{I_2/I^-}$，其还原态可与过量的 I_2 标准溶液作用，待反应完全后，用 $Na_2S_2O_3$ 滴定液滴定剩余的 I_2，从而计算被测物的含量，这种方法称为返滴定法。

间接碘量法只能在弱酸性或中性溶液中进行，滴定过程中应注意控制溶液酸度。

课堂互动

温度对碘量法有影响吗？如果有，会产生什么影响？

二、I_2 和 $Na_2S_2O_3$ 标准溶液的配制和标定

碘量法中经常使用的有 I_2 和 $Na_2S_2O_3$ 两种标准溶液，其配制和标定方法如下。

（一）I_2 标准溶液

由于 I_2 具有挥发性和腐蚀性，不宜用分析天平称量，所以通常用间接法配制标准溶液。

1. 配制　为了增加 I_2 在水中的溶解度，需加适量的 KI，I_2 生成 I_3^- 可以降低 I_2 的挥发性。加少量盐酸以除去微量碘酸盐，溶液用垂熔玻璃漏斗过滤少量未溶解的碘，于棕色瓶中避光保存。

2. 标定　常用的基准物质为 As_2O_3。As_2O_3 难溶于水，可加 NaOH 溶液使其生成亚砷酸钠而溶解，过量的碱用酸中和。滴定前加入 $NaHCO_3$ 使溶液呈弱碱性。反应如下：

$$As_2O_3 + 6OH^- \rightleftharpoons 2AsO_3^{3-} + 3H_2O$$

$$AsO_3^{3-} + I_2 + H_2O \rightleftharpoons AsO_4^{3-} + 2I^- + 2H^+$$

计算公式如下：

$$c_{I_2} = \frac{2 \times m_{As_2O_3} \times 1000}{M_{As_2O_3} \times V_{I_2}}$$

根据 As_2O_3 的量和消耗的碘溶液体积，计算出 I_2 溶液的准确浓度，贴上标签备用。由于 As_2O_3 为剧毒物，实际工作中常用硫代硫酸钠标准溶液标定碘溶液。

（二）$Na_2S_2O_3$ 标准溶液的配制和标定

$Na_2S_2O_3$ 不是基准物质，因此不能直接配制成标准溶液，且配制好的 $Na_2S_2O_3$ 溶液不稳定，易受微生物、CO_2 和空气中 O_2 的作用而分解。所以 $Na_2S_2O_3$ 标准溶液必须在需用时配制并标定后使用。

1. 配制　需用新煮沸冷却的蒸馏水溶解，加入少量 $Na_2S_2O_3$ 使溶液呈弱碱性。于棕色瓶中避光放置 7～10 天，过滤后再标定。

2. 标定　可以用 $K_2Cr_2O_7$、KIO_3、$KBrO_3$ 等基准物质标定 $Na_2S_2O_3$ 溶液。常用 $K_2Cr_2O_7$

为基准物的置换滴定。称取一定量的基准物质 $K_2Cr_2O_7$，在酸性溶液中与过量的 KI 作用，定量析出 I_2，以淀粉为指示剂，用 $Na_2S_2O_3$ 溶液滴定，反应式如下：

$$Cr_2O_7^{2-} + 6I^- + 14H^+ \rightleftharpoons 2Cr^{3+} + 3I_2 + 7H_2O$$

$$I_2 + 2S_2O_3^{2-} \rightleftharpoons 2I^- + S_4O_6^{2-}$$

计算公式如下：

$$c_{Na_2S_2O_3} = \frac{6 \times m_{K_2Cr_2O_7} \times 1000}{M_{K_2Cr_2O_7} \times V_{Na_2S_2O_3}}$$

KI 与 $K_2Cr_2O_7$ 的反应于碘量瓶中进行，暗处反应 10 分钟，使置换反应完全，并控制置换反应的酸度。酸度越高，反应速度越快，但酸度太高，I^- 易被空气中的 O_2 氧化，使 I_2 析出量增加；酸度太低，反应速度慢，I_2 析出不完全，易出现终点"回蓝"现象。

用 $Na_2S_2O_3$ 溶液滴定 I_2 的反应在中性或弱酸性溶液中进行，所以滴定前需将溶液稀释，既降低了酸度，又降低了浓度，便于终点的观察。

三、应用与示例

碘量法应用广泛。直接碘量法可测定硫化物、SO_2、As_2O_3、$S_2O_3^{2-}$、Sn^{2+}、Sb^{3+}、维生素 C 等还原性较强的物质；间接碘量法可测定高锰酸钾、重铬酸钾、溴酸盐、漂白粉、过氧化氢、二氧化锰、铜盐、葡萄糖酸锑钠、葡萄糖、焦亚硫酸钠、亚硫酸氢钠、无水亚硫酸钠等。

（一）硫化物含量测定示例

在酸性溶液中，I_2 能氧化 S^{2-}，因此可用淀粉作指示剂，用 I_2 滴定液直接测定含 S^{2-} 的硫化物。需要注意的是，滴定不能在碱性溶液中进行，否则部分 S^{2-} 将被氧化成 SO_4^{2-}，而且 I_2 也会发生歧化反应。相关反应和计算公式如下：

$$I_2 + S^{2-} \rightleftharpoons S \downarrow + 2I^-$$

$$c_{S^{2-}} = \frac{c_{I_2} \times V_{I_2}}{V_{S^{2-}}}$$

（二）葡萄糖酸锑钠含量测定示例

葡萄糖酸锑钠中的锑为 +5 价，具有氧化性，在酸性条件下能将 I^- 氧化成 I_2，Sb^{5+} 被还原为 Sb^{3+}。测定时，可先向被测溶液中加入过量的 I^-，待完全反应后，再用 $Na_2S_2O_3$ 滴定液滴定生成的 I_2，根据 $Na_2S_2O_3$ 滴定液消耗量与被测样品的质量，即可计算其样品中被测物的含量。葡萄糖酸锑钠中其他还原性物质须用空白试验校正。相关反应及计算公式如下：

$$Sb^{5+} + 2I^- \rightleftharpoons Sb^{3+} + I_2$$

$$I_2 + 2S_2O_3^{2-} \rightleftharpoons 2I^- + S_4O_6^{2-}$$

$$\omega_{Sb} = \frac{c_{Na_2S_2O_3} \ (V - V_0) \ \times 10^{-3} \times M_{Sb}}{2m} \times 100\%$$

上式中 V_0 为空白试验中消耗的 $Na_2S_2O_3$ 滴定液体积。

第四节　高锰酸钾法

一、基本原理

使用高锰酸钾溶液作为滴定液的滴定分析方法，称为高锰酸钾法。高锰酸钾是一种氧化剂，氧化能力与其溶液的酸度有关。

在强酸性溶液中表现为强氧化剂，电对反应为：

$$MnO_4^- + 8H^+ + 5e \Longrightarrow Mn^{2+} \ （无色）+ 4H_2O \qquad \varphi^\ominus = 1.5V$$

在弱酸性、中性或弱碱性溶液中表现为较弱的氧化剂，电对反应为：

$$MnO_4^- + 4H^+ + 3e \Longrightarrow MnO_2 \downarrow \ （棕色沉淀）+ 2H_2O \qquad \varphi^\ominus = 0.59V$$

在强碱性溶液中表现为更弱的氧化剂，电对反应为：

$$MnO_4^- + e \Longrightarrow MnO_4^{2-} \ （绿色）\qquad \varphi^\ominus = 0.56V$$

可以看出，高锰酸钾法适宜在强酸性溶液中进行，当用高锰酸钾滴定无色或浅色溶液时，通常不另加指示剂，使用高锰酸钾作自身指示剂，浓度较低时，也可选用氧化还原指示剂。部分物质与高锰酸钾在常温下反应较慢，为加快反应速率，可在滴定前适当加热被测溶液，趁热滴定；也可在被测溶液中加入适量 Mn^{2+} 作催化剂以加快反应速率。但对于在空气中容易氧化或加热易分解的还原性物质，如亚铁盐、过氧化氢等则不适宜加热滴定。

高锰酸钾法应用十分广泛，根据被测物质的性质，可采用不同的滴定方式。

1. 直接滴定法　高锰酸钾滴定液直接滴定被测物质溶液，主要用于还原性物质的分析测定，如草酸盐、亚铁盐、过氧化氢、亚硝酸盐及其他具有还原性的有机物。

2. 返滴定法　先向被测物质溶液中加入准确而过量的能与被测物定量反应的另一种基准物质或滴定液，使其与被测物完全反应，再用高锰酸钾滴定液滴定加入的基准物质或滴定液过量（剩余）的部分，从而计算出被测物质的含量。例如，测定 MnO_2 时，在 H_2SO_4 酸性条件下，先向试样中加过量并且准确的 $Na_2C_2O_4$ 溶液，待 MnO_2 与 $C_2O_4^{2-}$ 反应完全后，再用 $KMnO_4$ 滴定剩余的 $C_2O_4^{2-}$。

3. 间接滴定法　将被测物质定量地转换为能与高锰酸钾定量反应的物质，通过高锰酸钾滴定液滴定定量转换后的物质，从而计算出被测物质的含量。主要用于某些不具备氧化性或还原性，不能用直接滴定法或返滴定法测定的样品。如测定 Ca^{2+} 含量时，先用草酸

将 Ca^{2+} 沉淀为 CaC_2O_4，过滤后用稀硫酸溶解沉淀，然后再用高锰酸钾滴定液滴定溶液中的 $C_2O_4^{2-}$，进而根据 Ca^{2+} 与 $C_2O_4^{2-}$ 的定量关系间接计算出 Ca^{2+} 的含量。

二、$KMnO_4$ 滴定液的配制和标定

$KMnO_4$ 是氧化还原滴定中常用的滴定液，由于 $KMnO_4$ 的氧化性很强，稳定性不高，在生产储存过程中易与其他还原性物质作用，见光分解等原因，$KMnO_4$ 滴定液不可用直接法配制，只能用间接法进行配制。先粗配一定大小的浓度，放置一段时间后，再用基准物质 $Na_2C_2O_4$ 进行标定，确定其准确浓度。配制和保存 $KMnO_4$ 溶液时，应保持溶液呈中性，不含 MnO_2。

（一）$KMnO_4$（$0.02mol \cdot L^{-1}$）溶液的配制

取 $KMnO_4$ 3.3 ~3.5g 于 1000mL 蒸馏水中，微沸 15 分钟，转入棕色试剂瓶密闭，暗处静置 2 日以上，用垂熔玻璃滤器过滤，于棕色试剂瓶中备用。

（二）$KMnO_4$ 溶液的标定

标定 $KMnO_4$ 溶液的基准物质有 $Na_2C_2O_4$、$H_2C_2O_4 \cdot 2H_2O$、AS_2O_3、$(NH_4)_2Fe(SO_4)_2 \cdot 6H_2O$ 等，其中 $Na_2C_2O_4$ 不含结晶水，无吸湿性，性质稳定，最为常用。用 $Na_2C_2O_4$ 标定 $KMnO_4$ 溶液，常在 H_2SO_4 介质中进行，反应式为：

$$2MnO_4^- + 5C_2O_4^{2-} + 16H^+ \rightleftharpoons 2Mn^{2+} + 10CO_2 \uparrow + 8H_2O$$

计算公式为：

$$c_{KMnO_4} = \frac{2 \times m_{Na_2C_2O_4} \times 1000}{5 \times M_{Na_2C_2O_4} \times V_{KMnO_4}}$$

标定时注意以下几个问题：

1. 控制溶液的酸度：一般用硫酸溶液调节酸度，开始滴定时酸度为 $0.5 \sim 1.0mol \cdot L^{-1}$，滴定终点时应为 $0.2 \sim 0.5mol \cdot L^{-1}$，酸度不够易生成 MnO_2。

2. 温度控制：溶液的温度应在 75~85℃ 之间，温度低于 60℃，反应速度慢；温度高于 90℃，会使部分 $C_2O_4^{2-}$ 分解。

3. 滴定速度：开始时，滴定速度要慢，要等第一滴 $KMnO_4$ 紫红色消失后，再滴第二滴。反应生成的 Mn^{2+} 对滴定反应有催化作用，滴定可加快。

4. 终点的确定：滴定至溶液呈浅红色并在 30 秒不褪色即为终点。

需要注意的是，光和热能促进 $KMnO_4$ 的分解，标定过的 $KMnO_4$ 溶液应妥善保管，并定期重新标定。

三、应用与示例

高锰酸钾法应用广泛，可对 H_2O_2、碱金属及碱土金属的过氧化物、Ca^{2+}、软锰矿中

的 MnO_2、部分有机化合物、水体化学需氧量等进行测定。

（一）H_2O_2 含量测定示例

H_2O_2 俗称双氧水，医药上常用3%双氧水溶液消毒杀菌、清洗化脓性疮口等。在酸性溶液中，H_2O_2 能定量还原 MnO_4^- 并释放出 O_2，反应方程式为：

$$2MnO_4^- + 5H_2O_2 + 6H^+ \rightleftharpoons 2Mn^{2+} + 5O_2 \uparrow + 8H_2O$$

滴定在室温下于 H_2SO_4 介质中进行，开始时反应较慢，但 Mn^{2+} 可催化此反应，故反应随 Mn^{2+} 生成而加速，也可在滴定前向被测溶液中加入少量 Mn^{2+} 作催化剂。在临近滴定终点时，因 H_2O_2 含量较少，浓度较低，反应速率再次变慢。H_2O_2 含量计算公式如下：

$$\omega_{H_2O_2} = \frac{c_{KMnO_4} \times V_{KMnO_4} \times 10^{-3} \times M_{H_2O_2}}{2m} \times 100\%$$

上式中，m 为被测溶液的质量，单位 g；c_{KMnO_4} 为高锰酸钾滴定液的物质的量浓度，单位 mol/L；V_{KMnO_4} 为滴定消耗的高锰酸钾滴定液的体积，单位为 mL；$M_{H_2O_2}$ 为双氧水的化学式量；$\omega_{H_2O_2}$ 为以质量分数表示的 H_2O_2 含量。需要指出的是，如双氧水中还有有机化合物，也会消耗 $KMnO_4$ 致使分析结果偏高，此时须采用碘量法或铈量法进行测定。

（二）软锰矿中 MnO_2 含量测定示例

$KMnO_4$ 不能直接滴定 MnO_2，可使用返滴定法进行测定。先向试样中加入确定量的过量 $Na_2C_2O_4$ 溶液，加入 H_2SO_4 并加热，待 MnO_2 与 $C_2O_4^{2-}$ 定量反应完全后，再用 $KMnO_4$ 滴定剩余的 $C_2O_4^{2-}$，相关反应及计算如下：

$$MnO_2 + C_2O_4^{2-} + 4H^+ \rightleftharpoons Mn^{2+} + 2CO_2 \uparrow + 2H_2O$$

$$2MnO_4^- + 5C_2O_4^{2-} + 16H^+ \rightleftharpoons 2Mn^{2+} + 10CO_2 \uparrow + 8H_2O$$

$$c_{MnO_2} = \frac{c_{Na_2C_2O_4} \times V_{Na_2C_2O_4} - \frac{5}{2} \times (c_{KMnO_4} \times V_{KMnO_4})}{V}$$

第五节　亚硝酸钠法

以亚硝酸根与被测物质发生重氮化反应和硝基化反应为基础，亚硝酸钠为滴定液的氧化还原滴定法称为亚硝酸钠法。

一、基本原理

盐酸溶液中，亚硝酸钠能与芳香族伯胺作用发生重氮化反应：

$$NaNO_2 + 2HCl + Ar—NH_2 \rightleftharpoons [Ar—N_2^+] Cl^- + NaCl + 2H_2O$$

而芳香族仲胺在盐酸溶液中与亚硝酸钠作用则发生亚硝基化反应：

$$NaNO_2 + HCl + Ar\text{—}NH\text{—}R \rightleftharpoons Ar\text{—}N（R）\text{—}NO + NaCl + H_2O$$

上述两种反应中，芳香族伯胺、仲胺与亚硝酸钠均按 1:1 的计量关系定量进行，故可用于滴定分析。通常把以重氮化反应为基础的滴定称为重氮化滴定法；把以亚硝基化反应为基础的滴定称为亚硝基化滴定法。

亚硝酸钠法中重氮化滴定法较为常用，实际应用时，应对溶液酸度（盐酸酸化）、滴定速度、温度等进行控制，同时注意取代基团的影响。

1. 酸度　重氮化反应在酸性溶液中速率较快，重氮化滴定法一般使用盐酸调节溶液酸度。适宜的酸度不仅可以加快反应速率，还可提高生成物的稳定性，一般控制酸度在 $1 \sim 2mol/L$。酸度过低，生成的重氮盐不稳定，同时有副反应发生，测定结果偏低；过高的酸度则会影响重氮化反应的速率。

2. 滴定速度　重氮化反应的速率较慢，滴定液要缓慢滴加。在接近滴定终点时，须逐滴加入，并不断搅拌，让滴定液与被测物充分反应。

3. 温度　重氮化反应的速率随温度升高而加快，但温度过高时会加速重氮盐与亚硝酸盐的分解。实验表明，在 5℃ 以下进行测定，结果较为准确。

4. 取代基团的影响　苯胺环上，特别是氨基对位上有其他取代基存在时，会影响重氮化反应的速率。通常吸电子基团能加快反应速率，斥电子基团能减慢反应速率。对反应较慢的重氮化反应，一般加入适量的 KBr 作催化剂。

二、$NaNO_2$ 滴定液的配制和标定

$NaNO_2$ 不是基准物质，不能用直接法配制滴定液，也采用标定法配制。

1. 配制　亚硝酸钠溶液不稳定，放置时浓度显著下降，$pH \approx 10$ 时，浓度可稳定三个月，所以配制时加少量碳酸钠作稳定剂。

2. 标定　可用对氨基苯磺酸、磺胺二甲嘧啶等基准物质标定，常用的是对氨基苯磺酸。需先用氨水溶解对氨基苯磺酸，再用盐酸调酸度，用配制的亚硝酸钠溶液快速滴定，反应式为：

$$HO_3S\text{—}\bigcirc\text{—}NH_2 + NaNO_2 + 2HCl \rightleftharpoons \left[SO_3H\text{—}\bigcirc\text{—}\overset{+}{N}\text{=}N\right]Cl^- + NaCl + 2H_2O$$

计算公式如下：

$$c_{NaNO_3} = \frac{m_{C_6H_7NO_3S} \times 1000}{M_{C_6H_7NO_3S} \times V_{NaNO_4}}$$

三、应用与示例

亚硝酸钠法在测定芳香族伯胺与芳香族仲胺的分析工作中应用较为广泛。如解热镇痛

药对乙酰氨基酚含量测定。

对乙酰氨基酚分子结构中含有芳香酰胺基，经水解后生成游离的对羟基苯胺是芳香族伯胺，可用重氮化法测定其含量，进而计算出对乙酰氨基酚的含量。测定以淀粉碘化钾外指示剂指示滴定终点。相关反应及计算公式如下：

$$HO-\!\!\!\!\!\bigcirc\!\!\!\!\!-NH-COCH_3 + H_2O \xrightarrow[\triangle]{H_2SO_4} OH-\!\!\!\!\!\bigcirc\!\!\!\!\!-NH_2 + CH_3COOH$$

$$HO-\!\!\!\!\!\bigcirc\!\!\!\!\!-NH_2 + NaNO_2 + 2HCl \xrightarrow{KBr} \left[OH-\!\!\!\!\!\bigcirc\!\!\!\!\!-\overset{+}{N}\!\!=\!\!N\right]Cl^- + NaCl + 2H_2O$$

$$\omega_{C_8H_9NO_2} = \frac{c_{NaNO_2} \times V_{NaNO_2} \times 10^{-3} \times M_{C_8H_9NO_2}}{m} \times 100\%$$

上式中，m 为被测样品的质量，单位为 g；c_{NaNO_2} 为亚硝酸钠滴定液的浓度；V_{NaNO_2} 为消耗的亚硝酸钠滴定液的体积，单位为 mL；$M_{C_8H_9NO_2}$ 为对乙酰氨基酚的化学式量；$\omega_{C_8H_9NO_2}$ 为以质量分数表示的对乙酰氨基酚含量。

实验八　维生素 C 的含量测定（碘量法）

一、实验目的

1. 掌握直接碘量法的测定原理、淀粉指示剂的使用方法。
2. 练习直接碘量法测定维生素 C 含量的基本操作。

二、实验原理

维生素 C 具有抗坏血病的效应，所以又称抗坏血酸，是一种具有较强还原性的药物，在弱酸性条件下，维生素 C 与 I_2 能定量发生氧化还原反应，故可用直接碘量法测定其含量。相关反应如下：

$$C_6H_8O_6 + I_2 \Longrightarrow C_6H_6O_6 + 2HI$$

三、仪器与试剂

1. **仪器**　50mL 酸式滴定管、250mL 锥形瓶、分析天平、100mL 量杯、洗耳球。
2. **试剂**　药用维生素 C、0.05mol/L I_2 滴定液、稀醋酸、淀粉指示剂。

四、操作步骤

1. **0.05mol/L I_2 滴定液的配制**　取 I_2 13.0g，加入 36g KI 与 50mL 水，溶解后，加盐酸 3 滴，加水至 1000mL，摇匀，用垂熔玻璃滤器过滤，备用。

2. I$_2$滴定液的标定　称取在105℃干燥至恒重的基准物质 As$_2$O$_3$ 约 0.15g，精密称定，加 1mol/L NaOH 滴定液 10mL，微热使溶解，加水 20mL 与甲基橙指示剂 1 滴，用硫酸滴定液（0.5mol/L）滴定至溶液由黄色变为粉红色，再加 2g NaHCO$_3$、50mL 水与淀粉指示剂 2mL。用碘溶液滴定至溶液显浅蓝紫色。平行测定三次，根据消耗的碘溶液与 As$_2$O$_3$ 取用量，计算出 I$_2$ 溶液的准确浓度，贴上标签备用。

3. 样品的测定　精密称取药用维生素 C 待测样品约 0.2g，置于锥形瓶中，加入新煮沸后冷却的水 100mL 及稀醋酸 10mL，溶解，加入淀粉指示液 1mL。迅速用碘滴定液滴定至溶液显蓝色且 30 秒内不褪色，即为滴定终点。平行测定三次。记录相关数据，待处理。

五、数据处理

1. 数据记录与实验结果

测定序号	1	2	3
初重 m_0（样品 + 称量瓶）（g）			
末重 m_1（样品 + 称量瓶）（g）			
样品质量 m（$m_0 - m_1$）（g）			
I$_2$滴定液浓度（mol/L）			
I$_2$滴定液消耗量（mL）			
维生素 C 含量（%）			
维生素 C 含量平均值（%）			
偏差 d			
平均偏差 $\bar{d}$			
相对平均偏差 $\bar{Rd}$			

2. 数据处理

计算公式：

$$c_{I_2} = \frac{2m_{As_2O_3} \times 1000}{M_{As_2O_3} V_{I_2}}$$

$$\omega_{Vc} = \frac{V_{I_2} c_{I_2} \times M_{Vc} \times 10^{-3}}{m} \times 100\%$$

六、检测题

简述本实验须控制的测定条件。

实验九　过氧化氢的含量测定（KMnO₄ 法）

一、实验目的

1. 掌握高锰酸钾法的测定原理、自身指示剂的使用方法。
2. 练习高锰酸钾法测定物质含量的基本操作。

二、实验原理

H_2O_2 俗称双氧水，医药上常用 3% 双氧水溶液消毒杀菌、清洗化脓性疮口等。在酸性溶液中，H_2O_2 能定量还原 MnO_4^- 并释放出 O_2，故可使用高锰酸钾法测定其含量。相关反应方程式为：

$$2MnO_4^- + 5H_2O_2 + 6H^+ \rightleftharpoons 2Mn^{2+} + 5O_2\uparrow + 8H_2O$$

在 H_2SO_4 介质中，用 $Na_2C_2O_4$ 标定 $KMnO_4$ 溶液，反应式为：

$$2MnO_4^- + 5C_2O_4^{2-} + 16H^+ \rightleftharpoons 2Mn^{2+} + 10CO_2\uparrow + 8H_2O$$

注意：$KMnO_4$ 在强酸性条件下易分解，故本实训过程中应控制滴定液滴入速率，开始时滴定速度较慢，随反应进行，可适当加快滴定速度，当临近滴定终点时，须再次慢速滴入。

三、仪器与试剂

1. **仪器**　50mL 酸式滴定管、250mL 锥形瓶、10mL 移液管、1mL 吸量管、洗瓶、洗耳球。

2. **试剂**　3% 双氧水、$0.02mol \cdot L^{-1}$ $KMnO_4$ 滴定液、$1mol \cdot L^{-1}$ H_2SO_4 溶液。

四、操作步骤

1. **$KMnO_4$ 溶液的配制**　取 $KMnO_4$ 固体（分析纯）1.6g，加水 500mL，微沸 15 分钟，转入棕色试剂瓶密闭，暗处静置 2 日以上，用垂熔玻璃滤器过滤，摇匀备用。

2. **$KMnO_4$ 溶液的标定**　精确称取 105℃ 干燥至恒重的基准物质草酸钠 0.2g，加入新煮沸后冷却的水 250mL 与 10mL 98% 浓 H_2SO_4 溶液，搅拌溶解，水浴加热至 70℃，趁热用 $KMnO_4$ 溶液滴定至微红色且在 30 秒内不褪色（$KMnO_4$ 自身作指示剂指示滴定终点，此时溶液温度不低于 55℃）。平行测定三次，根据消耗的 $KMnO_4$ 溶液体积及基准物质草酸钠的取用量，计算出 $KMnO_4$ 溶液的准确浓度，贴上标签备用。

3. **H_2O_2 样品测定**　精密量取 H_2O_2 被测样品 1.00mL，置于事先已加入 20mL 水的锥形瓶中，再加入20mL 1mol·L⁻¹ H_2SO_4溶液，混合均匀，用$KMnO_4$标准溶液滴定至溶液显微红色且30秒内不褪色，即为滴定终点，记录相关数据，平行测定三次。

注意：实验时注意安全，切勿使双氧水和高锰酸钾接触衣物和皮肤！

五、数据处理

1. 数据记录与实验结果

测定序号	1	2	3
H_2O_2样品取用体积（mL）			
H_2O_2样品质量（g）			
$KMnO_4$滴定液浓度（mo/L）			
$KMnO_4$滴定液消耗量（mL）			
H_2O_2含量（%）			
H_2O_2含量平均值（%）			
偏差 d			
平均偏差 $\bar{d}$			
相对平均偏差 $\bar{R}d$			

2. 数据处理

计算公式：
$$c_{KMnO_4} = \frac{2 \times m_{Na_2C_2O_4} \times 1000}{5 \times M_{Na_2C_2O_4} \times V_{KMnO_4}}$$

$$\omega_{H_2O_2} = \frac{5\, c_{KMnO_4} \times V_{KMnO_4} \times 10^{-3} \times M_{H_2O_2}}{2\, m_{H_2O_2}} \times 100\%$$

六、检测题

1. 简述本实验中对滴入速度控制的原因。
2. 设计30% H_2O_2的含量测定方案。

本章小结

1. 条件电极电位：在特定条件下，当电对中氧化态与还原态的分析浓度均为1mol·L⁻¹时，校正各种外界因素影响后得到的实际电极电位，其值只有在一定条件下才是一个常数。

2. 氧化还原反应进行程度的判断：$\lg K' \geq 3\,(n_1 + n_2)$ 时，或 $\Delta\varphi \geq \dfrac{3 \times 0.0592\,(n_1 + n_2)}{n_1 n_2}$，

该反应才进行得比较完全，方能满足滴定分析的条件。

3. 氧化还原滴定指示剂：自身指示剂、氧化还原指示剂、不可逆指示剂、特殊指示剂、外指示剂。

4. 常用氧化还原滴定法：

高锰酸钾法：$MnO_4^- + 8H^+ + 5e \Longrightarrow Mn^{2+}$ （无色） $+ 4H_2O$

碘量法：$I_2 + 2e \Longrightarrow 2I^-$ （直接碘量法）

$2I^- - 2e \Longrightarrow I_2$ （间接碘量法）

$I_2 + 2S_2O_3^{2-} \Longrightarrow 2I^- + S_4O_6^{2-}$ （间接碘量法滴定反应）

亚硝酸钠法：

$NaNO_2 + 2HCl + Ar—NH_2 \Longrightarrow [Ar—N_2^+] \ Cl^- + NaCl + 2H_2O$ （重氮化滴定法）

$NaNO_2 + HCl + Ar—NH—R \Longrightarrow Ar—N（R）—NO + NaCl + H_2O$ （亚硝基化滴定法）

复习思考

一、选择题

1. 条件电极电位不能用于判断氧化还原反应(　　)

    A. 进行的方向   B. 进行的程度

    C. 进行的次序   D. 进行的速率

2. 间接碘量法中，加入淀粉指示剂的适宜时间是(　　)

    A. 滴定开始时   B. 滴定接近终点时

    C. 滴入滴定液近30％时   D. 任何时候均可

3. 用碘量法测定漂白粉中的有效氯（Cl）时，常用作指示剂的是(　　)

    A. 甲基橙   B. 铁铵矾   C. 二苯胺磺酸钠   D. 淀粉

4. 高锰酸钾法测定 H_2O_2 含量时，调节酸度时应选用(　　)

    A. 醋酸   B. 稀硫酸   C. 稀盐酸   D. 稀硝酸

5. 标定 $Na_2S_2O_3$ 溶液时，如溶液酸度过高，部分 I^- 会氧化：$4I^- + 4H^+ + O_2 \Longrightarrow 2I_2 + 2H_2O$，从而使测得的 $Na_2S_2O_3$ 浓度(　　)

    A. 偏低   B. 偏高   C. 无变化   D. 无法确定

6. 下述两种情况下的滴定突跃范围将是(　　)

（1）用 0.1mol/L $Ce(SO_4)_2$ 溶液滴定 0.1mol/L $FeSO_4$ 溶液

（2）用 0.01mol/L $Ce(SO_4)_2$ 溶液滴定 0.01mol/L $FeSO_4$ 溶液

    A.（1）＞（2）   B.（2）＞（1）   C. 一样大   D. 无法确定

7. 直接碘量法中，应控制反应进行的条件是（　　）

    A. 强碱性环境　　　　　　　　　　　B. 中性或弱碱性环境

    C. 强酸性环境　　　　　　　　　　　D. 中性或弱酸性环境

8. 以 $Na_2C_2O_4$ 为基准物质标定 $KMnO_4$ 溶液时，做法正确的是（　　）

    A. 加热至沸腾，然后滴定　　　　　　B. 边滴边振摇

    C. 用 H_3PO_4 控制酸度　　　　　　　D. 用二苯胺磺酸钠为指示剂

9. 以下是碘量法中使用碘量瓶的目的的是（　　）

（1）防止碘挥发；（2）防止溶液溅出；（3）防止溶液与空气接触；（4）避光

    A. （1）（2）（3）（4）　　　　　　B. （1）（3）

    C. （2）（4）　　　　　　　　　　　D. 以上全不是

10. 下列物质中，可用氧化还原滴定法进行测定的有（　　）

    A. 醋酸　　　　　B. 盐酸　　　　　C. 硫酸　　　　　D. 草酸

二、简答题

1. 如何判断一个氧化还原反应进行的程度？能否用于氧化还原滴定分析？

2. 试比较标准电极电位与条件电极电位的异同。

三、实例分析

1. 一定量的 $H_2C_2O_4$ 溶液，用 $0.02000mol/L$ 的 $KMnO_4$ 溶液滴定至终点时，消耗 $23.50mL$ $KMnO_4$ 溶液。若改用 $0.1000mol/L$ 的 NaOH 溶液滴定，则需要 NaOH 溶液多少毫升？（$2MnO_4^- + 5C_2O_4^{2-} + 16H^+ \rightleftharpoons 2Mn^{2+} + 10CO_2\uparrow + 8H_2O$）

2. 称取软锰矿样 $0.4212g$，以 $0.4488g$ $Na_2C_2O_4$ 在强酸性条件下处理后，再以 $0.01012mol/L$ 的 $KMnO_4$ 标准滴定剩余的 $Na_2C_2O_4$，消耗 $KMnO_4$ 溶液 $30.20mL$。求软锰矿中 MnO_2 的百分含量。（$MnO_2 + Na_2C_2O_4 + 2H_2SO_4 \rightleftharpoons MnSO_4 + Na_2SO_4 + 2H_2O + 2CO_2\uparrow$）

扫一扫，知答案

第七章

配位滴定法

【学习目标】

掌握 EDTA 的性质和与金属离子配位反应的特点；金属指示剂的变色原理、具备条件和常用金属指示剂。

熟悉影响配位反应平衡的因素；配位滴定条件的选择。

了解副反应系数及条件稳定常数的意义。

引 子

滴定分析法作为标准分析方法之一，被广泛应用在医药行业：进行简单、快速、具有重现性和准确性的有效成分药品及其原料的分析（含量测定），尤其适合于生产过程中的质量控制和常规分析。

第一节 配位滴定法概述

配位滴定法是以配位反应为基础的滴定分析方法。配位滴定法与酸碱滴定法有许多相似之处，但更复杂。用于配位滴定的反应必须具备以下条件：

1. 反应必须定量完成，生成的配合物足够稳定，且配位比恒定。

2. 反应速度快，生成的配合物易溶于水。

3. 有适当的方法确定滴定终点。

大多数无机配位剂与金属离子逐级形成简单配合物，各级的稳定常数很相近，定量关系不易确定，并且稳定性差。因此，大多数无机配位剂不能用于滴定，而应用较多的是有机配位剂。目前最常用的配位剂是乙二胺四乙酸（简称 EDTA）。在化学分析中，它除了用于配位滴定外，在各种分离和测定方法中，还广泛的用作掩蔽剂。

一、EDTA 的结构与性质

EDTA 从结构上看是一种四元酸，通常用 H_4Y 表示。由于分子中 N 原子的电负性较强，在水溶液中 2 个羧基上的 H^+ 转移到 2 个 N 原子上形成双偶极离子。其结构式为：

$$HOOCH_2C \quad \underset{H}{\overset{+}{N}}-CH_2-CH_2-\underset{H}{\overset{+}{N}} \quad CH_2COO^-$$
$$^-OOCH_2C \qquad\qquad\qquad\qquad CH_2COOH$$

EDTA 在水中的溶解度小，通常使用其二钠盐，用 $Na_2H_2Y \cdot 2H_2O$ 表示。EDTA 二钠盐的溶解度较大，在 22℃时，每 100mL 水可溶解 11.1g。在酸性较高的溶液中，H_4Y 还可以接受两个 H^+ 形成 H_6Y^{2+}，因此，它相当于六元酸，有六级解离平衡。在水溶液中，可以 H_6Y^{2+}、H_5Y^+、H_4Y、H_3Y^-、H_2Y^{2-}、HY^{3-} 和 Y^{4-} 7 种形式存在。见表 7-1。

表 7-1 不同溶液中 EDTA 主要存在形式

pH 范围	<1	1~1.6	1.6~2.0	2.0~2.67	2.67~6.16	6.16~10.26	>10.26
EDTA 形式	H_6Y^{2+}	H_5Y^+	H_4Y	H_3Y^-	H_2Y^{2-}	HY^{3-}	Y^{4-}

二、EDTA 与金属离子配位反应的特点

1. 配合物稳定 在 EDTA 的结构中有 6 个可与金属离子配位的原子，因此，EDTA 能与许多金属离子形成五元螯合物。这种螯合物的稳定性很高，除一价碱金属离子外，能与大多数金属离子形成非常稳定的配合物，而且大多数配合物可溶于水。

2. 计量关系简单 EDTA 与金属离子形成配合物时，一般情况下，配位比是 1:1，而与金属离子的价态无关。

3. 配位反应速度快 除与少数金属离子反应外，一般与大多数金属离子反应都能迅速完成。

4. 配合物的颜色 EDTA 与无色的金属离子生成无色的配合物，如 ZnY^{2-}、CaY^{2-}、MgY^{2-} 等；与有色金属离子一般生成颜色更深的配合物，如 CuY^{2-} 为深蓝色、FeY^- 为黄色等。

第二节 配位滴定基本原理

一、配位平衡

中心原子与配体生成配离子的反应称为配位反应，而配离子解离出中心原子和配体的

反应称为解离反应，两者达到平衡时称为配位平衡。如：

$$Cu^{2+} + 4NH_3 \Longrightarrow Cu(NH_3)_4^{2+}$$

当配位反应与解离反应达到平衡时，根据化学平衡原理，其平衡常数表达式为：

$$K = \frac{[Cu(NH_3)_4^{2+}]}{[Cu^{2+}][NH_3]^4}$$

该平衡常数是用来描述配位平衡的，所以称为配位平衡常数。显然，K 值越大，表明离子的离解倾向越小，即配离子越稳定，因此又称为配离子的稳定常数，用 $K_稳$ 或 K_s 表示。在实际工作中，由于 K_s 值很大，也常用 $\lg K_s$ 表示。常见配离子的稳定常数，见表 7-2。

表7-2 常见配离子的稳定常数

配离子	K_S	$\lg K_S$	配离子	K_S	$\lg K_S$
$[Ag(NH_3)_2]^+$	1.1×10^7	7.05	$[HgI_4]^{2-}$	6.8×10^{29}	29.83
$[Ag(CN)_2]^-$	1.3×10^{21}	21.10	$[Hg(CN)_4]^{2-}$	2.5×10^{21}	41.40
$[Ag(S_2O_3)_2]^{3-}$	2.9×10^{13}	13.46	$[Co(NH_3)_6]^{2+}$	1.3×10^5	5.11
$[Cu(CN)_2]^-$	1.0×10^{24}	24.00	$[Co(NH_3)_6]^{3+}$	2.0×10^{35}	35.30
$[Au(CN)_2]^-$	2.0×10^{38}	38.30	$[Ni(NH_3)_6]^{2+}$	5.5×10^8	8.74
$[Cu(NH_3)_4]^{2+}$	2.1×10^{13}	13.32	$[AlF_6]^{3-}$	6.9×10^{19}	19.84
$[Zn(NH_3)_4]^{2+}$	2.9×10^9	9.46	$[FeF_6]^{3-}$	2.0×10^{14}	14.30
$[Zn(CN)_4]^{2-}$	5.0×10^{16}	16.70	$[Cd(NH_3)_6]^{2+}$	1.4×10^5	5.11

EDTA 与金属离子生成 1:1 的配合物，以 M 表示金属离子、Y 表示 EDTA 的 Y^{4-}，其反应为：

$$M + Y \Longrightarrow MY$$

反应的平衡常数为：

$$K_{MY} = \frac{[MY]}{[M][Y]} \tag{7-1}$$

K_{MY} 为金属与 EDTA 生成配合物的稳定常数，各种配合物都有其一定的稳定常数，不同金属离子与 EDTA 的稳定常数，见表 7-3。

表7-3 EDTA 与金属离子的配合物的稳定常数（20℃）

金属离子	$\lg K_稳$	金属离子	$\lg K_稳$	金属离子	$\lg K_稳$
Na^+	1.66	Fe^{2+}	14.33	Ni^{2+}	18.56
Li^+	2.79	Ce^{3+}	15.98	Cu^{2+}	18.70
Ag^+	7.32	Al^{3+}	16.11	Hg^{2+}	21.80

续表

金属离子	lg$K_稳$	金属离子	lg$K_稳$	金属离子	lg$K_稳$
Ba^{2+}	7.86	Co^{2+}	16.31	Sn^{2+}	22.11
Mg^{2+}	8.64	Pt^{3+}	16.40	Cr^{2+}	23.40
Be^{2+}	9.20	Cd^{2+}	16.40	Fe^{2+}	25.10
Ca^{2+}	10.69	Zn^{2+}	16.50	Bi^{2+}	27.94
Mn^{2+}	13.87	Pb^{2+}	18.30	Co^{3+}	36.00

从表 7-2 可见，大多数金属离子与 EDTA 形成稳定的配合物。在无外界因素影响时，可用 K_{MY} 大小来判断配位反应完成的程度和是否能用于滴定分析。但是在配位滴定中 M 和 Y 的反应常受到其他因素的影响。

二、副反应与副反应系数

在配位滴定中，金属离子 M 与 Y 的配位反应为主反应；同时还可能存在其他反应，如溶液中 H^+、OH^-、共存的其他离子或加入的其他试剂与 M、Y、MY 的反应为副反应。

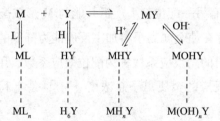

副反应的存在影响了主反应进行的程度和配合物 MY 的稳定性。其中与反应物 M 或 Y 发生的副反应，将不利于主反应的进行。M、Y 的各种副反应进行的程度可用其副反应系数显示出来。下面着重讨论两种副反应。

（一）酸效应及酸效应系数

当金属离子 M 与滴定液 Y 进行主反应时，如有 H^+ 的存在，会与 Y 结合，形成它的共轭酸。此时，Y 的平衡浓度降低，使主反应受到影响。这种由 H^+ 的存在使配体参加主反应能力降低的现象称为酸效应。H^+ 引起副反应时的副反应系数称为酸效应系数，通常用 $\alpha_{L(H)}$ 表示。对于 EDTA，则用 $\alpha_{Y(H)}$ 表示。

$\alpha_{Y(H)}$ 表示未与 M 配位的 EDTA 的总浓度 [Y'] 是 Y 的平衡浓度 [Y] 的多少倍。

$$\alpha_{Y(H)} = \frac{[Y']}{[Y]} \qquad (7-2)$$

$\alpha_{Y(H)}$ 越大，表示 Y 的平衡浓度越小，即其副反应越严重。如果 Y 没有发生副反应，即未配位的 EDTA 全部以 Y 形式存在，则 $\alpha_{Y(H)} = 1$。EDTA 在不同 pH 时的酸效应系数见表 7-4。

表 7 - 4　EDTA 在不同 pH 时的酸效应系数

pH	$\lg\alpha_{Y(H)}$	pH	$\lg\alpha_{Y(H)}$	pH	$\lg\alpha_{Y(H)}$
0.0	23.64	4.5	7.50	8.5	1.77
0.4	21.32	5.0	6.45	9.0	1.29
1.0	17.51	5.4	5.69	9.5	0.83
1.5	15.55	5.8	4.98	10.0	0.45
2.0	13.79	6.0	4.65	10.5	0.20
2.8	11.09	6.5	3.92	11.0	0.07
3.0	10.60	7.0	3.32	11.5	0.02
3.4	9.70	7.5	2.78	12.0	0.01
4.0	8.44	8.0	2.27	13.0	0.00

从表 7 - 4 中可以查出不同 pH 时的酸效应系数。酸效应系数随溶液 pH 减小而增大，反之亦然。

（二）金属离子的配位效应和配位效应系数

当 M 与 Y 反应时，如有另一配位剂 L，而 L 能与 M 形成配合物，则主反应会受到影响。这种由于其他配位剂存在使金属离子参加主反应能力降低的现象，称为配位效应。

配位剂 L 引起副反应时的副反应系数称为配位效应系数，用 $\alpha_{M(L)}$ 表示。

$\alpha_{M(L)}$ 表示没有参加主反应的金属离子总浓度［M′］是有利金属离子浓度［M］的多少倍。

$$\alpha_{M(L)} = \frac{[M']}{[M]} \qquad (7-3)$$

$\alpha_{M(L)}$ 越大，表示金属离子被配位剂反应的越完全，即副反应越严重。如果 M 没有副反应，则 $\alpha_{M(L)} = 1$。

（三）条件稳定常数

在溶液中，金属离子 M 与滴定液 EDTA 反应生成 MY。如果没有副反应发生，当达到平衡时，K_{MY} 是衡量此配位反应进行程度的主要标志。如果有副反应，将受到 M、Y 及 MY 的副反应影响。假设未参加主反应的 M 总浓度为 ［M′］，Y 的总浓度为 ［Y′］，生成的 MY、MHY 和 M(OH)Y 的总浓度为 ［(MY)′］，当达到平衡时，可以得到以 ［M′］、［Y′］ 和 ［(MY)′］ 表示的配合物的稳定常数——条件稳定常数 K'_{MY}：

$$K'_{MY} = \frac{[(MY)']}{[M][Y]} \qquad (7-4)$$

从以上副反应系数的讨论中可以看到

$$[M'] = \alpha_M[M]$$

$$[Y'] = \alpha_Y[Y]$$

$$[(MY)'] = \alpha_{MY}[MY]$$

将这些关系带入式 7-4 中，得到条件稳定常数的表达式

$$K'_{MY} = \frac{\alpha_{MY}[MY]}{\alpha_M[M] \ \alpha_Y[Y]} = K_{MY}\frac{\alpha_{MY}}{\alpha_M\alpha_Y} \tag{7-5}$$

取对数，得

$$\lg K'_{MY} = \lg K_{MY} - \lg\alpha_M - \lg\alpha_Y + \lg\alpha_{MY} \tag{7-6}$$

K'_{MY} 表示在有副反应的情况下，配位反应进行的程度。在一定条件下，α_M、α_Y 及 α_{MY} 为定值，故 K'_{MY} 为常数。

在许多情况下，MHY 和 M(OH)Y 可以忽略，故式 7-6 可简化为：

$$\lg K'_{MY} = \lg K_{MY} - \lg\alpha_M - \lg\alpha_Y \tag{7-7}$$

这是计算常用配合物条件稳定常数的重要公式。若体系中无其他配位剂或者其他配位剂产生的配位效应较小，可忽略配位效应的影响，仅考虑酸效应对 MY 的稳定性的影响，因此式 7-7 可简化为：

$$\lg K'_{MY} = \lg K_{MY} - \lg\alpha_Y$$

例：已知 $\lg K_{MgY} = 8.70$

在 pH = 10 时，$\lg\alpha_{Y(H)} = 0.45$

$\lg K'_{MgY} = \lg K_{MgY} - \lg\alpha_{Y(H)} = 8.70 - 0.45 = 8.25$

在 pH = 5 时，$\lg\alpha_{Y(H)} = 6.45$

则 $\lg K'_{MgY} = \lg K_{MgY} - \lg\alpha_{Y(H)} = 8.70 - 6.45 = 2.25$

由上述例题可见，pH 与 $\lg K'_{MY}$ 之间的关系，因此实际工作中用条件稳定常数更能说明配合物在某一 pH 时的实际稳定程度。

三、配位滴定条件的选择

配位滴定法与其他滴定法相同，随着滴定液的不断加入，被测的金属离子浓度不断减小，在化学计量点附近金属离子浓度发生突变，形成配位滴定突跃。配位滴定突跃范围受金属离子浓度和配合物条件稳定常数影响，金属离子浓度和配合物稳定条件常数越大，配位滴定突跃范围也越大，反之越小。

在 EDTA 滴定中，若要求滴定误差 ≤0.1%，则 c_M 与 K'_{MY} 乘积的对数应满足 $\lg c_M K'_{MY}$ ≥6，而在配位滴定中金属离子或 EDTA 浓度一般为 10^{-2} 数量级，所以 $\lg K'_{MY}$≥8。通常将 $\lg c_M K'_{MY}$≥6 或 $\lg K'_{MY}$≥8 作为判断能否进行准确滴定的条件。

EDTA 具有很强的配位能力，能与很多金属离子形成稳定的配合物，能直接或间接地测定几乎所有的离子，应用较广泛。但在实际分析中，由于分析过程比较复杂，被测溶液

中有较多的干扰离子，为了使 EDTA 准确滴定，必须控制一定的条件，减小各类副反应的影响，同时提高方法的选择性。

（一）酸度的选择

在配位滴定中，如果不考虑溶液中其他的副反应，K'_{MY} 的大小主要取决于溶液的酸度。当酸度较低时，$\alpha_{Y(H)}$ 较小，K'_{MY} 较大，有利于滴定；但当酸度过低时，金属离子容易发生水解生成氢氧化物沉淀，使金属离子参与主反应能力降低，不利于滴定。当酸度较高时，$\alpha_{Y(H)}$ 较大，K'_{MY} 较小，同样不利于滴定，因此酸度是配位滴定的必要条件。

1. 最高酸度（最低 pH） 在配位滴定中，当溶液酸度达到某一限度时，受酸效应的影响，导致 MY 的 $\lg K'_{MY} < 8$，不能满足准确滴定的条件，因此，当 MY 的 $\lg K'_{MY}$ 刚好等于 8 时，溶液的酸度成为"最高酸度"（或最低 pH）。

某一金属离子能被滴定的最低 pH，可根据 $\lg K'_{MY} = \lg K_{MY} - \lg\alpha_{Y(H)}$ 及 $\lg\alpha_{Y(H)} \leq \lg K_{MY} - 8$，求得 $\lg\alpha_{Y(H)}$，再查表得出对应的 pH，此 pH 为金属离子的最低 pH。EDTA 滴定一些金属离子的最低 pH，见表 7 – 5。

表 7 – 5 EDTA 滴定一些金属离子的最低 pH

金属离子	pH	金属离子	pH	金属离子	pH
Mg^{2+}	9.8	Co^{2+}	4.0	Cu^{2+}	2.9
Ca^{2+}	7.5	Cd^{2+}	3.9	Hg^{2+}	1.9
Mn^{2+}	5.2	Zn^{2+}	3.9	Sn^{2+}	1.7
Fe^{2+}	5.0	Pb^{2+}	3.2	Fe^{3+}	1.0
Al^{3+}	4.2	Ni^{2+}	3.0	Bi^{2+}	0.6

2. 最低酸度（最高 pH） 当溶液酸度控制在最高酸度以下时，随着酸度的降低，酸效应逐步减小，这对滴定有利。如果酸度过低，金属离子会产生水解效应析出氢氧化物沉淀而影响滴定，因此将金属离子的"水解酸度"称为配位滴定的最低酸度（或最高 pH），水解酸度可用氢氧化物溶度积常数进行计算。

3. 最适宜（最佳）酸度条件 酸度条件是 EDTA 滴定金属离子的重要条件。在配位滴定中滴定金属离子最适宜（最佳）酸度条件应是介于最低 pH 和最高 pH 之间。因此为了维持适宜酸度范围，常常加入缓冲溶液。$NH_3 - NH_4Cl$ 常作为控制弱碱性条件的缓冲溶液，$HAc - NaAc$ 作为控制弱酸性条件的缓冲溶液。

例：求用 $2.0 \times 10^{-2} mol \cdot L^{-1}$ EDTA 溶液滴定 $2.0 \times 10^{-2} mol \cdot L^{-1}$ Fe^{3+} 溶液的适宜酸度范围。

解：求滴定的适宜酸度范围，即为求滴定的最低 pH 和最高 pH。

$\lg\alpha_{Y(H)} = \lg K_{FeY} - 8 = 25.1 - 8 = 17.1$

查表当 $\lg\alpha_{Y(H)} = 17.1$ 时，$pH = 1.2$

最高酸度为 $pH = 1.2$

又当 $[Fe^{3+}][OH^-]^3 = K_{sp,Fe(OH)_3}$ 时，Fe^{3+} 开始水解析出沉淀，此时

$$[OH^-] = \sqrt[3]{\frac{K_{sp,Fe(OH)_3}}{[Fe^{3+}]}} = \sqrt[3]{\frac{4 \times 10^{-38}}{2.0 \times 10^{-2}}} = 10^{-11.9}$$

$pOH = 11.9$，$pH = 2.1$

最低酸度为 $pH = 2.1$

即滴定 Fe^{3+} 的适宜酸度范围为 $pH = 1.2 \sim 2.1$。

第三节　金属指示剂

一、金属指示剂的作用原理

在配位滴定中，常利用一种能与金属离子生成有色配合物的显色剂来指示滴定过程中金属离子浓度的变化，这种显色剂称为金属离子指示剂，简称金属指示剂。

金属指示剂与被滴定金属离子反应，形成一种与本身颜色不同的配合物：

$$M + In \rightleftharpoons MIn$$

颜色甲　颜色乙

滴入 EDTA 时，金属离子逐步被配位，当接近化学计量点时，已与指示剂配位的指示剂被 EDTA 置换，释放出指示剂，这样就引起溶液颜色的变化：

$$MIn + Y \rightleftharpoons MY + In$$

颜色乙　　　　颜色甲

金属离子的显色剂很多，但只有其中的一部分能用作金属指示剂。一般来说，金属指示剂应具备下列条件。

1. 显色配合物（MIn）与指示剂（In）的颜色显著不同。

2. 显色反应灵敏迅速，有良好的变色可逆性。

3. 显色配合物的稳定性要适当。既要有足够的稳定性，但又要比该金属离子的 EDTA 配合物的稳定性小。如果稳定性太低，会提前出现终点，而且变色不敏锐；如果稳定性太高，会使终点拖后，而且可能使 EDTA 不能夺出其中的金属离子，显色反应失去可逆性，不能指示滴定终点，这种现象称为指示剂的封闭现象。消除封闭现象采用以下两种方法：

（1）被测离子引起的封闭现象，采用返滴定法予以消除。

（2）干扰离子引起的封闭现象，采用加入掩蔽剂，掩蔽具有封闭作用的干扰离子。

4. 金属指示剂应比较稳定，便于贮藏和使用。

二、常用的金属指示剂

配位滴定中常用的金属指示剂有铬黑T、二甲酚橙及钙指示剂等，其有关情况见表 7－6。

表 7－6　常用金属指示剂

指示剂名称	适用 pH 范围	颜色变化		直接滴定的离子	指示剂配制方法
		In	MIn		
铬黑T（EBT）	8 ~ 10	蓝→红		Mg^{2+}、Cd^{2+}、Pb^{2+}、Mn^{2+}，稀土元素离子	EBT：NaCl 为 1:100（配制成固体合剂）或将 EBT 制成 0.5% 三乙醇胺的乙醇溶液
钙指示剂	12 ~ 13	蓝→红		Ca^{2+}	钙指示剂与 NaCl 按 1:100 比例配成固体合剂
二甲酚橙	<6	黄→红		pH<1：ZrO^{2+} pH1~3：Bi^{2+}、Th^{4+} pH5~6：Zn^{2+}、Pb^{2+}、Cd^{2+}、Hg^{2+}、Ti^{3+}，稀土元素	0.5% 乙醇溶液或水溶液

1. 铬黑T（EBT）　铬黑T简称EBT，为黑褐色固体粉末。固体相当稳定，水溶液容易产生聚合，聚合后不能与金属离子显色。

由于铬黑T与金属离子形成的配合物呈红色，因此使用铬黑T最适宜的pH为 8 ~ 11。铬黑T常用作EDTA直接滴定 Mg^{2+}、Zn^{2+}、Cd^{2+}、Pb^{2+} 等离子及水的硬度测定的指示剂，终点时溶液由红色变为黑色。

2. 钙指示剂（NN）　简称NN，又称钙红，为紫色固体粉末。钙指示剂与 Ca^{2+} 形成酒红色配合物，常在 pH = 12 ~ 13 时，作为滴定 Ca^{2+} 的指示剂，终点时溶液由酒红色变为蓝色。

3. 二甲酚橙（XO）　二甲酚橙简称XO，紫红色固体粉末，易溶于水。二甲酚橙与金属离子形成的配合物呈红色，在 pH < 6.3 的酸性溶液中，可作为EDTA直接滴定 Bi^{3+}、Hg^{2+}、Zn^{2+}、Cd^{2+}、Pb^{2+} 等离子时的指示剂，终点由红色变为亮黄色。

第四节　EDTA 滴定液的配制和标定

一、EDTA 滴定液的配制

$0.05mol \cdot L^{-1}$ EDTA 滴定液的配制：称取 EDTA 约 9.5g，置 500mL 烧杯中，加纯化水

300mL，加热搅拌使之溶解，冷却至室温，稀释至 500mL，摇匀，移入试剂瓶中，贴好标签待标定。

二、EDTA 滴定液的标定

$0.05mol \cdot L^{-1}$ EDTA 滴定液的标定：在分析天平上，用减重法精密称取在 800℃ 灼烧至恒重的基准 ZnO 约 0.12g，置于锥形瓶中，加稀盐酸使其溶解，加纯化水 25mL 和甲基红指示剂 1 滴，滴加氨试液至溶液微黄色。再加纯化水 25mL，加 $NH_3 - NH_4Cl$ 缓冲溶液（pH ≈ 10），铬黑 T 指示剂少许，用待标定的 EDTA 滴定液滴定至溶液由红色变为纯蓝色，记录所消耗的 EDTA 滴定液的体积。根据 EDTA 的浓度、消耗 EDTA 的体积，计算出 EDTA 的浓度。

第五节 医药应用与示例

在配位滴定中，采用不同的滴定方式，不仅可以扩大配位滴定的应用范围，而且可以提高配位滴定的选择性。

一、直接滴定法

直接滴定法是配位滴定中的基本方法。这种方法是将试样处理成溶液后，调节至所需要的酸度，加入必要的其他试剂和指示剂，直接用 EDTA 标准溶液滴定。

采用直接滴定时，必须符合下列条件：

1. 被测离子的浓度 c_M 及其 EDTA 配合物的条件稳定常数 K'_{MY} 应满足 $\lg c_M K'_{MY} \geq 6$ 的要求。

2. 配位反应速率要很快。

3. 应有变色敏锐的指示剂，且没有封闭现象。

4. 在选用的滴定条件下，被测离子不发生水解和沉淀反应。

例如水的硬度测定，水中溶解了一定量的金属盐类，如钙盐和镁盐，常把溶解于水中的钙、镁离子的总量称为水的硬度。水的硬度是水质的一项重要指标，水的硬度表示方法以每升水中钙、镁离子总量折算成 $CaCO_3$ 的毫克数表示。

用移液管准确量取水样 100.0mL，置 250mL 锥形瓶中，加 $NH_3 - NH_4Cl$ 缓冲液 10mL、铬黑 T 指示剂少许，用 EDTA 滴定液（0.01mol/L）滴定至溶液由红色变为纯黑色。记录所消耗的 EDTA 滴定液的体积。按下式计算硬度：

$$\text{硬度（CaCO}_3 \text{mg/L）} = \frac{c_{EDTA} \times V_{EDTA} \times \dfrac{M_{CaCO_3}}{1000}}{V_s} \times 10^3$$

国家生活饮用水卫生标准中规定，生活饮用水的总硬度以 $CaCO_3$ 计，应不超过 450mg/L。

二、返滴定法

返滴定法是在试液中先加入一定过量的 EDTA 滴定液，然后用另一种金属盐类的标准溶液滴定过量的 EDTA，根据两种标准溶液的浓度和用量，即可求得被测物质的含量。

返滴定法主要用于下列情况：

1. 采用直接滴定时，缺乏符合要求的指示剂，或者被测离子对指示剂有封闭作用。
2. 被测离子与 EDTA 的反应速率较慢。
3. 被测离子发生水解等副反应，影响测定。

例如铝盐的含量测定，因 Al^{3+} 与 EDTA 反应较慢，并且 Al^{3+} 对指示剂具有封闭作用，通常采用返滴定法，二甲酚橙（XO）作指示剂。有关反应式为：

滴定前：$Al^{3+} + Y$（过量）$\Longrightarrow AlY$

滴定：Y（剩余量）$+ Zn^{2+} \Longrightarrow ZnY$

终点：$Zn^{2+} + XO$（黄色）$\Longrightarrow ZnXO$（红）

实验十 水的总硬度测定

一、实验目的

1. 掌握配位滴定法测定金属离子含量的原理及方法。
2. 掌握金属指示剂的应用及配位滴定过程中条件的控制。
3. 熟悉水的硬度的表示方法。

二、实验原理

EDTA 浓度计算公式：

$$c_{EDTA} = \frac{m_{EDTA}}{V_{EDTA} M_{EDTA}} \times 10^3$$

水的硬度计算公式：

$$硬度（CaCO_3 mg/L）= \frac{c_{EDTA} \times V_{EDTA} \times \frac{M_{CaCO_3}}{1000}}{V_s} \times 10^3$$

三、仪器与试剂

1. 仪器　烧杯、量筒、锥形瓶（250mL）、酸式滴定管（50mL）、碱式滴定管

（50mL）、移液管（25mL）、容量瓶（100mL）等。

2. 试剂　乙二胺四乙酸二钠（$Na_2H_2Y \cdot 2H_2O$，AR）、铬黑 T 指示剂、$NH_3 - NH_4Cl$ 缓冲溶液（pH = 10）、1mol/L NaOH 溶液。

四、实验步骤

（一）EDTA 滴定液的配制

精密称取干燥的分析纯 $Na_2H_2Y \cdot 2H_2O$ 0.38 ~ 0.40g 于小烧杯中，加入约 30mL 纯化水，微热使之溶解，定量转移至 100mL 容量瓶中，稀释至刻度，摇匀。计算 EDTA 滴定液的浓度。

（二）水的总硬度测定

吸取水样 100.0mL 置于锥形瓶中，加 $NH_3 - NH_4Cl$ 缓冲溶液 10mL、铬黑 T 指示剂少许，用配制好的 EDTA 滴定液滴定至溶液由红色变为纯蓝色即为终点。记录所用 EDTA 滴定液的体积。平行滴定 3 次，计算水的总硬度。

五、数据记录及处理

项目 ＼ 次数	1	2	3
m_{EDTA}			
c_{EDTA}			
V_s			
V_{EDTA}终			
V_{EDTA}初			
V_{EDTA}			
水的总硬度（$CaCO_3$ mg/L）			
水的总硬度平均值			
相对平均偏差			

六、思考题

1. 在水的总硬度测定过程中加入缓冲溶液的目的是什么？

2. 若只测定水中的钙离子，应选何种指示剂？在什么条件下测定？

本章小结

本章主要介绍了 EDTA 的结构、性质和在溶液中的离解，以及与金属离子形成配合物的特点。讨论 EDTA 与金属离子形成配合物的稳定常数和影响主反应的副反应及副反应系数、条件稳定常数、配位滴定的最适宜酸度条件。阐述了金属指示剂的作用原理、具备条件和常用的金属指示剂。叙述了配位滴定法常用滴定液的配制和标定方法。列举了配位滴定法的常用滴定方式和应用实例。

1. EDTA 与金属离子反应的特点：配合物稳定、计量关系简单、配位反应速度快、配合物的颜色。

2. 配离子的稳定常数 $K_{稳}$：K 值越大，表明离子的离解倾向越小，即配离子越稳定。

3. 酸效应系数 $\alpha_{L(H)}$：表示未与 M 配位的 EDTA 的总浓度 [Y'] 是 Y 的平衡浓度 [Y] 的多少倍。

4. 配位效应系数 $\alpha_{M(L)}$：表示没有参加主反应的金属离子总浓度 [M'] 是有利金属离子浓度 [M] 的多少倍。

5. 条件稳定常数 K'_{MY}：表示在有副反应的情况下，配位反应进行的程度。

$$lgK'_{MY} = lgK'_{MY} - lg\alpha'_M - lg\alpha'_Y$$

6. 酸度的选择：最低酸度、最高酸度、最适宜酸度。

7. 金属指示剂：铬黑 T、钙指示剂、二甲酚橙。

8. EDTA 滴定液的配制与标定。

复习思考

一、选择题

1. 有关 EDTA 叙述正确的是(　　)

　　A. EDTA 在溶液中总共有 7 种形式存在

　　B. EDTA 是一个二元有机弱酸

　　C. 在水溶液中 EDTA 一共有 5 级电力平衡

　　D. EDTA 不溶于碱性溶液

2. EDTA 在 pH >11 的溶液中的主要形式是(　　)

　　A. H_4Y　　　　　　B. H_2Y^{2-}　　　　　　C. Y^{4-}　　　　　　D. H_6Y^{2+}

3. EDTA 不能滴定的金属离子是(　　)

　　A. Zn^{2+}　　　　　　B. Ca^{2+}　　　　　　C. Mg^{2+}　　　　　　D. Na^+

4. EDTA 滴定 Mg^{2+} 生成配合物的颜色是(   )

    A. 蓝色   B. 无色   C. 紫红色   D. 亮黄色

5. EDTA 滴定 Mg^{2+}，以铬黑 T 为指示剂，指示终点的颜色是(   )

    A. 蓝色   B. 无色   C. 紫红色   D. 亮黄色

6. 不同金属离子，稳定常数越大，最低 pH (   )

    A. 越大   B. 越小   C. 不变   D. 均不正确

7. EDTA 与金属离子刚好能生成稳定的配合物的酸度称为(   )

    A. 最佳酸度   B. 最高酸度   C. 最低酸度   D. 水解酸度

8. 配位滴定法测定钙盐类药物使用(   )

    A. 直接滴定法   B. 返滴定法   C. 置换滴定法   D. 间接滴定法

9. 条件稳定常数的表达式正确的是(   )

    A. $\lg K'_{MY} = \lg K'_{MY} - \lg \alpha'_{M(L)}$

    B. $\lg K'_{MY} = \lg K'_{MY} - \lg \alpha'_{Y(H)}$

    C. $\lg K'_{MY} = \lg K'_{MY} - \lg \alpha'_{M} - \lg \alpha'_{Y}$

    D. 均不正确

10. 配位滴定中配制滴定液使用的是(   )

    A. EDTA   B. EDTA 六元酸   C. EDTA 二钠盐   D. EDTA 负四价离子

二、简答题

1. 用 EDTA 滴定液滴定 Zn^{2+}，根据 Zn^{2+} 的最低 pH，可选用何种金属指示剂？如何控制滴定条件？

2. 配位滴定中控制溶液的酸度必须考虑哪几方面的影响？

三、计算题

精密量取水样 50.00mL，以铬黑 T 为指示剂，用 EDTA 滴定液（0.01028mol/L）滴定，终点消耗 5.9mL，计算水的总硬度（以 $CaCO_3$ mg/L 表示）。用什么量器量取水样？用于盛装水样的容器需不需要用纯化水处理？

扫一扫，知答案

第三篇 仪器分析

第八章

仪器分析法概述

【学习目标】

熟悉仪器分析法的任务、分类及特点。

了解仪器分析法的发展趋势及在医药中的应用。

引子

20世纪30年代末开始，由于生产和科研的需要，对分析化学提出了新的挑战，如对试样中痕量组分的测定；食品中痕量农药残留的检测；蛋白质分子中多种氨基酸的测定及排序等。经典的化学分析已不再能适应新的要求，为了解决问题，需要科学家寻求创建新的方法，于是在物理学和电子学发展的大背景带动之下，仪器分析法开始发展起来。如今，仪器分析已成为近代分析化学中的主要组成部分。

根据测定原理和操作方法不同，分析化学可分为化学分析法和仪器分析法。随着科学技术快速发展，仪器分析法已成为分析化学的一个重要分支。它分为电化学分析法、光学分析法、色谱分析法及其他仪器分析法几大类，它们的基本原理和操作方法将在本书的其他章节进行详细介绍，本章主要介绍仪器分析法的任务、分类、特点、发展趋势及在医药中的应用。

第一节 仪器分析的任务与分类

一、仪器分析的任务

仪器分析法是在化学分析法的基础上逐步发展起来的，它是以物质的物理性质和物理化学性质为基础进行定性、定量及结构分析的一类方法。由于这类方法通常需要使用较特殊的仪器，因此称为仪器分析。仪器分析所用仪器较为复杂、灵敏，一般用于微量或痕量组分的分析。

知 识 链 接

根据分析试样取用量多少，可分为常量分析、半微量分析、微量分析、超微量分析。

分析方法	常量分析	半微量分析	微量分析	超微量分析
试样用量	>100mg	10～100mg	0.1～10mg	<0.1mg
试液体积	>10mL	1～10mL	0.01～1mL	<0.01mL

根据组分含量多少，可分为常量组分分析、微量组分分析、痕量组分分析、超痕量组分分析。

分析方法	常量组分分析	微量组分分析	痕量组分分析	超痕量组分分析
组分含量	>1%	0.01%～1%	<0.01%	<0.0001%

随着科学技术的发展，新的分析测试仪器不断问世，同时仪器性能也得到了不断改善和提高，仪器分析方法得到了不断创新和进步，应用这些方法，能够快速而精准地获取物质的信息并做出科学的结论。目前，仪器分析法在食品医药领域应用不断扩大，因此作为从事医药卫生相关行业的人员，需要掌握常用分析仪器的基本原理和操作技术。

二、仪器分析的分类

仪器分析所包含的分析方法很多，目前已有数十种，其中以电化学分析法、光谱分析法和色谱分析法的应用最为广泛。按照测量过程中所观测的物质性质或参数进行分类，可以分为以下几大类：

1. 电化学分析法 是利用待测组分在溶液中的电化学性质及其变化来进行分析测定的一类仪器分析方法。根据所测量电信号不同，分为电势法、伏安法、电导法和电解分析法。本教材重点介绍电势法中的直接电势法、电势滴定法和伏安法中的永停滴定法。

2. 光学分析法 是利用待测组分的光学性质进行分析测定的一类仪器分析方法，分为光谱法和非光谱法两类。基于物质与辐射能作用时，物质内部发生量子化能级跃迁而产生的发射、吸收或散射现象进行分析的方法称为光谱法。按照电磁辐射和物质相互作用的结果，可以产生吸收、发射和散射三种类型的光谱。如紫外－可见吸收光谱法、红外吸收光谱法、原子吸收光谱法、原子发射光谱法、荧光光谱法、拉曼光谱法等。利用物质与电磁辐射作用时，通过测量电磁辐射某些性质（反射、折射、干涉、衍射和偏振）的变化进行分析的方法称为非光谱法。如旋光法、折光分析法、X射线衍射法等。本教材重点介绍光谱法中的紫外－可见吸收光谱法、红外吸收光谱法。

3. 色谱分析法 色谱分析法是基于待测组分在互不相溶的两相（固定相和流动相）中由于吸附、分配或其他亲和作用的差异进行分离分析的一类仪器分析方法。色谱分析法分为气相色谱法、高效液相色谱法、薄层色谱法、离子色谱法、分子排阻色谱法、超临界流体色谱法和临界点色谱法等。本教材重点介绍气相色谱法和高效液相色谱法。

4. 其他仪器分析法 随着科学技术的飞速发展，产生了大批具有特殊用途的仪器分析方法和技术。本教材根据药学、中药学等相关专业的需要，仅对原子吸收光谱法、荧光分析法、质谱法等的基本原理及在药品食品分析中的应用做简要介绍。

第二节 仪器分析的特点与发展趋势

一、仪器分析的特点

1. 灵敏度高 仪器分析法可测定含量极低的组分，如 10^{-6}、10^{-9}，甚至可达 10^{-12} 数量级，特别适用于微量或痕量组分的测定分析。

2. 分析速度快 由于分析仪器测定速度快，加上计算机技术辅助，在较短时间就可以获得分析结果。如色谱法只要数分钟，即可一次性分离分析几十种不同组分。另外，采用自动化系统，如自动进样器等，可在短时间内分析批量同种样品。

3. 选择性好 许多分析仪器可以通过选择或调整检测条件，使试样中共存组分的测定互不产生干扰，体现出仪器分析方法较好的选择性。特别是生物试样，待测组分复杂且含量低，特别适用于仪器分析方法。

4. 样品用量少 化学分析法样品取用量为 $10^{-1} \sim 10^{-4}$ g；而仪器分析样品取用量常为 $10^{-2} \sim 10^{-8}$ g，甚至能够在不破坏样品的情况下进行分析（无损分析）。

5. 易于自动化 被测组分的理化性质经检测器转换成为电信号，易于放大处理，分析仪器与计算机终端相联结，容易实现样品的在线分析和远程监控，同时还可以借助计算机进行数据处理和结果分析。

6. 分析成本较高 特别是一些大型分析仪器通常价格昂贵、结构复杂，一些精密仪器需较高的维护成本，并对工作环境和安装条件有较高的要求。这使得仪器分析不易普及推广。

7. 相对误差比较大 仪器分析相对误差通常在百分之几左右，有的甚至更大。因此，对常量组分分析不能达到化学分析所具有的高准确度，在选择方法时需要考虑。

此外，进行仪器分析之前，一般需要用化学分析法对试样进行前处理（如富集、除去干扰物质等）；仪器分析方法的结果一般都需要以化学分析方法标定好的标准物质进行校准。

化学分析和仪器分析都是从生产实践和科学研究中发展起来，同是分析化学两大支柱。化学分析是基础，仪器分析是方向，二者相辅相成，互相配合，才能更好地解决分析问题。随着材料、计算机等其他学科的快速发展，现代仪器分析结合了当今所有先进技术，发展极其迅速，应用十分广泛，在各领域均发挥着重要作用。仪器分析作为重要的检测手段，已成为医药卫生工作者必备的条件。

二、仪器分析的发展趋势

20 世纪 30 年代后期开始，由于新兴产业的发展需要，仪器分析得到了迅速发展，并逐渐成为分析化学的主要组成部分。目前，为满足现代科技和生产发展的需要，现代仪器分析利用物质一切可以利用的性质，采用其他学科发展所提供的有利条件，为我们提供有用信息，可以预计仪器分析定会在多个领域发挥更加重要的作用。今后仪器分析的发展趋势可能会有以下几个方面：

1. 分析仪器的自动化、智能化和高速化 随着计算机技术在仪器分析中的应用进一步深入，智能化和数字化必将成为仪器分析技术的发展趋势。通过对数据的采集和分析，计算机控制器能够同时做出相应判断，控制仪器的使用操作，直观的软件能够协助工作者在短时间内准确地获取测试样品的信息，从而实现分析操作的自动化、智能化和高速化。特别是通过与网络技术的结合，能够实现网上实时监控，应对突发事件，如环境污染监测、生产线上样品质量检测等。目前，分析仪器已经开始向测试速度超高速化、分析试样全自动化的方向发展。

2. 分析仪器的微型化和人性化 一方面，微集成电路技术、微流控芯片的应用使仪器分析设备更趋于微型化和"迷你"化，随着稳定性进一步提高，会诞生出更加简易、便携式仪器设备，使得分析仪器逐渐走出实验室，实现现场、实时检测。另一方面，根据用户的应用需求，分析仪器可通过个性化设计，来实现不同用户的实际需求，如无需对仪器做任何校准就能直接进行测量的仪器、针对恶劣工作环境中使用的仪器等，仪器的操作面板也逐渐体现简单化、人性化设计。

3. 多种仪器分析方法联用技术 多种分析仪器的联合使用能够进一步发挥多种方法的优势，方法互补使我们能够解决更为复杂的问题。目前，联用分析技术已成为当前仪器分析的重要发展方向，例如气相色谱 - 质谱联用（GC - MS）、高效液相色谱 - 质谱联用（HPLC - MS）、电感耦合等离子体质谱（ICP - MS）、高效液相色谱 - 电感耦合等离子体质谱（HPLC - ICP - MS）等，多种联用技术的开发，必将使得仪器分析逐渐走向成熟。

4. 与多学科的互相渗透　随着各学科间相互渗透更加深入，仪器分析的发展面临新任务和新挑战，这就要求通过仪器分析为我们提供更加深入、全面的信息。目前，生命科学已成为当前最活跃的学科之一，提出了对生物大分子的测定、复杂体系中痕量生物活性物质的测定等需求，随之出现了如蛋白质、多肽、核酸、聚糖的分析及 DNA 序列测定、酶反应与酶活性分析等。

总之，随着现代科技的迅猛发展和高新科技的不断引入，现代仪器分析方法已综合采用了多种学科的最新原理和技术成就，正在向更加快速、准确、灵敏、自动、智能及适应特殊分析的方向迅速发展。通过学习这些方法，可以使我们在将来更好地从事药品食品检验等医药卫生相关工作。

第三节　仪器分析在医药中的应用

仪器分析法在医药中的应用主要表现在对原料、产品、工艺流程及产品研发中的质量检验和质量控制，药品生产过程的质量控制是保证产品质量的关键。

1. 在药品检测方面的应用　仪器分析因其客观、准确、快速、高效等优势，已成为药检工作者"洞察药品内在质量的眼睛"。据统计，《中国药典》（2015 年版）中，高效液相色谱法在一部中共出现 1635 次，二部中共出现 1381 次。此外，《中国药典》进一步提高了检测技术的专属性，增加了先进成熟的现代仪器分析技术在药品质量检测方面的应用，如超临界流体色谱法（SFC）、高效液相色谱 - 电感耦合等离子体质谱法（HPLC - ICP - MS）等。一些较为成熟的联用方法，如气相色谱串联质谱法，已作为农药残留量测定的第二检测法。

2. 在中药鉴定及质量控制方面的应用　近年来，新报道的中药鉴定多采用紫外吸收光谱法，如黄柏与水黄柏的鉴别、多种金钱草的鉴别、溪黄草的鉴别、酸枣仁及其混伪品的鉴别、何首乌及其混伪品的鉴别、槐花及其伪品的鉴别等。中药中重金属元素的测定多采用原子吸收法，如对中药材中砷、汞、铅、镉等微量重金属的含量测定，从而控制中药材质量。

3. 在新药研发方面的应用　现代仪器分析技术在新药研发和生产方面也发挥着重要作用。如近红外光谱技术已被很多国家用于制药生产过程的各个环节，是目前制药领域应用最广泛的过程分析技术，可对产品质量参数和过程关键参数进行在线无损测量和质量监控。另外，色谱法、色质联用、毛细管电泳法等由于其分离效果好、检测灵敏度高等优点，均在现代新药研发中发挥着重要作用。

本章小结

本章主要介绍仪器分析法的任务、分类、特点和发展趋势。

1. 基本术语和概念：仪器分析法、电化学分析法、光学分析法、色谱分析法、光谱法、非光谱法。

2. 分析化学的分类：化学分析法和仪器分析法。

3. 仪器分析法的分类：电化学分析法、光学分析法、色谱分析法及其他仪器分析法。

4. 仪器分析法的特点：灵敏度高、分析速度快、选择性好、样品用量少、易于自动化。

复习思考

一、选择题

1. 下列分析方法中属于仪器分析的是（　　）

    A. 酸碱滴定法   B. 配位滴定法

    C. 永停滴定法   D. 沉淀滴定法

2. 下列哪种方法属于发射光谱分析法（　　）

    A. 紫外 – 可见分光光度法   B. 荧光分光光度法

    C. 红外分光光度法   D. 原子吸收分光光度法

3. 下列不属于光学分析法的是（　　）

    A. 红外分光光度法   B. 放射化学分析法

    C. 原子吸收分光光度法   D. 荧光分光光度法

4. 紫外 – 可见分光光度法属于（　　）

    A. 辐射的吸收   B. 辐射的折射

    C. 辐射的散射   D. 辐射的发射

5. 质谱分析法属于（　　）

    A. 光学分析   B. 色谱分析

    C. 电化学分析   D. 其他仪器分析

6. 仪器分析法的不足之处是（　　）

    A. 相对误差较低   B. 分析速度快

    C. 分析成本较高   D. 试样用量少

二、填空题

1. 通常可把分析化学分为_____分析方法和_____分析方法两大类。

2. 仪器分析是以物质的_____或_____性质为基础的分析方法。

3. 色谱分析法是一种_____或_____分离分析法，它是根据混合物各组分在互不相溶的两相即_____相和_____相中吸附、分配或其他亲和作用的差异而建立的分析方法。

三、简答题

1. 仪器分析法分为哪几类？

2. 与化学分析法相比，仪器分析法有哪些特点？

扫一扫，知答案

第 九 章

电化学分析法

【学习目标】

掌握直接电位法、电位滴定法和永停滴定法的原理及方法。

熟悉电位滴定法和永停滴定法的应用。

了解直接电位法测定其他离子浓度的应用。

引 子

糖尿病是世界三大难症之一,临床以高血糖为主要标志,我国的糖尿病患者人数居全球之首。1991 年,世界卫生组织和国际糖尿病联盟共同发起,将每年的 11 月 14 日定为"世界糖尿病日"。对于糖尿病患者来说,血糖水平的监测尤为重要,通常都需要一台血糖仪来协助实现。1986 年,第一台由电化学原理设计的血糖仪在美国获准上市。由于体积小、使用便捷,逐渐成为这个领域的主流技术。目前,市面上绝大多数家用血糖仪都是采用电化学法的原理设计的。

根据物质在溶液中的电化学性质及其变化来测定物质组成及含量的方法,统称为电化学分析法。这种方法通过测量溶液电导、电位、电流和电量等电化学参数的强度或变化,实现对待测组分的分析。电化学分析法具有灵敏、准确、快速、所需试样量少、方法灵活多样、检测浓度范围宽等特点。

第一节 电位法的基本原理

电位法又称为电位分析法,是利用电极电位与溶液中离子活度(浓度)之间的关系来测

定被测物质含量的一种电化学分析法。它分为直接电位法和电位滴定法。目前，电位分析法在食品、医药卫生、环境、化工等领域应用广泛，已成为重要的检测手段。

一、化学电池

化学电池是通过金属导线将两个电极和电解质溶液连接形成闭合电路，电极和周围的电解质溶液发生氧化（或还原）反应形成电子转移，电池外部通过导线传导电荷，电池内部发生离子迁移，从而形成电流，实现化学能与电能的相互转换。

化学电池分为原电池和电解池。能自发地进行电化学反应，将化学能转化为电能的装置叫作原电池；由外部电源提供能量来实现电池内部发生化学反应，将电能转变为化学能的装置叫作电解池。电位分析法使用的化学电池是原电池。关于原电池、电极电位等详细内容参见本书第六章第一节。

按照发生的电极反应命名，发生氧化反应的电极称为阳极，发生还原反应的电极称为阴极；若按照电极电位高低命名，电位高的电极称为正极，低的称为负极。原电池中常采用后一种方法命名。

例如：由 $Zn/ZnSO_4$ 电极和 $Cu/CuSO_4$ 电极组成的原电池反应为：

$$Zn + Cu^{2+} \rightarrow Zn^{2+} + Cu$$

由于电子由锌极流向铜极，铜极电位高，因此锌极为负极，铜极为正极。化学电池组成常用图解表示式来表示，这个原电池的图解表示式如下：

$$(-)\ Zn\ |\ ZnSO_4\ (a_1)\ \|\ CuSO_4\ (a_2)\ |\ Cu\ (+)$$

IUPAC 对电池图解表示式的书写有如下规定：

1. 将负极（发生氧化反应的电极）写在左侧，正极（发生还原反应的电极）写在右侧。

2. 用单竖线"｜"表示能产生电位差的两相界面，双竖线"‖"代表盐桥。

3. 用化学式表示电池中各物质的组成并注明其状态，气体要注明压力，溶液要给出浓度；固体和纯液体的活度认为是1。

4. 气体不能直接作为电极，必须以惰性金属导体作为载体。如氢电极中的金属铂。

二、参比电极和指示电极

电位分析法使用两种电极，即参比电极和指示电极。在恒定温度下，电极电位稳定，不随被测溶液离子活度变化，电位值恒定的电极叫作参比电极。电极电位随溶液中待测离子活度的变化而变化，能指示待测离子活度的电极叫作指示电极。

（一）参比电极

最常用的参比电极有甘汞电极和银－氯化银电极。

1. 甘汞电极 甘汞电极由金属汞、甘汞（Hg_2Cl_2）和 KCl 溶液组成,结构如图 9-1 所示。

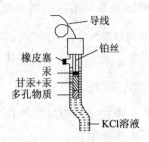

图 9-1　甘汞电极示意图

电极反应为:$Hg_2Cl_2 + 2e^- \rightleftharpoons 2Hg + 2Cl^-$

电极电位为:

$$\varphi = \varphi^{\ominus}_{Hg2Cl2/Hg} + \frac{RT}{F}\ln\frac{1}{a_{Cl^-}} \tag{9-1}$$

式（9-1）表明,当温度一定时,甘汞电极的电极电位取决于 Cl^- 的活度。当 Cl^- 活度一定时,其电极电位也为一定值。不同浓度的 KCl 溶液可使甘汞电极的电位具有不同的恒定值。

25℃时,0.1mol/L、1mol/L 和饱和 KCl 溶液的甘汞电极的电极电位如表 9-1 所示。

表 9-1　三种不同浓度的 KCl 溶液甘汞电极电位（25℃）

KCl 浓度	0.1mol/L	1mol/L	饱和
电极电位（V）	0.337	0.283	0.241

当 KCl 溶液为饱和溶液时,即为饱和甘汞电极（SCE）。在电位分析中,饱和甘汞电极电位稳定,构造简单,保存和使用都很方便,是最常用的参比电极。

2. 银-氯化银电极 在银丝镀上一薄层 AgCl,浸于一定浓度的 KCl 溶液中构成的电极称为银-氯化银电极。如图 9-2 所示。

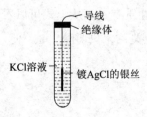

图 9-2　银-氯化银电极示意图

电极反应为:$AgCl + e^- \rightleftharpoons Ag + Cl^-$

电极电位为:

$$\varphi = \varphi_{Ag^+/Ag}^{\ominus} + \frac{RT}{F}\lg\frac{1}{a_{Cl^-}} \qquad (9-2)$$

25℃时，0.1mol/L、1mol/L 和饱和 KCl 溶液的银 – 氯化银电极电位如表 9 – 2 所示。

表 9 – 2　三种不同浓度 KCl 溶液的银 – 氯化银电极电位

KCl 浓度	0.1mol/L	1mol/L	饱和
电极电位（V）	0.289	0.236	0.199

由于银 – 氯化银电极结构简单、体积小，因此常用作玻璃电极和其他离子选择电极的内参比电极及复合玻璃电极的内、外参比电极。

（二）指示电极

指示电极的种类较多，这里主要介绍用于测定溶液 pH 的玻璃电极。玻璃电极的构造如图 9 – 3 所示。

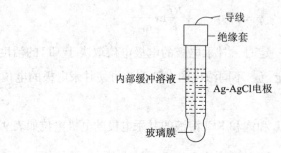

图 9 – 3　pH 玻璃电极构造

玻璃电极的主要部分是玻璃管下端接的由特殊玻璃制成的软质玻璃球膜，膜厚 0.03 ～ 0.1mm，玻璃球膜中装有一定 pH 的缓冲溶液作为内参比溶液，在溶液中插入银 – 氯化银电极作为内参比电极。

玻璃电极的电位由膜电位和内参比电极的电位决定，内参比电极的电位是一定值，而膜电位又决定于待测溶液的 pH，因此 25℃时玻璃电极的电位可表示为：

$$\varphi_{玻} = \varphi_{AgCl/Ag}^{\ominus} + (K - 0.059pH) = K_{玻} - 0.059pH \qquad (9-3)$$

式中 K 为常数，与玻璃电极性质有关。从上式可以看出，玻璃电极的电极电位 φ 在一定条件下与待测溶液的 pH 呈线性关系，只要测出 φ，便可求出 pH。

第二节　直接电位法

一、溶液 pH 值的测定

（一）测定原理

电位法测定溶液的 pH 值，常以玻璃电极作为指示电极，饱和甘汞电极作参比电极，浸入溶液中形成原电池。

测定的原电池表示：

（－）玻璃电极｜待测 pH 溶液‖饱和甘汞电极（＋）

25℃时该电池的电动势为：

$$E = \varphi_{SCE} - \varphi_{玻} = 0.241 - (K_{玻} - 0.059\text{pH})$$

由于"$K_{玻}$"是玻璃电极的性质常数。因此"$K_{玻}$"与"0.241"的差值可以视为一个新的常数用 K' 表示，即上式可表示为：

$$E = K' + 0.059\text{pH} \tag{9-4}$$

该式表明电池的电动势和溶液的 pH 呈线性关系。在25℃时，溶液的 pH 改变一个单位，电池的电动势随之变化 59mV。即通过测定电池的电动势就可求出待测溶液的 pH。

标准 pH 缓冲溶液是测定 pH 时用于校正仪器的基准试剂，其值的准确性直接影响测定结果的准确度。在选用标准缓冲溶液时，应尽可能与待测溶液的 pH 相接近（ΔpH＜2），这样可以减少测量误差。表9-3列出了不同温度下常用的标准缓冲溶液的 pH，供参考选用。

表9-3　不同温度下常用的标准缓冲溶液 pH

温度（℃）	0.05mol/L 草酸三氢钾	0.05mol/L 邻苯二甲酸氢钾	0.025mol/L KH$_2$PO$_4$ 和 Na$_2$HPO$_4$	0.01mol/L 硼砂
0	1.67	4.01	6.98	9.46
5	1.67	4.00	6.95	9.39
10	1.67	4.00	6.92	9.33
15	1.67	4.00	6.90	9.28
20	1.68	4.00	6.88	9.23
25	1.68	4.00	6.86	9.18
30	1.68	4.01	6.85	9.14
35	1.69	4.02	6.84	9.10
40	1.69	4.03	6.84	9.07
45	1.70	4.04	6.83	9.04

（二）酸度计

用来测定溶液 pH 的仪器叫作酸度计或 pH 计，也可用来测量原电池的电动势。

酸度计因测量用途和精密度不同而分为不同的类型，其结构上略有差别，但测量原理相同，主要由电极系统和电动势测量系统组成。电极系统由玻璃电极和饱和甘汞电极与待测溶液组成原电池，目前新型酸度计上配套使用的电极绝大多数都是复合电极。电动势测量系统主要由电动势放大装置和显示转换装置构成，如图9-4所示。

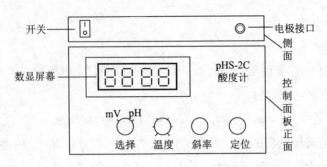

图 9 - 4 酸度计示意图

(三) pH 值测定方法

用酸度计测定溶液的 pH 值, 在药品检验、生化检验及卫生检验等方面都有着广泛应用。如药品检验中注射剂、眼药水的酸碱度检查等。无论被测溶液有无颜色、是氧化剂还是还原剂或为胶体溶液, 均可用酸度计测定 pH。现以碳酸氢钠注射液为例, 介绍 pH 值测定方法。

碳酸氢钠注射液为碱性溶液, pH 为 7.5 ~ 8.5, 因此对仪器进行校正时, 先用偏中性的标准缓冲溶液 (pH = 7.41 磷酸盐) 进行一次校正, 再用碱性较为接近的标准缓冲溶液 (pH = 9.18 硼砂) 进行二次校正。具体分析步骤如下:

1. pH 标准缓冲溶液的配制

(1) pH 值 7.41 磷酸盐: 取标准磷酸二氢钾 1.36g, 加 0.1mol/L 氢氧化钠溶液 79mL, 用水稀释至 200mL, 即得。

(2) pH 值 9.18 硼砂: 精密称取标准硼砂 ($Na_2B_4O_7 \cdot 10H_2O$) 3.80g, 加水使溶解并稀释至 1000mL, 即得。

2. 仪器校正

(1) 连接复合电极, 并夹在电极夹上, 调节到适当位置。

(2) 用蒸馏水清洗电极, 用滤纸吸干。

(3) 接通电源, 预热 30 分钟。

(4) 将选择开关旋钮调到 pH 档。

(5) 用温度计测定标准溶液温度, 调节温度补偿旋钮指向测得的温度值。

(6) 把斜率旋钮调到 100% 位置。

(7) 将电极浸入磷酸盐标准缓冲溶液 (pH = 7.41) 中, 调节定位旋钮, 使仪器显示读数与缓冲溶液 pH 一致。

(8) 再用蒸馏水清洗电极, 用滤纸吸干。

(9) 将电极浸入硼砂标准缓冲溶液 (pH = 9.18) 中复核, 如果仪器显示读数与缓冲溶液 pH 不一致, 则调节斜率旋钮使一致。

3. pH 值测定　用蒸馏水清洗电极头部，用滤纸吸干。把电极浸入待测溶液中，轻轻摇动烧杯使溶液均匀，待稳定后记录显示屏上 pH 值。

二、其他离子浓度的测定

测定其他离子浓度，目前多采用离子选择性电极（ISE）作指示电极。离子选择性电极是一种对溶液中待测离子（阴、阳离子）有选择性响应能力的电极，属于膜电极。当膜表面与溶液接触时，膜对内外溶液中某些离子有选择性的响应，通过离子交换或扩散作用在膜两侧建立电位差。因为内参比溶液浓度是一恒定值，所以离子选择性电极的电位与待测离子的浓度之间满足能斯特方程式。因此，测定原电池的电动势，便可求得待测离子的浓度。

氯离子选择性电极是一种测定水溶液中氯离子浓度的分析工具。目前广泛应用于水质、土壤、地质、生物、医药、食品等部门。其结构简单，使用方便。以下以氯离子选择电极为例做简要介绍。

（一）电极电位与离子浓度的关系

氯离子选择性电极是以 AgCl 作为电化学活性物质，它与 Ag–AgCl 电极十分相似。当它与被测溶液接触时，就发生离子交换反应，结果在电极膜片表面建立具有一定电位梯度的双电层，这样电极与溶液之间就存在着电位差。

以氯离子选择性电极为指示电极，双液接甘汞电极为参比电极，插入试液中组成工作电池。当氯离子浓度在 $10^{-1} \sim 10^{-5}$ mol/L 范围内，在一定的条件下，电池电动势与氯离子活度的对数呈线性关系：

$$E = E^{\ominus} - \frac{RT}{F}\ln a_{Cl^-} = E^{\ominus} - \frac{RT}{F}\ln\gamma c_{Cl^-} = E^{\ominus} - \frac{RT}{F}\ln\gamma_{\pm} c_{Cl^-}$$

在测定中，只要固定离子强度，则 $\gamma_{\pm}$ 可视为定值。只要测出不同 c_{Cl^-} 值时的电动势 E，做 $E - \ln c_{Cl^-}$ 图（标准曲线），就可了解电极的性能，并可从图中求出待测溶液的 Cl^- 浓度。

（二）电极的选择性和选择性系数

离子选择性电极常会受到溶液中其他离子的影响。也就是说，在同一电极膜上，往往可以有多种离子进行不同程度的交换。离子选择性电极的特点就在于对特定离子具有较好的选择性，受其他离子的干扰较小。电极选择性的好坏，常用选择性系数来表示。但是，选择性系数与测定方法、测定条件及电极的制作工艺有关，同时也与计算时所用的公式有关。一般离子选择性电极的选择性系数 k_{ij} 可表示为：

$$E = E^{\ominus} \pm \frac{RT}{nF}\ln\left(a_i + k_{ij}a_j^{\frac{z_i}{z_j}}\right) \tag{9-5}$$

其中，i 和 j 分别代表待测离子和干扰离子，Z_i 及 Z_j 分别代表 i 和 j 离子的电荷数；k_{ij} 为该电极对 j 离子的选择系数。式中 "$-$" 及 "$+$" 分别适用于阴、阳离子选择性电极。k_{ij} 越小，表示 j 离子对被测离子的干扰越小。当 $Z_i = Z_j$ 时，测定 k_{ij} 最简单的方法是分别溶液法：分别测定在具有相同活度的离子 i 和 j 这两个溶液中该离子选择性电极的电动势 E_1 和 E_2。

$$\ln k_{ij} = \frac{(E_1 - E_2) \, nF}{RT} \tag{9-6}$$

（三）应用

水、电解质和酸碱平衡是维持人体内环境稳定的三个重要因素。在人体发生病变时，如糖尿病酸中毒、肾功能衰竭、严重呕吐、腹泻、渗出性胸膜炎或腹膜炎等病症，都会引起电解质浓度偏离正常范围，严重时甚至危及生命。正常人在细胞内液、外液及各种不同体液中的钾（K）、钠（Na）、氯（Cl）、钙（Ca）、锂（Li）等电解质的含量不尽相同，现有的常规方法尚不能测定细胞内液电解质的浓度，因此常以血清的电解质数值代表细胞外液的电解质含量，并以此作为判断和纠正电解质紊乱的依据。临床使用的电解质分析仪就是采用离子选择性电极快速精确地同时测定生物样品中的 K、Na、Cl、Ca、Li 的 pH 值等多项指标。这种仪器具有设备简单、操作方便、灵敏度和选择性好、成本低、快速、准确、微量、不破坏被测试样和不用进行复杂的预处理等优点。

第三节　电位滴定法

一、基本原理

（一）仪器装置

电位滴定法是基于滴定过程中电位突跃来确定滴定终点的方法。进行电位滴定时，在被测溶液中加入 1 支指示电极和 1 支参比电极组成原电池。随着滴定剂（标准溶液）的加入，由于发生了化学反应，被测离子的浓度也不断发生变化，指示电极电位也相应改变。

电位滴定的仪器装置如图 9-5 所示，由滴定管、指示电极、参比电极、磁力搅拌器和电位测定仪组成。进行滴定时，在被测溶液中插入合适的指示电极和参比电极组成原电池，将它们连接在电子电位计上，用以测定并记录电池的电动势，通过测量电池电动势的变化，确定滴定终点。

（二）测定原理和特点

进行电位滴定时，在待测溶液中插入指示电极和参比电极，随着滴定剂的加入，待测离子或与之有关的离子浓度不断变化，指示电极的电位也发生相应的变化，而在化学计量点附近离子浓度发生突跃从而引起电位突跃，因此，通过测量电池电动势的变化，就能确定滴定终点。

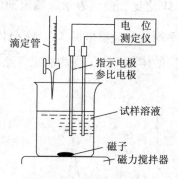

图 9-5　电位滴定装置

与滴定分析法相比，电位滴定法有以下特点：①准确度高，用该法确定终点更为客观，不存在观测误差，结果更为准确；②可用于有色溶液、浑浊液及无优良指示剂情况下的滴定；③可用于连续滴定、自动滴定、微量滴定；④操作麻烦，数据处理费时。

二、确定滴定终点的方法

电位滴定时，在不断搅拌下加入滴定剂，被测离子与滴定剂发生化学反应，使被测离子浓度不断变化，因而指示电极的电位也发生相应的变化。每加入一次滴定剂，测量一次电动势，直到达到化学计量点。在滴定过程中，开始时每次滴加滴定剂的量可适当多些，在计量点附近，每滴加 0.1~0.2mL 滴定剂测量一次电动势。当达到化学计量点时，被测离子浓度发生突变，引起电位的突跃，根据滴定液的消耗量和电动势的关系，通过绘制滴定曲线来确定滴定终点。

1. E-V 曲线法　以加入滴定剂的体积（V）作横坐标，以测得的电动势 E 值作纵坐标，绘制一条 E-V 滴定曲线。曲线拐点所对应的体积即为滴定终点的体积，如图 9-6 所示。

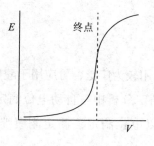

图 9-6　E-V 曲线

2. $\Delta E/\Delta V - \bar{V}$ 曲线法（一级微商法）   如果 $E - V$ 曲线电位突跃不陡又不对称，滴定终点则难以确定，可以用 $\Delta E/\Delta V - \bar{V}$ 曲线法。$\bar{V}$ 代表平均体积，$\Delta E/\Delta V$ 代表 E 的变化值与相应的加入滴定剂体积的增量 ΔV 之比，曲线表示随滴定剂体积变化的电动势变化值。以相邻两次加入标准溶液体积的平均值 $\bar{V}$ 为横坐标，以 $\Delta E/\Delta V$ 值为纵坐标，绘制 $\Delta E/\Delta V - \bar{V}$ 滴定曲线。曲线的最高点所对应的体积 V 值，即为滴定终点，如图 9-7 所示。

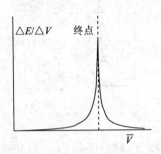

图 9-7 $\Delta E/\Delta V - \bar{V}$ 曲线

3. $\Delta^2 E/\Delta V^2 - V$ 曲线法（二级微商法） $\Delta E/\Delta V - \bar{V}$ 曲线的最高点是由实验点连线外推得到，因此也会引起一定误差，如用二级微商法来确定终点则更为准确。这种方法基于 $\Delta E/\Delta V - \bar{V}$ 曲线的最高点正是二级微商 $\Delta^2 E/\Delta V^2$ 等于 0 处，因此 $\Delta^2 E/\Delta V^2 = 0$ 时的横坐标即为滴定终点，可通过绘制二级微商曲线（图 9-8）求得。

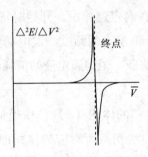

图 9-8 $\Delta^2 E/\Delta V^2 - V$ 曲线

三、电位滴定法的应用

电位滴定法在滴定分析中应用较为广泛，可应用于酸碱滴定法、氧化还原滴定法、沉淀滴定法、配位滴定法等各类滴定分析中。自动电位滴定仪的应用，使测定更为简便快速，适用范围也更为广泛。现以电位滴定法测定酮康唑含量为例，介绍电位滴定法的应用。

酮康唑为抗真菌药，对皮肤癣菌具有抑制作用。《中国药典》（2015 年版）采用非水溶液滴定法测其含量，以电位法指示终点。

1. 高氯酸滴定液（0.1mol/L）的配制 取无水冰醋酸（每 1g 水加醋酐 5.22mL）750mL，加入高氯酸（70%～72%）8.5mL，摇匀，在室温下缓缓滴加醋酐 23mL，边加边摇，加完后再振摇均匀，放冷，加无水冰醋酸适量使成 1000mL，摇匀，静置。

2. 标定 取在 105℃ 干燥至恒重的基准邻苯二甲酸氢钾约 0.16g，精密称定，加无水冰醋酸 20mL 使溶解，加结晶紫指示液（取结晶紫 0.5g，加冰醋酸 100mL 使溶解）1 滴，用本液缓缓滴定至蓝色，并将滴定的结果用空白试验校正。每 1mL 高氯酸滴定液（0.1mol/L）相当于 20.42mg 的邻苯二甲酸氢钾。根据本液的消耗量与邻苯二甲酸氢钾的取用量，算出本液的浓度，即得。

$$c_{HClO_4} = \frac{W_{KC_8H_5O_4} \times 0.1}{\bar{V}_{HClO_4} \times T} = \frac{W_{KC_8H_5O_4}}{\bar{V}_{HClO_4} \times 0.2042}$$

3. 样品测定 取本品约 0.2g，精密称定，加冰醋酸 40mL 溶解后，照电位滴定法，用高氯酸滴定液（0.1mol/L）滴定，并将滴定的结果用空白试验校正。每 1mL 高氯酸滴定液（0.1mol/L）相当于 26.57mg 的 $C_{26}H_{28}Cl_2N_4O_4$。

知 识 链 接

在《中国药典》收载的容量分析法中，均给出了滴定度值。根据供试品的称取量（W）、滴定液消耗的体积（V）、滴定度（T）和浓度校正因数（F），即可计算出被测药物的百分含量。

$$含量\% = \frac{V \times T \times F}{W} \times 100\% \qquad (9-7)$$

其中，$F = \dfrac{c_{实际浓度}}{c_{规定浓度}}$。

因此被测药物的百分含量可由式（9-6）求得：

$$酮康唑\% = \frac{\bar{V}_{HClO_4}' \times T \times F}{W_{酮康唑}} \times 100\% = \frac{\bar{V}_{HClO_4}' \times 0.2657 \times c_{HClO_4}}{W_{酮康唑}} \times 100\%$$

第四节 永停滴定法

一、基本原理

永停滴定法又称双电流滴定法，是将两个相同的铂电极插入待滴定的溶液中，在两极间外加一个小电压（10 ~ 200mV），通过观察或记录滴定过程中通过两个电极的电流变化，来确定滴定终点。

1. 仪器装置 永停滴定法仪器装置如图 9 - 9 所示。滴定过程中用电磁搅拌器搅拌溶液。滴定时，按图示安装好仪器，调节 R'，使外加电压 10 ~ 30mV，当滴定至检流计指针突然偏转，并不再回复，即为终点。必要时可每加一次标准溶液，测量一次电流。以电流为纵坐标，以滴定剂体积为横坐标作图，找出终点。

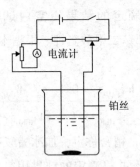

图 9 - 9 永停滴定装置图

2. 方法原理 如溶液中存在 Fe^{3+}/Fe^{2+} 电对，当插入 2 支相同的铂电极，由于两支电极的电极电位相同，则两电极之间没有电位差，即电动势 E 为 0。这时若在 2 个铂电极间外加一小直流电压，接正极的铂电极发生氧化反应，接负极的铂电极发生还原反应，此时溶液中有电流通过。电极反应如下：

$$正极： Fe^{2+} - e^- \rightleftharpoons Fe^{3+} \tag{9-8}$$

$$负极： Fe^{3+} + e^- \rightleftharpoons Fe^{2+} \tag{9-9}$$

这种外加很小电压就能引起电解反应的电对称为可逆电对，如 I_2/I^-、Ce^{4+}/Ce^{3+} 等。反之，有些电对在外加小电压下也不能发生电解反应，称为不可逆电对，如 $S_4O_6{}^{2-}/S_4O_3{}^{2-}$ 电对。

$$S_4O_3{}^{2-} - 2e^- \longrightarrow S_4O_6{}^{2-}$$

反应只能从左向右进行，而不能从右向左，即阳极上接受了 $S_4O_3{}^{2-}$ 放出的电子，传到阴极上无法送出，使电流中断，因此没有电流通过，不能发生电解反应。

二、确定滴定终点的方法

在滴定过程中，溶液形成可逆电对，从而使两电极间电流产生突变，这就是永停滴定法确定终点的依据。由于氧化剂和还原剂在电极上的反应有些可逆，有些不可逆，因此在滴定过程中，电流变化可分为三种不同情况。

1. 滴定剂为可逆电对，被测物为不可逆电对 例如用 I_2 滴定 $Na_2S_2O_3$。将两个铂电极插入 $Na_2S_2O_3$ 溶液中，外加 10 ~ 15mV 的电压，用灵敏电流计测量通过两极间的电流。当

用 I_2 滴定时，在滴定终点前，溶液中只有 $S_4O_6^{2-}/S_4O_3^{2-}$ 不可逆电对，不能发生电解反应，因此检流计无电流通过。一旦达到终点，则溶液中出现 I_2/I^- 可逆电对，发生电解反应，两极间有电流通过，检流计突然发生偏转，指示终点到达，其滴定曲线如图 9−10 所示。

2. 滴定剂为不可逆电对，被测物为可逆电对　例如用 $Na_2S_2O_3$ 滴定 I_2。在滴定达到终点前，溶液存在 I_2/I^- 可逆电对，有电解电流通过，随着滴定进行，I_2 浓度逐渐减小，电流也逐渐减小，滴定至终点时降至最低点。终点后，溶液 I_2 浓度极低，只有 I^- 及不可逆的 $S_4O_6^{2-}/S_4O_3^{2-}$ 电对，故电解反应停止，电流计指针停留在最低点并保持不动，其滴定曲线如图 9−11 所示。

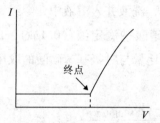

图 9−10　I_2 滴定 $Na_2S_2O_3$ 的滴定曲线

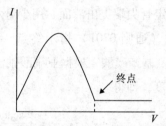

图 9−11　$Na_2S_2O_3$ 滴定 I_2 的滴定曲线

3. 滴定剂与被滴定剂均为可逆电对　例如用 Ce^{4+} 滴定 Fe^{2+}。滴定前，溶液中只有 Fe^{2+} 离子，故阴极上不可能有还原反应，所以无电解反应，也没有电流通过。当 Ce^{4+} 离子不断滴入时，Fe^{3+} 离子不断增多，因为 Fe^{3+}/Fe^{2+} 属可逆电对，故电流也不断增大；当 Fe^{3+} 与 Fe^{2+} 浓度相等时，电流达到最大值；连续加入 Ce^{4+} 离子，Fe^{2+} 离子浓度逐渐下降，电流也逐渐下降，到达滴定终点时降至最低点，终点过后，Ce^{4+} 离子过量，由于溶液中有了 Ce^{4+}/Ce^{3+} 可逆电对，随着 Ce^{4+} 浓度不断增加，电流又开始上升。其滴定曲线如图 9−12 所示。

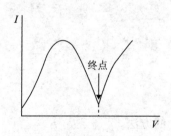

图 9−12　Ce^{4+} 滴定 Fe^{2+} 的滴定曲线

三、应用和示例

永停滴定法装置简单、准确度高，已广泛应用于药物分析中。现以盐酸普鲁卡因胺注射液的含量测定为例，介绍永停滴定法的应用。

盐酸普鲁卡因结构中含有芳伯胺基，在酸性条件下可与亚硝酸钠发生以下重氮化反应：

$$Ar-NH_2 + NaNO_2 + 2HCl \rightarrow Ar-\overset{+}{\underset{Cl^-}{N}}\equiv N + NaCl + 2H_2O$$

故可用亚硝酸钠作为滴定剂滴定，用永停法指示终点。具体操作步骤如下：

1. 亚硝酸钠滴定液（0.1mol·L⁻¹）配制与标定 取亚硝酸钠 7.2g，加无水碳酸钠 0.1g，加水适量使溶解成 1000mL，摇匀。取在 120℃ 干燥至恒重的基准对氨基苯磺酸约 0.5g，精密称定，加水 30mL 与浓氨试液 3mL，溶解后加盐酸（1→2）20mL，搅拌，在 30℃ 以下，用本液迅速滴定，滴定时将滴定管尖端插入液面下约 2/3 处，随滴随搅拌；近终点时将滴定管尖端提出液面，用少量水洗涤尖端，洗液并入溶液中，继续缓慢滴定，用永停滴定法（通则 0701）指示终点。每 1mL 亚硝酸钠滴定液（0.1mol·L⁻¹）相当于 17.32mg 对氨基苯磺酸。根据亚硝酸钠滴定液的消耗量与对氨基苯磺酸的取用量，计算出滴定液的浓度，即得。

$$c_{NaNO_2} = \frac{W_{KC_8H_5O_4} \times 0.1}{\bar{V}_{NaNO_2} \times T} = \frac{W_{KC_8H_5O_4}}{\bar{V}_{NaNO_2} \times 0.1732}$$

2. 样品测定 精密量取样品适量（含盐酸普鲁卡因约 0.1g），加水 40mL 和 HCl（1→2）15mL，加 KBr 2g，搅拌溶液，照标定时永停法步骤，用亚硝酸钠滴定液（0.1mol·L⁻¹）滴定至终点，记录消耗亚硝酸钠滴定液的体积。每 1mL 亚硝酸钠滴定液（0.1mol·L⁻¹）相当于 27.28mg 的 $C_{13}H_{20}N_2O_2 \cdot HCl$，计算出盐酸普鲁卡因含量。根据式（9-6），可得：

$$盐酸普鲁卡因\% = \frac{\bar{V}_{NaNO_2}' \times T \times F}{W_{盐酸普鲁卡因}} \times 100\% = \frac{\bar{V}_{NaNO_2}' \times 0.2728 \times c_{NaNO_2}}{W_{盐酸普鲁卡因}} \times 100\%$$

实验十一 盐酸普鲁卡因注射液 pH 的测定（直接电位法）

一、实验目的

1. 掌握 pH 计测定溶液 pH 的方法。
2. 会用直接电位法测定样品溶液 pH 值。
3. 了解 pH 计的构造及工作原理。

二、实验原理

直接电位法测定溶液 pH 值通常以饱和甘汞电极作为参比电极，玻璃电极作为指示电极，浸入被测电极形成原电池。测量时先用已知准确 pH 值的标准溶液校正 pH 计，然后再插入待测溶液即可测量溶液的 pH。溶液 pH 变化 1 个单位，电池电动势变化 0.059V。

三、仪器与试剂

1. 仪器　酸度计、复合电极、烧杯（50mL）、温度计。

2. 试剂　邻苯二甲酸氢钾标准缓冲溶液（pH = 4.00）、混合磷酸盐标准缓冲溶液（pH = 6.86）、纯化水、盐酸普鲁卡因注射液。

四、实验步骤

1. 接通电源，预热 30 分钟。

2. 将复合电极夹在电极夹上，调节到适当位置。用蒸馏水清洗电极，清洗后用滤纸吸干。

3. 将选择开关旋钮调到 pH 档。用温度计测定标准溶液温度，调节温度补偿旋钮指向测得的温度值；把斜率旋钮调到 100% 位置。

4. 将电极浸入 pH = 4.00 的标准溶液中，调节定位旋钮，使仪器显示读数与缓冲溶液 pH 值一致；洗净电极后，再将电极浸入 pH = 6.86 的标准溶液中，进行二次校正。

5. 取盐酸普鲁卡因注射液样品适量至小烧杯中。用蒸馏水清洗电极头部，再用待测溶液清洗一次，把电极浸入待测溶液中，轻轻摇动烧杯使溶液均匀，待稳定后记录显示屏上 pH 值。再重复以上步骤测定 2 次。

五、数据记录及处理

测定次数	1	2	3
pH			
pH 平均值			

六、思考题

1. 温度补偿旋钮的作用是什么？

2. 如果待测溶液与标准溶液温度不一致，应当如何操作？

附：pH 计的维护及使用注意事项

1. 玻璃电极平时应浸泡在蒸馏水中以备随时使用。在初次使用前，必须在蒸馏水中浸泡一昼夜以上。

2. 玻璃电极不要与强吸水溶剂接触太久，在强碱溶液中使用应尽快操作，用毕立即用水洗净。

3. 玻璃电极球泡膜很薄，安装和测定时应防止与玻璃杯及硬物相碰，玻璃膜沾上油污时，应先用酒精，再用四氯化碳或乙醚，最后用酒精浸泡，再用蒸馏水洗净。

4. 电极清洗后只能用滤纸轻轻吸干，切勿用织物擦抹，这会使电极产生静电荷而导致读数错误。

5. 甘汞电极在使用时，注意电极内要充满氯化钾溶液，应无气泡，防止断路。应有少许氯化钾结晶存在，以使溶液保持饱和状态，使用时拨去电极顶端的橡皮塞，从毛细管中流出少量的氯化钾溶液，使测定结果可靠。

6. 仪器校正时应选择与待测溶液 pH 液最接近的标准缓冲溶液作为定位溶液。

7. pH 测定的准确性取决于标准缓冲溶液的准确性。酸度计用的标准缓冲溶液，要求有较大的稳定性，较小的温度依赖性。

8. 仪器校正后，定位调节器不能再转动位置，否则须重新校正。

实验十二　永停滴定法测定磺胺嘧啶的含量

一、实验目的

1. 掌握永停滴定法指示终点的原理及操作。
2. 会用永停滴定法测定磺胺嘧啶的含量。

二、实验原理

磺胺嘧啶是芳香伯胺类药物，它在酸性溶液中可与 $NaNO_2$ 定量完成重氮化反应而生成重氮盐，反应式如下：

化学计量点后溶液中少量的 $NaNO_2$ 及其分解产物 NO 在数十毫伏外加电压的两个铂电极上有如下反应：

$$阳极：NO + H_2O \rightleftharpoons HNO_2 + H^+ + e$$

$$阴极：HNO_2 + H^+ + e \rightleftharpoons NO + H_2O$$

因此，达到化学计量点时，滴定电池中由原来无电流通过而变为有恒定电流通过。

三、仪器与试剂

1. 仪器 永停滴定仪、移液管、量筒、烧杯。

2. 试剂 盐酸（1→2）、溴化钾、亚硝酸钠（0.1mol·L⁻¹）滴定液、去离子水、磺胺嘧啶（药用）。

四、实验步骤

1. 取磺胺嘧啶约 0.5g，精密称定并记录。

2. 加盐酸 10mL 使溶解，加水 50mL 和溴化钾 2g。

3. 在电磁搅拌下用亚硝酸钠滴定，将滴定管的尖端插入液面下约 2/3 处，用亚硝酸钠（0.1mol/L）滴定液迅速滴定，随滴随搅拌。

4. 近终点时，将滴定管尖端提出液面，用少量蒸馏水冲洗尖端，洗液并入溶液中，继续缓缓滴定，直至检流计发生明显的偏转，不再回复，即滴定终点，记录消耗 NaNO₂（0.1mol/L）的体积。

5. 重复上述步骤 2 次，并按下式计算磺胺嘧啶的百分含量。

$$磺胺嘧啶\% = \frac{c_{NaNO_2} \times \bar{V}_{NaNO_2} \times 0.2503}{S} \times 100\%$$

五、数据记录及处理

测定次数	1	2	3
$S_{磺胺嘧啶}$（g）			
滴定管初始读数（mL）			
滴定终点时滴定管读数（mL）			
V_{NaNO_2}			
$\bar{V}_{NaNO_2}$			
$\bar{R}d$			
磺胺嘧啶%			

六、思考题

1. 滴定过程中若用过高的外电压会出现什么现象？

2. 磺胺嘧啶含量测定，为何要加入溴化钾？

七、注意事项

1. 实验前，检查永停滴定仪线路连接和外加电压，并进行电极活化处理，临用时用水冲洗。

2. 待 HCl 将样品溶解完全后，再加入水和 KBr。

3. 严格控制外加电压为 80～90mV。

4. 酸度一般在 1～2mol/L 为宜。

本章小结

本章主要介绍电化学分析法中的基本术语、概念和基本计算方法。

1. 基本术语和概念：电化学分析法、电位法、直接电位法、电位滴定法、化学电池、原电池、电解池、参比电极、指示电极、pH 标准缓冲溶液、永停滴定法、可逆电对、不可逆电对。

2. 电位分析法的类型：直接电位法和电位滴定法。

3. 化学电池分为两类：原电池和电解池。

4. 电位分析法使用的两种电极：参比电极和指示电极。

5. 电位滴定法确定滴定终点的方法有 $E-V$ 曲线法、$\Delta E/\Delta V - \bar{V}$ 曲线法（一级微商法）和 $\Delta^2 E/\Delta V^2 - V$ 曲线法（二级微商法）。

6. 甘汞电极由金属汞、甘汞（Hg_2Cl_2）和 KCl 溶液组成。

其电极反应为：$Hg_2Cl_2 + 2e^- \rightleftharpoons 2Hg + 2Cl^-$

电极电位为：$\varphi = \varphi_{Hg_2Cl_2/Hg}^{\ominus} + \dfrac{RT}{F}\ln\dfrac{1}{a_{Cl^-}}$

7. 玻璃电极的电位是由膜电位和内参比电极的电位决定。

电极电位为：$\varphi_{玻} = K_{玻} - 0.059pH$

复习思考

一、选择题

1. 用酸度计测定溶液的 pH 值时，一般选用（　　）电极作为指示电极。

    A. 金属电极   B. 标准氢电极

    C. 饱和甘汞电极   D. 玻璃电极

2. 玻璃电极的内参比电极一般选用（　　）

    A. 标准氢电极   B. Ag－AgCl 电极

    C. 饱和甘汞电极   D. 铂电极

3. 下列（　　）溶液不能使用 pH 酸度计测定。

A. 有色溶液   B. 氧化剂

C. 胶体溶液   D. 以上均不对

4. 标准缓冲溶液是用于校正 pH 计的基准试剂，在选用标准缓冲溶液时，pH 应与待测溶液（   ）

     A. 完全相同   B. 不能相同

     C. 相接近   D. 相差越大越好

5. 电位滴定法用于氧化还原滴定时指示电极应选用（   ）

     A. 玻璃电极   B. 甘汞电极

     C. 银电极   D. 铂电极

6. 在电位滴定中，$E-V$ 图上的拐点即一级微商曲线的（   ）

     A. 零点   B. 最高点

     C. 最低点   D. 与 x 轴交点

7. 玻璃电极在使用前，需在蒸馏水中浸泡 24 小时以上，目的是（   ）

     A. 清洗电极   B. 校正电极

     C. 活化电极   D. 消除液接电位

8. 永停滴定法测定盐酸普鲁卡因含量时，加入 KBr 的作用是（   ）

     A. 指示终点   B. 加速反应

     C. 减缓反应   D. 离子交换剂

9. 亚硝酸钠滴定液测定盐酸普鲁卡因的含量属于（   ）

     A. 酸碱滴定法   B. 配位滴定法

     C. 氧化还原滴定法   D. 沉淀滴定法

10. 高氯酸滴定液测定酮康唑的含量属于（   ）

     A. 非水滴定法   B. 酸碱滴定法

     C. 氧化还原滴定法   D. 沉淀滴定法

二、判断题

1. 玻璃电极使用前在水中浸泡的主要目的是校正电极。（   ）

2. 玻璃电极的内参比电极常用饱和甘汞电极。（   ）

3. 永停滴定法中，用 I_2 滴定 $Na_2S_2O_3$ 溶液的滴定曲线以电流作为纵坐标。（   ）

三、填空题

1. 电位分析法分为_____和_____两种类型。

2. 电位法测定溶液的 pH 值，是以_____作为指示电极，_____作为参比电极。

3. 电位滴定法确定滴定终点的方法有_____、_____和_____。

4. 电位滴定中，$E-V$图上的_____，就是一次微商曲线上的_____点，也就是二次微商曲线上_____的点。

5. 电位滴定法测定酸样使用的电极对是_____，永停滴定法使用的电极对是_____。

四、简答题

1. 什么是指示电极和参比电极？简述直接电位法的基本原理。

2. 简述电位滴定法和永停滴定法基本原理，比较两种方法的区别。

3. 用图示分别说明电位滴定法和永停滴定法如何确定终点。

五、计算题

使用 0.1250mol/L NaOH 溶液电位滴定某一元弱酸 50.00mL，得到下列数据，计算该弱酸溶液的浓度。

体积/mL	36.00	39.20	39.92	40.00	40.08	40.80	41.60
pH	4.76	5.50	6.51	8.25	10.00	11.00	11.24

扫一扫，知答案

第 十 章

紫外-可见分光光度法

【学习目标】

掌握紫外-可见分光光度法基本概念；朗伯-比尔定律及其应用；偏离朗伯-比尔定律的主要因素；紫外-可见分光光度法定性和定量分析方法及其应用。

熟悉紫外分光光度计的基本结构及各部件作用；紫外-可见分光光度法的显色反应条件和测量条件的选择。

了解电磁辐射和电磁波谱；紫外-可见分光光度计类型。

引 子

分光光度法始于牛顿，他在 1665 年揭示了太阳光是复合光，开创了光谱学研究的先端。朗伯和比尔分别于 1760 和 1852 年研究了光的吸收与溶液层的厚度及溶液浓度的定量关系，后称之为朗伯-比耳定律。1862 年密勒应用石英摄谱仪将光谱图表从可见区扩展到紫外区，并阐明吸收光谱与组成物质的基团、分子和原子的性质有关。光谱分析开始成为光学和物质结构研究的主要手段。后来科学家们研究出以比耳定律为理论基础的仪器装置。到 1945 年美国 Beckman 公司推出世界上第一台成熟的紫外-可见分光光度计商品仪器。此后，紫外-可见分光光度计的仪器和应用开始得到飞速发展。现在紫外-可见分光光度法广泛应用于医药、食品、化工、冶金、环境保护等诸多领域。

分光光度法（spectrophotometry）又称吸光光度法（absorptiometry），是基于物质对光的选择性吸收而建立起来的分析方法。分光光度法包括比色法、紫外-可见分光光度法、

157

红外光谱法和原子吸收光谱法等。

紫外－可见分光光度法（Ultraviolet－Visible Absorption Spectroscopy，UV－Vis）是基于物质分子对紫外和可见光区（200～760nm）的光吸收程度不同而对物质进行定性定量分析的方法。该方法具有灵敏度高、准确度高、方法简便、易操作、分析快速、仪器设备简单和应用广泛等特点，是测定微量及痕量组分的常用方法。紫外－可见分光光度法不仅可以用来对物质进行定性分析及结构分析，还可以进行定量分析及配合物的组成和稳定常数的测定等。

第一节 概　述

一、电磁辐射和电磁波谱

（一）电磁辐射

电磁辐射是一种不需要任何物质作为传播媒介就可以巨大的速度通过空间的光子流（量子流），简称为光，又称电磁波。它包括无线电波、微波、红外光、可见光、紫外光以及 X 射线和 γ 射线等。电磁辐射具有波粒二象性，即波动性和粒子性。

1. 波动性　波动性体现在反射、折射、干涉、衍射及散射等现象，可以用波长 λ、波数 σ 和频率 v 来表征。

$$\sigma = \frac{1}{\lambda} = \frac{v}{C}$$

2. 粒子性　粒子性体现在吸收、发射、热辐射、光电效应等现象，可用光子的能量 E 来表征。光子的能量（E）与其频率（v）、波长（λ）及波数（σ）之间的关系为：

$$E = hv = h\frac{C}{\lambda} = hC\sigma \tag{10-1}$$

式中 h 为普朗克（Planck）常数，为 $6.626 \times 10^{-34} \text{J} \cdot \text{s}$；$C$ 为光速 $2.9979 \times 10^{-10} \text{cm} \cdot \text{s}^{-1}$；$\sigma$ 为波数，单位为 cm^{-1}；λ 为波长，单位为 nm；光子能量 E 的单位常用电子伏特（eV）和焦（J）表示。式 10-1 的左端体现了光的粒子性，右端体现了光的波动性，它把光的波粒二象性联系和统一起来。由式 10-1 可知，光子能量与它的频率成正比，与波长成反比，与光的强度无关。

（二）电磁波谱

将电磁辐射按波长的长短顺序排列起来称为电磁波谱。表 10-1 列出了各电磁波谱区的名称、波长范围、相应的能级跃迁类型、光子能量及对应的光谱类型。

一般将波长大于 10nm 小于 1mm 范围的光，称为光学光谱区。此谱区是较广泛使用的谱区，该谱区包括一般使用的波长在 200～400nm 的紫外光谱区及人的视觉能感应的波长在400～760nm的可见光谱区。由于氧、氮、二氧化碳、水等在真空紫外区（60～200nm）均有吸收，因此在测定这一范围的光谱时，须将光学系统抽成真空，然后充一些惰性气体（如氦、氖、氩等）。鉴于真空紫外吸收光谱的研究需要昂贵的真空紫外-分光光度计，故在实际应用中受到一定的限制。因此通常所说的紫外-可见分光光度法，实际上是指近紫外、可见分光光度法。

表10-1 电磁波谱范围表

电磁波谱区域	波长范围	能级跃迁类型	光子能量/eV	光谱类型
γ射线	5～140pm	核能级	$2.5 \times 10^6 \sim 8.3 \times 10^3$	莫斯鲍尔光谱
X射线	$10^{-3} \sim 10$nm	内层电子能级	$1.2 \times 10^6 \sim 1.2 \times 10^2$	X射线光谱
远紫外区	10～200nm	内层电子能级	125～6	真空紫外光谱
近紫外区	200～400nm	价电子或成键电子能级	6～3.1	紫外-可见
可见光区	400～760nm	价电子或成键电子能级	3.1～1.7	吸收光谱
近红外区	0.76～2.5μm	分子振动能级	1.7～0.5	
中红外区	2.5～50μm	分子振动能级	0.5～0.02	红外光谱、拉曼
远红外区	50～1000μm	分子转动能级	$2 \times 10^{-2} \sim 4 \times 10^{-4}$	散射光谱
微波区	0.1～100cm	分子转动能级和电子自旋	$4 \times 10^{-4} \sim 4 \times 10^{-7}$	微波谱、电子自旋共振波谱
无线电波	1～1000m	电子自旋及核自旋	$4 \times 10^{-7} \sim 4 \times 10^{-10}$	核磁共振光谱

知 识 链 接

　　光学分析法是根据物质发射电磁辐射及电磁辐射与物质相互作用为基础而建立起来的一类分析方法。光学分析法可分为光谱分析法和非光谱分析法。

　　光谱是当物质与辐射能相互作用时，物质内部发生能级跃迁，记录由能级跃迁所产生的辐射能强度与波长变化关系的图谱。利用物质的光谱进行定性、定量和结构分析的方法称光谱分析法。光谱法可以分为原子光谱法和分子光谱法。原子光谱是由原子外层或内层电子能级的变化产生的，它的表现形式为线光谱。属于这类分析方法的有原子发射光谱法（AES）、原子吸收光谱法（AAS）、原子荧光光谱法（AFS）等。分子光谱是由分子中电子能级、振动能级和转动能级的变化产生的，表现形式为带光谱。属于这类分析方法的有紫外-可见分光光度法（UV-Vis）、红外光谱法（IR）、分子荧光光谱法（MFS）等。非光谱分析法是通过测量电磁辐射与物质相互作用时，其折射、散射、衍射和偏振等性质而建立起来的一类分析方法，非光谱分析法不涉及物质内部能级的跃迁。它包括折射法、光散射法、偏振法、干涉法、旋光法等。

（三）电磁辐射与物质间的相互作用

电磁辐射与物质相互接触时就会发生相互作用，作用的性质随光的波长（能量）及物质的性质而异。常见的电磁辐射与物质相互作用有以下几种。

1. 吸收　指原子、分子吸收光子的能量（等于基态和激发态能量之差），从基态跃迁至激发态的过程。物质只能吸收与两个能级差相等的能量，如果引入的辐射能太多或太少，均不被吸收。根据吸收物质的状态、光的能量等不同，可分为分子吸收和原子吸收。

2. 发射　指物质从激发态跃迁回至基态，并以光的形式释放出能量的过程。按其发生的本质，可分为原子发射、分子发射及 X 射线发射等。

3. 散射　光通过不均匀介质时，如果出现一部分光沿着其他方向传播的现象称为光的散射。根据散射起因不同，可分为丁达尔散射、瑞利散射、拉曼散射等。

4. 折射和反射　光从透明介质 I 照射到透明介质 II 的界面时，一部分光在界面上改变方向返回介质 I，称为光的反射；另一部分光则改变方向，以一定的折射角度进入介质 II，此现象称为光的折射。物质对光的折射率随光的频率变化而变化，这种现象称为色散。利用色散现象可将波长范围很宽的复合光分散成许多波长范围狭窄的单色光，也称为"分光"。光谱分析中常利用色散现象来获得单色光。

5. 干涉和衍射　在一定条件下光波会相互作用，当其叠加时，将产生一个强度视各波的相位而定的加强或减弱的合成波，称为干涉。光波绕过障碍物或通过狭缝而弯曲向后传播的现象，称为光的衍射。衍射现象是干涉的结果。光谱分析中常利用光在（反射式）光栅上产生的衍射和干涉现象进行分光。

二、物质对光的选择性吸收

（一）物质的颜色与光的关系

如果将不同颜色的各种溶液放置在黑暗处，则什么颜色也看不到。由此可知，溶液呈现的颜色与光有着密切的关系，即物质呈现何种颜色，是与光的组成和物质本身的结构有关。人的视觉所能感觉到的光称为可见光，其波长范围在 $400 \sim 760nm$。如果让一束白光通过棱镜，便可分解为红、橙、黄、绿、青、蓝、紫七种颜色的光，这种现象称为光的色散。每种颜色的光具有一定的波长范围，理论上将具有同一波长的光称为单色光，包含不同波长的光称为复合光。白光是复合光，它不仅可由上述七种颜色的光混合而成，如果把其中两种特定颜色的单色光按一定的强度比例混合，也可以得到白光，这两种特定颜色的单色光就叫作互补色光。如图 10-1 中处于对角线关系的两种特定颜色光互为互补色光，如绿色光和紫色光互补，红色光和青色光互补等。

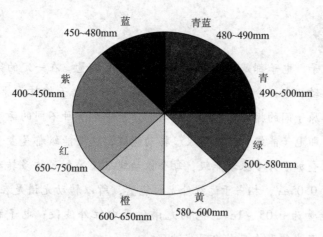

图 10 – 1 互补色光示意图

物质的颜色就是因为物质对不同波长的光具有选择性吸收作用而产生的。当一束白光作用于某一物质时，若物质选择性地吸收了某些波长的光，而让其余波段的光都透过，物质则呈吸收光的互补色光。例如，当一束白光通过 $KMnO_4$ 溶液时，$KMnO_4$ 溶液选择性地吸收了白光中的绿色光（500 ~ 580nm），而显现紫色。

（二）物质对光的选择性吸收

物质对光的吸收是物质与光能相互作用的一种形式。吸光物质具有吸光作用的质点是物质的分子、原子或离子。光子是否被物质所吸收，既取决于物质的内部结构，也取决于光子的能量。由分子结构理论知道，一个分子有一系列能级，包括许多电子能级、分子振动能级和分子转动能级。分子吸收能量具有量子化的特征，即分子只能吸收等于两个能级之差的能量 ΔE。当物质分子对光的吸收符合普朗克条件：入射光能量与电子能级间的能量差 ΔE 相等时，这时与此能量相应的那种波长的光被吸收，并使电子能级由基态跃迁到激发态。即

$$\Delta E = E_1 - E_0 = hv = \frac{hc}{\lambda} \tag{10 – 2}$$

式 10 – 2 中 ΔE 为吸光分子两个能级间的能量差，λ 或 v 称为吸收光的波长或频率，h 为普朗克常数。

分子的紫外 – 可见吸收光谱是由于分子吸收了紫外 – 可见辐射光后，其价电子或分子轨道上电子发生了能级间跃迁而产生的吸收光谱。由于不同物质的分子结构不同，所具有的能级数目及能级间的能量差 ΔE 不同，产生的吸收光谱也不同，即对光的选择性吸收也就不同，所以物质对光具有选择吸收性。选择吸收的性质反映了分子内部结构的差异，因此，根据试样物质的光谱可以研究物质的组成和结构。

分子、原子、电子都是运动着的物质，都具有能量。在一定的条件下，分子处于一定的运动状态，分子内部运动的方式有三种：电子相对于原子核的运动、组成分子的各原子间的振动及分子的转动。分子中这三种不同的运动状态都对应一定的能级，即电子能级、振动能级、转动能级，这些能级都是量子化的。在每个电子能级上叠加了许多振动能级，每个振动能级又叠加了许多转动能级。分子转动能量小于0.05eV，相当于远红外光的能量，所以转动光谱是在远红外波段；分子的振动能量为 0.05 ~ 1eV，它的光谱位于中红外波段；电子的能量为 1 ~ 20eV，因而电子光谱是在紫外可见光波段。

分子在两个电子能级之间跃迁时伴随着振动能级和转动能级的跃迁，因此电子光谱（紫外 – 可见吸收光谱）不是一条条线状谱线，而是由许多谱线聚集而成的谱带，即分子的紫外和可见光谱总是带状光谱。

第二节　基本原理

一、吸收光谱

当光穿过被测物质溶液时，物质对光的吸收程度随光的波长不同而变化。以入射光波长 λ（nm）为横坐标，以该物质对应波长光的吸光度 A 为纵坐标做图，得到光吸收程度随波长变化的 $A - \lambda$ 关系曲线，这就是该物质的吸收光谱（absorption spectrum），也称为光谱吸收曲线，如图 10 – 2 所示。吸收光谱描述了该物质对不同波长光的吸收程度。由图 10 – 2 可知，吸光度值最大处称为最大吸收峰，它所对应的波长称为最大吸收波长，用 λ_{max} 表示；最大吸收峰旁边的一个小的曲折称为肩峰；低于最大吸收峰的峰称为次峰；曲线中的低谷称为波谷，它所对应的波长称为最小吸收波长（λ_{min}）；在吸收曲线波长最短的一端，吸收强度相当大，但不成峰形的部分，称为末端吸收。

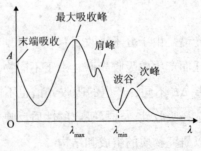

图 10 – 2　吸收光谱

图 10 - 3 为不同浓度的 $KMnO_4$ 溶液的吸收光谱，在可见光范围内，$KMnO_4$ 溶液对波长 525nm 附近的绿色光有最大吸收，此处的波长称为 $KMnO_4$ 溶液最大吸收波长。不同浓度的同一物质，吸收曲线形状相同，最大吸收波长 λ_{max} 相同，但吸光度值不同。在一定波长处 $KMnO_4$ 溶液的吸光度随浓度的增高而增大。

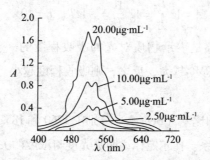

图 10 - 3 不同浓度的 $KMnO_4$ 溶液的吸收曲线

不同物质由于其分子结构不同，吸收光谱形状和最大吸收波长也不同，即吸收曲线可以提供物质的结构信息，所以可根据吸收光谱对物质进行定性鉴定和结构分析。

吸收曲线是分光光度法中选择测定波长的重要依据，通常选择最大吸收波长 λ_{max} 作为测定波长。因为在 λ_{max} 处吸光度随浓度变化的幅度最大，所以测定最灵敏。

二、朗伯 - 比尔定律

（一）透光率和吸光度

当一束强度为 I_0 的平行单色光通过一均匀、非散射的吸收介质时，由于吸光物质分子与光子作用，一部分光子被吸收，一部分光子透过介质。如图 10 - 4 所示，即

$$I_0 = I_a + I_t$$

式中 I_0 为入射光强度，I_a 为溶液吸收光的强度，I_t 为透过光的强度。

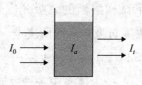

图 10 - 4 光通过溶液示意图

透过光的强度 I_t 与入射光强度 I_0 之比称为透光率（transmittance）或透射比，用 T 表示。

$$T = \frac{I_t}{I_0} \qquad (10 - 3)$$

从式（10 - 3）可看出，溶液的透光率越大，表示溶液对光的吸收越少；反之，透光

率越小，表示溶液对光的吸收越多。透光率通常用百分率表示。

透光率的倒数反映了物质对光的吸收程度，取它的对数 $\lg \frac{1}{T}$ 称为吸光度（absorbance），用 A 表示。

$$A = \lg \frac{I_0}{I_t} = \lg \frac{1}{T} = -\lg T, \ T = 10^{-A} \qquad (10-4)$$

透光率 T 和吸光度 A 都是表示物质对光的吸收程度的一种量度。A 值越大（T 值越小），表明物质对光的吸收程度越大，反之，则吸收程度越小。

（二）朗伯－比尔定律

朗伯（Lambert J. H）和比尔（Beer A）分别于 1760 和 1852 年研究了光的吸收与溶液层的厚度及溶液浓度的定量关系。比尔定律说明吸光度与浓度的关系，朗伯定律说明吸光度与液层厚度的关系，二者结合称为朗伯－比尔（Lambert－Beer）定律，是光吸收的基本定律。

当一束强度为 I_0 的平行单色光垂直照射到厚度为 L 的液层、浓度为 c 的溶液时，由于溶液中分子或离子对光的吸收，通过溶液后光的强度减弱为 I_t，则：

$$A = \lg \frac{I_0}{I_t} = \lg \frac{1}{T} = KcL \qquad (10-5)$$

式中 A 为吸光度；L 为吸光介质的厚度，亦称光程，实际测量中为吸收池厚度，单位为 cm；c 为吸光物质的浓度，单位为 $mol \cdot L^{-1}$、$g \cdot L^{-1}$ 或百分浓度；K 为比例常数。

式（10－5）为朗伯－比尔定律的数学表达式，它可表述为：当一束平行单色光垂直通过某一均匀、无散射的吸光物质（介质）时，其吸光度 A 与吸光物质的浓度 c 及液层厚度 L 的乘积成正比。这是分光光度法定量分析的理论基础和依据。

朗伯－比尔定律不仅适用于有色溶液，也适用于无色溶液、气体、固体、分子等非散射均匀体系；不仅适用于可见光区的单色光，也适用于紫外和红外光区的单色光。

吸光度具有加和性。当一体系（试样溶液）中含有多个吸光组分，且各组分吸光质点间无相互作用时，则在某一波长下试样溶液的总吸光度等于各组分在该波长下吸光度之和，而各物质的吸光度由各自的浓度与吸光系数所决定。即：

$$A_总 = A_a + A_b + A_c + \cdots$$

式中 $A_总$ 为总吸光度，A_a、A_b、$A_c \cdots$ 为体系中各种吸光物质 a、b、c⋯的吸光度。这一规律的应用：进行多组分物质的测定；进行光度分析时，如试剂或溶剂有吸收，可由所测的总吸光度 A 中扣除，即以试剂或溶剂为空白的依据；校正干扰等。

知 识 链 接

朗伯－比尔定律成立的条件：①入射光为平行单色光且垂直照射；②吸光物

质为均匀非散射体系；③溶液浓度要低（吸光质点之间无相互作用）；④辐射与物质之间的作用仅限于光吸收过程，无荧光和光化学现象发生。

（三）比例常数

在朗伯 – 比耳定律 $A = KcL$ 中，比例常数 K 也称为吸光系数（absorption coefficient）。其物理意义是吸光物质在单位浓度和单位液层厚度时在一定波长的吸光度。K 随浓度 c 的单位不同，K 值含义也不相同。常有摩尔吸光系数 ε 和百分吸光系数 $E_{1cm}^{1\%}$ 之分。

1. 摩尔吸光系数 当溶液浓度 c 以 $mol \cdot L^{-1}$ 表示，液层厚度 L 以 cm 表示时，K 称为摩尔吸光系数，用 ε 表示，ε 单位为 $L \cdot mol^{-1} \cdot cm^{-1}$。此时朗伯 – 比耳定律为：

$$A = \varepsilon cL \qquad (10-6)$$

ε 是光吸收能力的量度，它与物质的性质、入射光波长、温度及溶剂等因素有关，与浓度和光透过介质的厚度无关；ε 可作为物质定性分析的依据。在定量分析中，用 ε 值可评价定量分析方法的灵敏度。ε 值愈大，表示吸光质点对某波长的光吸收能力愈强，分光光度法测定的灵敏度就愈高。某一物质的 ε 值可通过测定准确的低浓度溶液吸光度后，通过式（10 – 6）计算得出。

2. 百分吸光系数 当溶液浓度 c 用百分含量表示时（单位为 $g \cdot mL^{-1}$），K 为百分吸光系数，也称比吸光系数，用 $E_{1cm}^{1\%}$ 表示，单位为 $mL \cdot g^{-1} \cdot cm^{-1}$。其物理意义为：在一定条件下（如波长、溶剂等一定），溶液浓度为 1%（$g \cdot mL^{-1}$）、液层厚度为 1cm 时的吸光度。此时式（10 – 5）改为：

$$A = E_{1cm}^{1\%} cL \qquad (10-7)$$

摩尔吸光系数与百分吸光系数的关系为：

$$\varepsilon = E_{1cm}^{1\%} \frac{M}{10} \qquad (10-8)$$

式中 M 为被测物质的摩尔质量。ε 与 $E_{1cm}^{1\%}$ 均为吸光物质的特征参数。摩尔吸光系数多用于分子结构的研究，百分吸光系数多用于含量测定。吸光系数不能直接测定，需用准确的稀溶液测得吸光度计算而得。

例 10 – 1 已知 Fe（Ⅱ）浓度为 $5.0 \times 10^{-4} g \cdot L^{-1}$ 的溶液，与 1,10 – 邻二氮菲反应，生成橙红色配合物。该配合物在波长 508nm、比色皿厚度为 2.00cm 时，测得 $A = 0.190$，计算 1,10 – 邻二氮菲铁的 ε。

解：已知 M（Fe）$= 55.85 g \cdot mol^{-1}$，根据朗伯 – 比尔定律（$A = \varepsilon cL$）得：

$$c = \frac{5.0 \times 10^{-4} g \cdot L^{-1}}{55.85 g \cdot mol^{-1}} = 8.95 \times 10^{-6} \ (mol \cdot L^{-1})$$

$$\varepsilon = \frac{A}{cL} = \frac{0.190}{8.95 \times 10^{-6} \times 2} = 1.1 \times 10^4 \ (L \cdot mol^{-1} \cdot cm^{-1})$$

三、偏离朗伯－比尔定律的主要因素

根据朗伯－比耳定律，以吸光度 A 对浓度 c 做图时，应得到一条通过坐标原点的直线。但在实际测量中，常常遇到偏离线性关系的现象，即曲线向下或向上发生弯曲，产生负偏离或正偏离，这种情况称为偏离朗伯－比尔定律，如图 10－5 所示。若在曲线弯曲部分进行定量分析，将会引起较大误差。

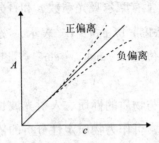

图 10－5 标准曲线对朗伯－比耳定律的偏离

偏离朗伯－比尔定律的原因主要是仪器或溶液的实际条件与朗伯－比尔定律所要求的理想条件不一致。偏离朗伯－比耳定律的因素很多，但基本上可以分为物理方面的因素和化学方面的因素两大类。现分别进行讨论。

（一）物理因素

1. 非单色光引起的偏离 朗伯－比尔定律只适用于单色光。在光度分析仪器中，使用的是连续光源，用单色器分光，狭缝控制光谱带的宽度，因而投射到吸收溶液的入射光常常是一个有限宽度的光谱带，不是真正的单色光，也就是得到的入射光实际上是具有某一波段的复合光。由于非单色光使吸收光谱的分辨率下降，因而导致了对朗伯－比耳定律的偏离。

为了克服非单色光引起的偏离，应使用比较好的单色器，从而获得纯度较高的"单色光"，使标准曲线有较宽的线性范围。此外，还应将入射光波长选择在被测物的最大吸收波长处。不仅是因为在 λ_{max} 处测定的灵敏度最高，还由于在 λ_{max} 附近的一个小范围内吸收曲线较为平坦，使 λ_{max} 附近各波长光的 ε 值大体相等，因此在 λ_{max} 处由于非单色光引起的偏离要比在其他波长处小得多。

2. 介质不均匀引起的偏离 朗伯－比尔定律要求吸光物质溶液是均匀的。如果被测溶液不均匀，是胶体溶液、乳浊液或悬浮液时，当入射光通过溶液后，除一部分被试液吸收外，还有一部分因反射、散射现象而损失，使透射比减少，实测吸光度大于理论值，使标准曲线正偏离。

3. 入射光不平行引起的偏离 朗伯－比尔定律适用条件是入射光平行。如果入射光

不平行将导致光束的平均光程大于吸收池的厚度 L，使实际测得的吸光度大于理论值，产生正偏离。

（二）化学因素

1. 溶液浓度过高引起的偏离 朗伯-比耳定律是建立在吸光物质质点之间没有相互作用的前提下，即只适用于较稀的溶液（浓度 $c < 0.01 \text{mol} \cdot \text{L}^{-1}$）。当溶液浓度较高时，吸光质点间的平均距离减小，邻近质点彼此的电荷分布会相互影响，使相互作用增强，从而影响了物质对光的吸收，导致对朗伯-比耳定律的偏离。因此，在测定时应选择适当的溶液浓度范围，使吸光度读数在标准曲线的线性范围内。

2. 溶液本身的化学反应引起的偏离 溶液中的吸光物质常因解离、缔合、配合物的形成或互变异构等化学变化而使浓度发生变化，因而也能导致偏离朗伯-比尔定律。

第三节　紫外-可见分光光度计

在紫外及可见光区（200～760nm）用于测量和记录待测物质吸光度及吸收光谱的分析仪器称为紫外-可见分光光度计。

一、紫外-可见分光光度计的主要组成部件

紫外-可见分光光度计一般由光源、单色器、吸收池、检测器、信号处理及显示系统五部分组成，其工作原理如图 10-6 所示。

图 10-6　分光光度计工作原理图

知 识 链 接

1854 年，杜包斯克（Duboscq）和奈斯勒（Nessler）等人将朗伯-比尔定律应用于定量分析化学领域，并且设计了第一台比色计。到 1918 年，美国国家标准局制成了第一台紫外-可见分光光度计。此后，紫外-可见分光光度计经不断改进，又出现自动记录、自动打印、数字显示、微机控制等各类型的仪器，使分光光度法的灵敏度和准确度也不断提高，其应用范围也不断扩大。国产分光光度计近十年来已有了很大的发展，各种档次的分光光度计都已升级换代，可见光系列有 721、722、723 等型号，紫外-可见光系列有 751、752、753、UV-1800、UV-1900 等型号。

1. 光源 光源的作用是提供激发能，使待测分子产生吸收。对光源的基本要求是能够在所需波长范围内提供足够的辐射强度和稳定的连续光谱，且有较长使用寿命。

常用的光源有热光源和气体放电光源。热光源用于可见光区和近红外光区，如钨灯和卤钨灯，使用的波长范围在 320～2500nm；卤钨灯的发光效率比钨灯高，寿命也长。气体放电光源用于近紫外光区，如氢灯和氙灯，可在 185～375nm 范围内产生连续光源。氙灯发光强度比同样的氢灯高 3～5 倍，使用寿命比氢灯也长。

2. 单色器 单色器的作用是使光源发出的连续光变成所需波长的单色光。通常由入射狭缝、准直镜、色散元件、聚焦透镜和出射狭缝等构成，如图 10-7 所示，其核心部分是色散元件。常用的色散元件是光栅和棱镜。入射狭缝用于调节入射光的强度并限制杂散光进入单色器；准直镜将入射光束变为平行光束后进入色散元件；色散元件将复合光分解成单色光，然后通过聚焦透镜将平行光聚焦于出射狭缝；出射狭缝用于限制谱带宽度。狭缝是单色器中的重要部件。狭缝的宽度直接影响到单色光的谱带宽度，宽度过大单色光的纯度差；宽度过小，光强度太小，降低检测灵敏度。故单色器的性能直接影响入射光的单色性，从而也影响到测量的灵敏度、选择性及校准曲线的线性关系等。

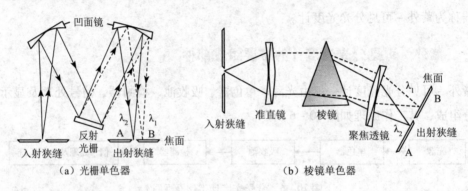

（a）光栅单色器　　　　　　　　　（b）棱镜单色器

图 10-7　光栅和棱镜单色器构成图

3. 吸收池 吸收池又称比色皿，是用来盛放被测试样溶液，并决定光通过试液的厚度（光程）。按制作材料可分为石英吸收池和玻璃吸收池。前者适用于紫外-可见光区，后者只适用于可见光区。吸收池有不同的规格，厚度（光程）一般在 0.1～10cm 之间，常用的吸收池厚度为 1cm，应根据被测试样的浓度和吸收情况来选择合适的吸收池。在每次分析测定中，吸收池应挑选配对使用，否则将使测试结果失去意义。

吸收池的使用

在使用紫外-可见分光光度计测量时，吸收池应使其透光面垂直于光束方向放置并注意其方向性标示。使用吸收池时，应先用溶剂洗涤吸收池，然后再用被测试样溶液润洗3次，注入溶液的高度为吸收池的2/3～4/5处即可。拿取吸收池时，应拿吸收池毛玻璃的两面，不要触摸透光面。吸收池外沾有液体时，应小心地用擦镜纸擦净，保证其透光面上没有斑痕。避免测定含强酸或强碱的溶液。每次使用完毕的吸收池，应先用相应溶剂或自来水冲洗，再用蒸馏水冲洗3次，倒置于干净的滤纸上晾干，然后存放于吸收池盒中。清洗吸收池时应注意不可使用碱性洗液，也不能用硬布、毛刷刷洗。

石英吸收池和玻璃吸收池在外观上一般没有区别。一般在吸收池上标注"Q"或"S"字样为石英吸收池；标注"G"字样或不标记为玻璃吸收池。

4. 检测器 检测器又称光电转换器，功能是将透过吸收池的光信号转变成可测量的电信号。要求灵敏度高、响应时间短。常用的有光电池、光电管或光电倍增管等，后者较前者更灵敏，它具有响应速度快、放大倍数高、频率响应范围广、噪声水平低、稳定性好等优点，特别适用于检测较弱的辐射信号。近年来还使用光导摄像管或光电二极管阵列作检测器，具有快速扫描功能。

5. 信号处理及显示系统 信号处理及显示系统的作用是将检测器输出的信号经处理转换，并以适当方式显示或记录下来。通常包括放大装置和显示装置。由于透过试样后的光很弱，所以射到光电管产生的光电流很小，需要放大才能测量出来，放大后的信号可直接输入记录式电位计。常用的信号处理及显示系统有检流计、数字显示仪、微型计算机等。目前，大多数的分光光度计配有微处理机，可对分光光度计进行操作控制和数据处理。

二、紫外-可见分光光度计的类型

紫外-可见分光光度计类型较多，可分为单光束分光光度计、双光束分光光度计和双波长分光光度计。

1. 单光束分光光度计 是经单色器分光后的一束平行单色光轮流通过参比溶液和试样溶液，以进行吸光度的测定。这种分光光度计结构简单，操作方便，价格便宜，适用于在特定波长进行定量分析。其原理如图10-8（a）。

2. 双光束分光光度计 双光束仪器中，从光源发出的光经单色器分光后，再经旋转斩光器分成两束光，一束通过参比池，另一束通过试样池，从参比池出来的光束和由样品池出来的光束交替照射到检测器上，检测器自动比较处理两束光的强度信号，并将处理后的信号转换为透光度和吸光度，由显示系统显示出来。双光束仪器克服了单光束仪器由于光源不稳引起的误差，并且可以对全波段进行扫描。其原理如图10-8（b）。

3. 双波长分光光度计　单光束和双光束分光光度计就测量波长而言，都是单波长的。双波长分光光度计原理如图 10 – 8（c）。由同一光源发出的光被分成两束，分别经过两个单色器，得到两束不同波长的单色光 λ_1 和 λ_2，由斩光器并束，使两束光交替照射同一吸收池，由光电倍增管检测信号，得到的信号是两波长处吸光度之差 ΔA（$\Delta A = \Delta A_{\lambda_1} - \Delta A_{\lambda_2}$）。如 λ_1 和 λ_2 选择合适，ΔA 就是扣除了背景吸收的吸光度。

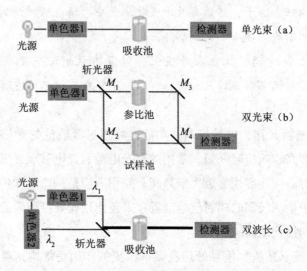

图 10 – 8　三种类型分光光度计原理图

双波长分光光度计因不需要参比溶液，可以消除因吸收池不匹配、参比溶液与样品溶液基体差异及非特征吸收信号影响带来的误差，可进行高浓度试样、多组分试样、浑浊样品的测定及痕量分析等。双波长分光光度计不仅具有操作简便、灵敏度高、选择性高、精确度高等特点，还可测定导数光谱。

三、分光光度法分析条件的选择

（一）测量条件的选择

1. 测量波长的选择　为了使测定结果有较高的灵敏度和准确度，通常是根据被测物质的吸收光谱，选择最强吸收带的最大吸收波长 λ_{max} 为测量的入射光波长。因选用 λ_{max} 的光进行分析，能够减少或消除由非单色光引起的对朗伯 – 比尔定律的偏离。如果 λ_{max} 所处的吸收峰太尖锐，则在满足分析灵敏度的前提下，可选用吸收稍低、峰形稍平坦的次强峰的波长进行测量；或在最大吸收波长处有其他吸光物质干扰测定时，可选用灵敏度稍低，但能避免干扰的非最大吸收处的波长，应注意尽量选择摩尔吸光系数值变化不太大区域内的波长。选择最佳入射光波长的原则是"吸收最大、干扰最小"。

2. 吸光度范围的选择　在分光光度法中，仪器误差主要是透光率测量误差。为了减少仪器测量误差，一般应控制标准溶液和被测试液的吸光度 A 在 $0.2 \sim 0.8$ 范围内，或透射比 T 在 $15\% \sim 65\%$ 之间，这样才能保证测定结果的相对误差较小（小于 2%）。在实际测定中，可通过控制溶液浓度或选择光程合适的吸收池来控制吸光度范围。图 $10-9$ 为测量 A 的相对误差 E_r（$\Delta c/c$）与 T 的关系曲线。从图中可见，透射比很小或很大时，测量误差都较大。分光光度法的测量误差与仪器的透光率误差的关系是：

$$\frac{\Delta C}{C} = \frac{0.434 \Delta T}{T \lg T}$$

当透光率 T 为 36.8，即吸光度 A 为 0.434 时，测量的相对误差最小。

现在高档的分光光度计由于使用性能优越的检测器，即使吸光度达到 3.0，也能保证浓度测量的准确度。

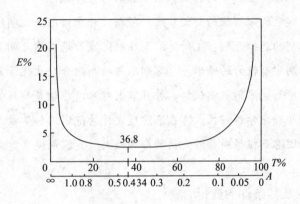

图 10 – 9　E_r – T 关系曲线

（二）参比溶液的选择

参比溶液又称空白溶液。测定样品溶液的吸光度，需先用适当的参比溶液在一定波长下调节吸光度值为 0（或透光率为 100%），以消除由于吸收池壁、溶剂、试剂或显色剂对入射光的反射和吸收带来误差，即参比溶液应包括除待测成分以外的全部背景成分。参比溶液用来调节仪器工作的零点，若参比溶液选择的不合适，则对测量读数的准确度影响较大。参比溶液的选择原则如下。

1. 溶剂参比　若仅待测组分与显色剂反应产物在测定波长处有吸收，其他所加试剂均无吸收，用纯溶剂（水）作参比溶液。可消除溶剂、吸收池等因素的影响。

2. 试剂参比　如试剂、显色剂有吸收而试液无吸收时，按显色反应相同条件，以不加试液的试剂、显色剂作为参比溶液，就是与样品溶液进行平行操作。测试时多数情况都是采用试剂溶液作参比，这种参比溶液可消除试剂中能产生吸收的组分的影响。

3. 试样参比　如试样溶液在测定波长有吸收，而试剂和显色剂均无吸收时，应采用不加显色剂的样品溶液作参比溶液，这种参比溶液适用于试样中有较多的共存组分、加入的显色剂量不大、显色剂在测定波长无吸收的情况。

4. 褪色参比 试液和显色剂均有吸收时，可将一份试液加入适当掩蔽剂，将被测组分掩蔽起来，使之不再与显色剂作用，而显色剂及其他试剂均按试液测定方法加入，以此作为参比溶液。这样还可以消除一些共存组分的干扰。

此外，对吸收池厚度、透光率、仪器波长、读数刻度等应进行校正。

溶剂的选择

在使用紫外–可见分光光度计测定时，试样通常需配成溶液，而溶剂本身会对紫外–可见吸收光谱产生一定的影响。由于溶剂对紫外光谱的影响较复杂，改变溶剂的极性，会引起吸收带形状的变化。故一般在紫外光谱图上注明所用溶剂。分光光度分析时对溶剂的选择原则：①所选溶剂在测定波长范围内无明显吸收，且被测组分在所选的溶剂中有较好的峰形。②溶剂不与被测组分发生化学反应，且挥发性小。③溶剂应能很好地溶解被测试样，并且溶剂对溶质应该是惰性的，即所成溶液应具有良好的化学和光学稳定性。④在溶解度允许的范围内，尽量选择非极性或极性较小的溶剂，因溶剂极性对紫外光谱的影响较大。⑤溶剂纯度要高。

（三）显色反应及其条件的选择

分光光度法有两种，一种是利用物质本身对紫外及可见光的吸收进行测定；另一种是生成有色化合物即"显色"后测定。加入显色剂使待测物质转化为在近紫外和可见光区有吸收的化合物来进行光度测定，是目前应用最广泛的测试手段，在分光光度法中占有重要地位。

1. 显色反应 在分光光度法中，待测物质本身有较深颜色，可直接测定。若待测物质是无色或很浅的颜色，则需选择适当的试剂与被测物质反应生成有色化合物，再进行测定。这种将待测组分转化成有色化合物的反应，称为显色反应。能与被测物质反应生成有色化合物的试剂，称为显色剂。

显色反应的进行是有条件的，只有控制适宜的反应条件才能使显色反应按预期进行。被测组分究竟应该用哪种显色反应，应根据所需标准加以选择。

（1）**显色反应的选择** 显色反应按类型来分，主要有氧化还原反应和配位反应两大类，而配位反应是最主要的。分光光度法对于显色反应的要求：①选择性好，干扰少或易消除。②灵敏度要足够高，即有色物质的 ε 应大于 10^4。灵敏度高的显色反应有利于微量组分的测定。③生成的有色化合物组成要恒定，化学性质要稳定。④对比度要大。即若显色剂有颜色，则有色化合物与显色剂之间的色差要大，要求两者的吸收峰波长之差 $\Delta\lambda$ 大于60nm。⑤显色反应的条件要易于控制。⑥有色络合物的离解常数要小。有色络合物的离解常数愈小，络合物就愈稳定，光度测定的准确度就愈高。

（2）显色剂　无机显色剂由于生成的配合物稳定性差，灵敏度和选择性也不高，在分光光度分析中应用不多，应用较多的是有机显色剂。有机显色剂及其产物的颜色与它们的分子结构有密切关系。其结构中含有生色团和助色团是其有色的基本原因。生色团如偶氮基、对醌基和羰基等；助色团如氨基、羟基和卤代基等。

常用的有机显色剂有邻二氮菲、双硫腙、偶氮胂Ⅲ、丁二酮肟、铬天青S、磺基水杨酸等。

知 识 链 接

生色团是指分子中在紫外–可见光范围内产生吸收的基团。例如，羰基、硝基、苯环等。助色团是指分子中带有非成键电子对的基团（如 – OH、 – OR、 – NHR、 – SH、 – Cl、 – Br 等），它们本身不吸收紫外–可见光。但是当它们与生色团相连时，会使生色团的吸收峰向长波长方向移动，并且增加其吸光度。

2. 显色反应条件的选择　影响显色反应的主要因素有显色剂用量、溶液酸度、显色温度、显色时间、溶剂、干扰物质的消除等。因此，选择显色反应时，应做反应条件测试实验，使在选定的条件下溶液的吸光度达到最大且稳定。

（1）显色剂用量　显色反应一般可用下式表示：

$$M（被测组分）+ R（显色剂）\Longleftrightarrow MR（有色配合物）$$

显色反应在一定程度上是可逆的。为了减少反应的可逆性，保证显色反应进行完全，使待测离子M全部转化为有色配合物MR，需加入过量的显色剂R。但加入太多会引起副反应，影响测定结果的准确度。通常根据实验来确定显色剂的用量，具体做法是：固定被测组分M的浓度和其他条件，配制一系列不同浓度显色剂R的溶液 C_R，分别测定其吸光度 A。通过做 $A - C_R$ 曲线，寻找出适宜 C_R 范围。

（2）溶液酸度　溶液酸度对显色反应的影响很大。它会影响显色剂平衡浓度、颜色、被测金属离子的存在状态及有色配合物的组成和稳定性。例如，邻二氮菲与 Fe^{2+} 反应，如果溶液酸度太高，将发生质子化副反应，降低至反应完全度；而酸度太低，Fe^{2+} 又会水解甚至沉淀。所以，测定时必须通过实验做 $A - pH$ 关系曲线，确定适宜的酸度范围。

（3）显色反应时间　显色反应速度有差异，有的显色反应瞬时完成，且形成的吸光物质在较长的时间内保持稳定；有的显色反应虽能很快完成，但形成的吸光物质不稳定；而有的显色反应较慢，溶液颜色需经一段时间后才稳定。因此，必须经实验做吸光度随时间

的 $A-t$ 变化曲线，根据实验结果选择合适的反应时间。

（4）显色温度　多数显色反应速度很快，在室温下即可进行。只有少数显色反应速度较慢，需加热以促使其迅速完成，但温度太高可能使某些显色剂分解。故适宜的温度也需通过实验由吸光度 – 温度关系曲线图来确定。

（5）干扰物质及其消除方法　在分光光度分析中，试样中存在干扰物质会影响被测组分的测定。例如，干扰物质本身有颜色或与显色剂反应形成有色化合物，在吸光度测量时也有吸收，造成干扰引起正误差；干扰物质与被测组分反应或与显色剂反应形成更稳定的配合物，使显色反应不完全，也会造成干扰；干扰物质在测量条件下从溶液中析出，使溶液变混浊，无法准确测定溶液的吸光度等。

为了消除干扰物质的影响，可采取几种方法：①控制显色溶液的酸度；②加入掩蔽剂；③利用氧化还原反应，改变干扰离子价态；④分离干扰离子；⑤选择适当的测量波长；⑥可利用双波长法、导数光谱法等技术来消除干扰。

第四节　紫外 – 可见吸收光谱法的应用

紫外 – 可见吸收光谱分析法在食品、制药、医学、化工及环境监测等领域中应用广泛。不仅可用于有机化合物的定性分析和结构分析，而且可以进行定量分析及杂质检查等。

一、定性分析

（一）定性鉴别

在有机化合物的定性鉴别及结构分析方面，由于有机化合物紫外吸收光谱吸收带较宽，并缺少精细细节，提供的是一些官能团及共轭体系的信息，所以仅凭紫外光谱数据尚不能完全确定物质的分子结构，还必须与其他方法配合使用，故该法的应用存在一定的局限性。当紫外光谱与红外光谱、核磁共振波谱、质谱及其他化学方法等配合时，可以提供较全面的化合物信息。但是紫外 – 可见吸收光谱对于判别有机化合物中生色团和助色团的种类、位置及其数目，区别饱和与不饱和有机化合物，尤其是鉴定共轭体系，推测与鉴定未知物骨架结构等方面具有一定的优势。

化合物紫外 – 可见吸收光谱的形状、吸收峰数目、强度、位置等，是定性分析的主要依据，而最大吸收波长 λ_{max} 及相应的 ε_{max} 是定性分析的最主要参数。

物质的吸收光谱具有与其结构相关的特征性。结构完全相同的化合物吸收光谱应完全相同；但吸收光谱相同的化合物却不一定是同一个化合物。因此，以紫外 – 可见吸收光谱法对有机化合物进行定性分析时，通常采用比较光谱法，即在相同的测定条件下，将测定试样的紫外吸收光谱图同已知标准物质的紫外吸收光谱图进行比较，若两者图谱完全相同

（吸收曲线形状、吸收峰数目、λ_{max} 及 ε_{max} 等），则两者可能是同一化合物。若无标准物，可借助有关文献汇编的化合物标准谱图进行比较，即将试样的紫外吸收光谱图同文献所载的标准光谱图或电子光谱数据资料进行对照，若两者吸收光谱的形状、吸收峰数目、λ_{max} 及 ε_{max} 等相同，则可初步确定在它们的分子结构中，存在相同的生色团及取代基的种类（如羰基、苯环和共轭双键体系等）。常见光谱图如"The sadtler standard spectra ultraviolet"收集 46000 张化合物的标准紫外吸收谱图。

（二）结构分析

紫外－可见吸收光谱可提供未知有机物中可能含有的生色团、助色团和共轭程度，并据此进行结构分析。

1. 有机官能团的推断　可根据有机化合物的紫外－可见吸收光谱，通过以下规律推测化合物所含的官能团。

（1）若化合物在 210～250nm 范围有强吸收带（$\varepsilon \geq 10^4 L \cdot mol^{-1} \cdot cm^{-1}$），则该化合物可能是含有两个共轭双键的化合物。

（2）如在 260～350nm 有强吸收峰（ε 较大），则表明该化合物可能有 3～5 个共轭双键。

（3）若化合物在 250～300nm 有弱吸收（$\varepsilon = 10～100 L \cdot mol^{-1} \cdot cm^{-1}$），且增加溶剂极性会蓝移，说明可能有羰基存在。在 250～300nm 有中强度吸收（$\varepsilon = 1000～10000 L \cdot mol^{-1} \cdot cm^{-1}$），伴有振动精细结构，表示分子结构有苯环存在等。

（4）如果一个化合物在 200～800nm 范围内没有吸收谱带（峰），表明该化合物不存在双键或环状共轭体系，没有醛基、酮基，可能是饱和有机化合物，如直链烷烃或环烷烃，以及脂肪族饱和胺、醇、醚和烷基氟等。

（5）若化合物有许多吸收峰，甚至延伸到可见光区，则可能为一长链共轭化合物或多环芳烃。

2. 有机异构体的推断　有机物结构的测定，目前主要利用红外光谱、核磁共振、质谱等手段综合完成，而紫外吸收光谱也能为一些结构的测定提供有价值的数据。对于某些有 π 键或共轭双键的异构体，仍可用紫外吸收光谱图进行区分。

（1）互变异构体的判别　某些有机化合物在溶液中可能有两种以上的互变异构体处于动态平衡中，这种异构体的互变过程常伴随双键的移动及共轭体系的变化，因此也产生吸收光谱的变化。最常见的是某些含氧化合物的酮式与烯醇式异构体之间的互变。例如乙酰乙酸乙酯就是酮式和烯醇式两种互变异构体：

$$H_3C-\overset{O}{\underset{}{C}}-CH_2-\overset{O}{\underset{}{C}}-OC_2H_5 \rightleftharpoons H_3C-\overset{OH}{\underset{}{C}}=CH-\overset{O}{\underset{}{C}}-OC_2H_5$$

酮式　　　　　　　　　烯醇式

由结构式可知，酮式没有共轭双键，在 204nm 处有弱吸收；而烯醇式有共轭双键，在 245nm 处有强吸收（$\varepsilon = 18000L \cdot mol^{-1} \cdot cm^{-1}$）。因此根据它们的紫外吸收光谱，可以判断某些化合物的互变异构现象。一般在极性溶剂中以酮式为主，非极性溶剂中以烯醇式为主。

（2）顺反异构体的判断 由于顺反异构体的 λ_{max} 和 ε_{max} 明显不同，一般来说，顺式异构体的最大吸收波长比反式异构体短且 ε_{max} 小，因此可用紫外－可见吸收光谱判断顺式或反式构型。例如，在顺式肉桂酸和反式肉桂酸中，由于生色团和助色团只有处在同一平面上时，才产生最大的共轭效应。而顺式空间位阻效应大，苯环与侧链双键共平面性差，不易产生共轭；反式空间位阻效应小，双键与苯环在同一平面上，共轭效应强。因此，反式的最大吸收波长 $\lambda_{max} = 295nm$（$\varepsilon_{max} = 27000L \cdot mol^{-1} \cdot cm^{-1}$），而顺式的最大吸收波长 $\lambda_{max} = 280nm$（$\varepsilon_{max} = 13500L \cdot mol^{-1} \cdot cm^{-1}$）。

顺式   反式

$\lambda_{max} = 280nm$；$\varepsilon_{max} = 13500$ $\lambda_{max} = 295nm$；$\varepsilon_{max} = 27000$

二、纯度检查

采用紫外－可见吸收光谱技术，利用化合物主成分和杂质的紫外－可见吸收的差异，可进行化合物的纯度（杂质）检查。

1. 纯度（杂质）检查 若某一化合物在紫外－可见光区没有明显吸收峰，而其中的杂质有较强的吸收峰，可通过试样的紫外－可见吸收光谱图，检出该化合物中是否含有杂质。

例 10-2 检测甲醇或乙醇中是否含有杂质苯。可根据苯在 230~270nm 处有 B 吸收带，其 λ_{max} 为 256nm，而甲醇或乙醇在此波长处无吸收。

如果某化合物在紫外－可见光区有较强吸收，还可用摩尔吸光系数 ε 来检查其纯度。用所测化合物的吸光系数除以该化合物的纯物质的吸光系数，即得该化合物的纯度。

例 10-3 检查菲的纯度。在氯仿溶液中，菲在 296nm 处有强吸收，标准菲 $\lg\varepsilon = 4.10$。若用某种方法精制的菲，如果用紫外－可见分光光度计测得样品的 $\lg\varepsilon$ 值比标准菲低 10%，这说明精制品的菲含量只有 90%，其余很可能是蒽等杂质。

2. 杂质限量检查 药物中的杂质常需制定一个允许其存在的限度，一般有以下几种方式表示。

（1）利用杂质与药物在紫外－可见光区的吸收差异，选用适当波长可以进行待测物的纯度检查。在药物无吸收而杂质有最大吸收波长处测定吸收度，规定测得的吸收度不得超过某一限值。如肾上腺素为苯乙胺类药物，其紫外−可见吸收光谱显示为孤立苯环的吸收特征，在大于300nm处没有吸收峰，而其氧化形式肾上腺酮结构中存在共轭体系，因此在310nm处有最大吸收，如图10−10所示。因此可据此检查肾上腺素中存在的肾上腺酮。

例10−4 《中国药典》（2015年版）对肾上腺素检查肾上腺酮规定：

【检查】酮体：取本品，加盐酸溶液（9→2000）制成每1mL中含2.0mg的溶液，照紫外−可见分光光度法（通则0401），在310nm波长处测定，吸光度不得过0.05。

解：根据 $A = E_{1cm}^{1\%} cL$

已知肾上腺酮在310nm处的吸收系数为 $E_{1cm}^{1\%} = 453$，$E_{1cm}^{1\%}$ 表示浓度为 $1g \cdot 100mL^{-1}$（1%）的样品，在液层厚度为1cm时的吸收度。

杂质允许的最大浓度：

$$酮体浓度 = \frac{0.05}{453 \times 1} = 0.00011 \ (g \cdot 100mL^{-1})$$

杂质的限量为：

$$肾上腺酮限量\% = \frac{酮体浓度}{样品浓度} \times 100\% = \frac{0.00011g \cdot mL^{-1}}{2.0mg \cdot mL^{-1}} \times 100\% = 0.06\%$$

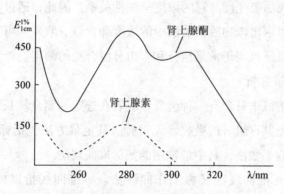

图10−10 肾上腺素与肾上腺酮的吸收光谱

（2）利用不同波长处吸收度的比值来控制杂质含量。如药物和杂质的紫外吸收光谱有重叠，利用它们在不同波长处吸收度比值（$A_{\lambda_1}/A_{\lambda_2}$）来检查杂质。

例10−5 《中国药典》（2015年版）检查碘解磷定注射液分解产物：避光操作。精密量取本品5mL，置250mL量瓶中，用盐酸溶液（9→1000）稀释至刻度，摇匀，精密量取5mL，置另一个250mL量瓶中，用盐酸溶液（9→2000）稀释至刻度，摇匀，在1小时内，照紫外−可见分光光度法（通则0401），在294nm与262nm的波长处分别测定吸光度，其比值应不小于3.1。

解：

波长	测定 A 值	碘解磷定	分解产物
$\lambda = 294nm$	$A_{294} = A_{294}^1$	A_{294}^1	没有吸收
$\lambda = 262nm$	$A_{262} = A_{262}^1 + A_{262}^2$	A_{262}^1	A_{262}^2

标准规定：有分解产物时 $A_{294}/A_{262} \geqslant 3.1$

（3）药物在紫外 – 可见光区有明显吸收，而杂质吸收很弱，可以根据吸收度大小限制杂质含量。如规定供试品吸收度的上下限幅度，可在一定程度上控制产品纯度。

例 10 – 6 《中国药典》（2015 年版）对青霉素钠的杂质限量规定如下：

【检查】吸光度 取本品，精密称定，加水溶解并定量稀释，制成每 1mL 中约含 1.80mg 的溶液，照紫外 – 可见分光光度法（通则 0401），在 280nm 与 325nm 波长处测定，吸光度均不得大于 0.10；在 264nm 波长处有最大吸收，吸光度应为 0.80 ~ 0.88。

解：在 264nm 处规定吸收度值是控制青霉素钠的含量；在 280nm 与 325nm 处规定吸收度值是控制降解产物杂质限量。

三、定量分析

紫外 – 可见分光光度法用于定量分析的依据是朗伯 – 比尔定律，即在一定条件下、一定波长处，被测定物质的吸光度与它的浓度呈线性关系。因此，通过测定溶液对一定波长入射光的吸光度，即可求出该物质在溶液中的浓度和含量。紫外 – 可见分光光度法不仅用于测定微量组分，而且还可用于常量组分和多组分混合物的测定。

（一）单组分定量分析

单组分是指样品溶液中只含有一种组分，或者在选定的测量波长下，多组分试液中待测组分的吸收峰与其他共存组分的吸收峰无重叠。其定量方法包括标准曲线（校准曲线）法、标准对照法和吸收系数法，其中最常用的是标准曲线法。

1. 标准曲线法 标准曲线法又称工作曲线法。标准曲线指以标准溶液浓度为横坐标、吸光度为纵坐标所绘制的曲线。测定时，先配制一系列浓度不同的标准溶液（5 ~ 10 个），在相同条件下（合适波长）分别测定每个标准溶液的吸光度。然后以吸光度 A 为纵坐标，标准溶液浓度 c 为横坐标，绘制 $A–c$ 标准曲线，如符合光吸收定律，将得到一条通过原点的直线。然后在相同条件下测定试样溶液的吸光度，再根据试样溶液所测得的吸光度，从标准曲线上找出对应的试样溶液浓度或含量，再计算为原样品的含量百分比或标示量含量百分比。图 10 – 11 为 $A–c$ 标准曲线。标准曲线法是分光光度分析中最常用的方法，标准曲线法又称为校准（正）曲线法。该法在标准曲线线性关系良好且通过原点时才适用。

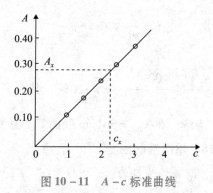

图 10 – 11 $A-c$ 标准曲线

2. 标准对照法 标准对照法又称标准比较法或标准对比法。在相同实验条件下，配制试样溶液和标准溶液，在选定波长处，分别测量吸光度。根据光吸收定律：

$$A_{样} = Kc_{样}L, \quad A_{标} = Kc_{标}L$$

因是同种物质、同台仪器、相同厚度吸收池，在同一波长处测定，故 K 和 L 值相同。

因此 $\dfrac{A_{样品}}{A_{对照}} = \dfrac{C_{样品}}{C_{对照}}$ 得：

$$C_{样品} = \frac{A_{样品}}{A_{对照}} C_{对照} \qquad (10-9)$$

将计算出的 $C_{样品}$ 转化为原样品的含量百分比即可，具体转化如下：

$$原样品含量百分比 = \frac{C \cdot V \cdot D}{S} \times 100\% = \frac{\dfrac{CA}{A} \cdot V \cdot D}{S} \times 100\% \qquad (10-10)$$

上式中 V 为第一次溶解或稀释样品的容量瓶的容积，D 为第一次溶解或稀释溶液以后的溶液的稀释倍数，$S_{样品}$ 为样品的质量。标准对照法在应用吸光光度法进行定量分析中也经常采用。该法简便，但有一定的误差。为了减少误差，标准对照法配制的标准溶液浓度应与试样溶液的浓度相接近；每次分析时都应有标准溶液且在相同条件下同时进行测定。

例 10 – 7 精密量取 $KMnO_4$ 试样溶液 5.00mL，加水稀释到 50.0mL。另配制 $KMnO_4$ 标准溶液的浓度为 $20.0 \mu g \cdot mL^{-1}$。在 525nm 处，用 1cm 厚的吸收池，测得试样溶液和标准溶液的吸光度分别为 0.216 和 0.240。求原试样溶液中 $KMnO_4$ 的浓度。

解：根据式（10–9）和式（10–10）得：

$$C_{原样品} = \frac{0.216 \times 20.0}{0.240} \times \frac{50.0}{5.00} = 180 \ (\mu g \cdot mL^{-1})$$

3. 吸收系数法 根据光的吸收定律 $A = E_{1cm}^{1\%}cL$ 或 $A = \varepsilon cL$，如果已知吸收池的厚度 L 和吸收系数 ε 或 $E_{1cm}^{1\%}$，就可以根据测得的吸光度 A 算出溶液的浓度 c 或含量。因为该法不需要标准样品，故可称为绝对法。目前《中国药典》中大多数药品用吸光系数法定量，吸光系数法较简单、方便，但使用不同型号的仪器测定会带来一定的误差。

$$C = \frac{A}{\varepsilon L} \text{ 或 } C = \frac{A}{E_{1cm}^{1\%} L}$$

样品中某组分含量% $= \dfrac{\dfrac{A}{E_{1cm}^{1\%} L} \times \dfrac{1}{100} \times V \times D}{S_{样品}} \times 100\%$，其中 V 和 D 同标准对照法。

例 10 - 8　维生素 B_{12} 水溶液，在 $\lambda_{max} = 361nm$ 处的 $E_{1cm}^{1\%}$ 值为 207，盛于 1cm 吸收池中，测得溶液的吸光度 A 为 0.518，求溶液的浓度。

解：根据光的吸收定律，溶液的浓度为：

$$C = \frac{A}{E_{1cm}^{1\%} L} = \frac{0.518}{207 \times 1.0} = 2.50 \times 10^3 \; (g \cdot 100mL^{-1})$$

根据比吸光系数和待测溶液的吸光度来求待测物质的含量。

例 10 - 9　维生素 B_{12} 试样 20mg 用水配成 1000mL 溶液，盛于 1cm 吸收池中，在 $\lambda_{max} = 361nm$ 处测得溶液的吸光度 A 为 0.407。在 $\lambda_{max} = 361nm$ 处的 $E_{1cm}^{1\%}$ 值为 207，求试样中维生素 B_{12} 的含量。

解：试样 $S_{样品} = 20 \times 10^{-3}g$，$V = 1000mL$

$$\text{试样中维生素 } B_{12}\% = \frac{\dfrac{A}{E_{1cm}^{1\%} L} \times \dfrac{1}{100} \times V \times D}{S_{样品}} \times 100\% = \frac{\dfrac{0.407}{207 \times 1} \times \dfrac{1}{100} \times 1000}{20 \times 10^{-3}} \times 100\% = 98.31\%$$

（二）多组分定量分析

根据吸光度具有加和性的特点，利用紫外 - 可见吸收光谱法在同一试样中可以同时测定两个或两个以上组分。当溶液中有两种或多种组分共存时，可根据各组分吸收光谱相互重叠的程度，采取不同测定方法。这里以两组分的定量分析为例进行讨论。

假设要测定试样中的两个组分 A、B，如果分别绘制 A、B 两纯物质的吸收光谱，有三种情况，如图 10 - 12 所示。

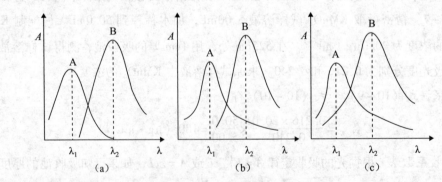

图 10 - 12　双组分吸收光谱

（1）（a）情况表明两组分互不干扰，可用测定单组分的方法，在 λ_1、λ_2 处分别测定 A、B 两组分的浓度。

（2）（b）情况表明 A 组分对 B 组分的测定有干扰，而 B 组分对 A 组分的测定无干扰，则可以在 λ_1 处单独测定 A 组分，求得 A 组分的浓度 c_A。然后在 λ_2 处测定混合物的吸光度 $A_{\lambda_2}^{A+B}$ 及 A、B 纯物质的 $\varepsilon_{\lambda_2}^A$ 和 $\varepsilon_{\lambda_2}^B$ 值。根据吸光度的加和性，可得方程：

$$A_{\lambda_2}^{A+B} = A_{\lambda_2}^A + A_{\lambda_2}^B = \varepsilon_{\lambda_2}^A L c_A + \varepsilon_{\lambda_2}^B L c_B$$

设吸收池厚度 L 为 1cm，解方程得：

$$c_B = \frac{A_{\lambda_2}^{A+B} - \varepsilon_{\lambda_2}^A c_A}{\varepsilon_{\lambda_2}^B} \tag{10-9}$$

（3）（c）情况表明两组分彼此互相干扰，两组分在最大吸收波长处互相有吸收。这时可根据测定目的要求和光谱重叠情况，采取以下方法。

①解线性方程法：对于（c）情况两组分混合物，在 A 和 B 的最大吸收波长 λ_1、λ_2 处分别测定混合物的吸光度 $A_{\lambda_1}^{A+B}$ 及 $A_{\lambda_2}^{A+B}$，而且同时测定 A、B 纯物质的 $\varepsilon_{\lambda_1}^A$、$\varepsilon_{\lambda_1}^B$、$\varepsilon_{\lambda_2}^A$ 及 $\varepsilon_{\lambda_2}^B$。根据吸光度的加和性，可得方程组：

$$A_{\lambda_1}^{A+B} = \varepsilon_{\lambda_1}^A L c_A + \varepsilon_{\lambda_1}^B L c_B \tag{10-10}$$

$$A_{\lambda_2}^{A+B} = \varepsilon_{\lambda_2}^A L c_A + \varepsilon_{\lambda_2}^B L c_B \tag{10-11}$$

设吸收池厚度 L 为 1cm，解式（10-10）、式（10-11）线性方程组得：

$$c_A = \frac{A_{\lambda_2}^{A+B} \varepsilon_{\lambda_1}^B - A_{\lambda_1}^{A+B} \varepsilon_{\lambda_2}^B}{\varepsilon_{\lambda_2}^A \varepsilon_{\lambda_1}^B - \varepsilon_{\lambda_1}^A \varepsilon_{\lambda_2}^B} \tag{10-12}$$

$$c_B = \frac{A_{\lambda_2}^{A+B} \varepsilon_{\lambda_1}^A - A_{\lambda_1}^{A+B} \varepsilon_{\lambda_2}^A}{\varepsilon_{\lambda_2}^B \varepsilon_{\lambda_1}^A - \varepsilon_{\lambda_1}^B \varepsilon_{\lambda_2}^A} \tag{10-13}$$

式（10-12）、式（10-13）中浓度 c 的单位依据所用的吸光系数而定，如用比吸光系数 $E_{1cm}^{1\%}$，则 c 为百分浓度。

显然，此法可用于 n 个组分混合物的测定。如果有 n 个组分的光谱互相干扰，就必须在 n 个波长处分别测定吸光度的加和值，然后解 n 元一次方程组，就可分别求得各组分的浓度。在备有计算机的仪器中可由计算机完成数据处理并给出测定结果。但实际上随着溶液所含组分数增多，很难选到较多合适的波长点，且 n 越多，影响因素也增多，结果的准确性越差。

②双波长分光光度法（等吸收双波长消去法）：对试样中两组分的吸收光谱重叠较为严重者，除用解联立方程的方法测定外，还可以用双波长法测定。双波长分光光度计检测的是试样溶液对两波长光 λ_1、λ_2 吸收后的吸光度差。

如果试样中含有 A、B 两组分，若要测定 B 组分，A 组分有干扰。为了能消除 A 组分的干扰，首先选择待测组分 B 的最大吸收波长 λ_1 为测量波长，然后用作图法选择参比波长 λ_2。参比波长的选择，应考虑能消除干扰物质的吸收，即使组分 A 在 λ_1 处的吸光度等于在 λ_2 处的吸光度。如图 10-13 所示，在 λ_1 处做横坐标的垂直线，交于组分 A 吸收曲线一点 P，再从这点做一条平行横坐标的直线，交于组分 A 吸收曲线另一点 Q，该点所对应的波长成为参比波长 λ_2。

组分 A 在 λ_1 和 λ_2 处是等吸收点，$A_{\lambda_1}^{A} = A_{\lambda_2}^{A}$。

由吸光度的加和性可知，混合试样在 λ_1 和 λ_2 处的吸光度可表示为：

$$A_{\lambda_1}^{A+B} = A_{\lambda_1}^{A} + A_{\lambda_1}^{B}, \quad A_{\lambda_2}^{A+B} = A_{\lambda_2}^{A} + A_{\lambda_2}^{B}$$

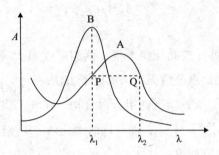

图 10 – 13　等吸收双波长消去法示意图

由于双波长分光光度计的输出信号为 ΔA

$$\Delta A = A_{\lambda_1}^{A+B} - A_{\lambda_2}^{A+B} = A_{\lambda_1}^{A} + A_{\lambda_1}^{B} - A_{\lambda_2}^{A} - A_{\lambda_2}^{B} = A_{\lambda_1}^{B} - A_{\lambda_2}^{B}$$

$$\Delta A = (\varepsilon_{\lambda_1}^{B} - \varepsilon_{\lambda_2}^{B}) L c_B \tag{10 – 14}$$

由此可知，仪器输出的信号 ΔA 与干扰组分 A 无关，只正比于待测组分 B 浓度，即消除了 A 对 B 的干扰。同理，应用此法也测定 A 组分的浓度。

采用等吸收波长法测定，在波长选择时有两个原则：①干扰组分在这两个波长处应具有相同的吸光度，即吸光度之差只与一个组分的浓度有关，而与另一个组分无关。②待测组分在这两个波长处的吸光度差值应足够大，以保证测定有较高的灵敏度。

（三）示差分光光度法

普通分光光度法一般只适于测定微量组分，对于高含量物质的测定，由于测得的吸光度值太大，使测量相对误差较大。采用示差分光光度法可克服这一缺点，即用比待测溶液浓度 c_x 稍低的标准溶液 c_s（与被测溶液是同一种物质溶液）作参比溶液，则有：

$$A_x = \varepsilon c_x L$$

$$A_s = \varepsilon c_s L$$

两式相减得：

$$\Delta A = A_x - A_s = \varepsilon (c_x - c_s) L = \varepsilon \Delta c L \tag{10 – 15}$$

具体做法：配制一系列不同浓度的标准溶液，以浓度最小的标准溶液 c_s 作参比溶液（$c_s < c_x$），调 $T = 100\%$（或 $A = 0$），测定一系列标准溶液的相对吸光度 ΔA，绘制 $\Delta A - \Delta c$ 标准曲线。然后仍以 c_s 作参比溶液，测定待测溶液的吸光度 ΔA_x，由工作曲线上查出待测溶液浓度 Δc，依据 $c_x = c_s + \Delta c$，便可求出被测溶液的浓度。示差分光光度法可以大大提高测定结果的准确度。

实验十三　高锰酸钾吸收曲线绘制和含量测定

一、实验目的

1. 掌握紫外 – 可见分光光度法的基本原理，学会吸收曲线及标准曲线的绘制。
2. 熟悉紫外 – 可见分光光度计测定含量的方法。
3. 学会 722S 型分光光度计的正确使用。

二、实验原理

根据朗伯 – 比耳定律：$A = \varepsilon cL$，当入射光波长 λ 及光程 L 一定时，在一定浓度范围内，有色物质的吸光度 A 与该物质的浓度 c 成正比。只要绘出以吸光度 A 为纵坐标、浓度 c 为横坐标的标准曲线，测出试液的吸光度，即可以由标准曲线查得对应的浓度值，求出组分的含量。

高锰酸钾溶液对不同波长的光线有不同的吸收程度。

1. 选择合适的波长间隔绘制 $KMnO_4$ 的吸收曲线，并找出最大吸收波长 λ_{max}。
2. 从吸收光谱选定的 λ_{max} 为测定波长，用标准曲线法测定样品溶液的含量。

三、仪器与试剂

1. 仪器　722S 型分光光度计，电子天平（0.1mg），容量瓶（棕色，50mL、100mL、500mL、1000mL），吸量管（2mL、5mL、10mL），移液管（2mL），烧杯（100mL），洗瓶，洗耳球，擦镜纸。

2. 试剂　待测样品：取 $KMnO_4$ 0.125g 于 250mL 容量瓶中，加蒸馏水稀释至刻度。$KMnO_4$（分析纯），蒸馏水。

四、相关知识点

1. 紫外 – 可见分光光度法的原理。
2. 吸量管的使用方法。
3. 光吸收定律。
4. 标准溶液的配置方法。
5. 标准曲线的绘制。
6. 最大吸收波长的选择依据。
7. 定量分析的原理。

五、实验步骤

1. 标准溶液的制备　准确称取基准物 $KMnO_4$ 0.2500g，在小烧杯中溶解后全部转入 1000mL 容量瓶中，用蒸馏水稀释至刻度，摇匀，每毫升含 $KMnO_4$ 为 0.25mg。

2. 吸收曲线的绘制　精密吸取上述 $KMnO_4$ 标准溶液 10mL 于 50mL 容量瓶中，加蒸馏水至刻度，摇匀。以蒸馏水为空白，依次选择 460、470、480、490、500、510、520、525、530、535、540、545、550、560、580、600、620nm 波长为测定点，依法测出各点的吸收度 A。以测定波长 λ 为横坐标，以相应测出的吸光度 A_i 为纵坐标，绘制吸收曲线；从吸收曲线处找出最大吸收波长 $λ_{max}$。

3. 标准曲线的绘制　取 6 支 50mL 容量瓶，分别加入 0.00、1.00、2.00、3.00、4.00、5.00mL $KMnO_4$ 标准溶液，用蒸馏水定容，摇匀。以蒸馏水为空白，在最大吸收波长处依次测定各溶液的吸光度 A，然后以浓度 C_s（mg/mL）为横坐标、相应的吸光度 A_s 为纵坐标，绘制标准曲线。

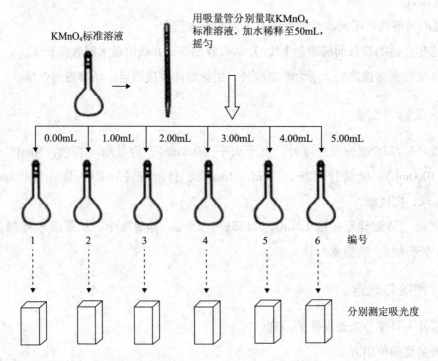

4. 样品的测定　取待测样品 2mL，共取 3 份，分别置于 50mL 容量瓶中，用蒸馏水稀释至刻度，摇匀，作为供试液。以蒸馏水为空白，在最大吸收波长处测出相应的吸光度 A 值。依据测得的供试液 A 值，从 $KMnO_4$ 标准曲线上即可查到或计算得其浓度，再乘以试样稀释倍数，计算出样品中含量（以 $mg \cdot mL^{-1}$ 表示），取平均值即得，并计算相对平均偏差。

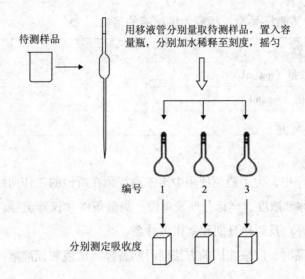

用移液管分别量取待测样品，置入容量瓶，分别加水稀释至刻度，摇匀

编号　1　　2　　3

分别测定吸收度

5. 数据处理

（1）吸收曲线　不同吸收波长下 $KMnO_4$ 溶液的吸光度，见表 10 - 2。

表 10 - 2　不同吸收波长下 $KMnO_4$ 溶液的吸光度

波长（nm）	460	470	480	490	500	510	520	525	530	535	540	545	550	560	580	600	620
吸光度(A)																	

$KMnO_4$ 溶液最大吸收波长 λ_{max}。

（2）标准曲线

标准溶液体积/mL	0.0	1.0	2.0	3.0	4.0	5.0
浓度 C_S（mg/mL）						
吸光度（A）						

（3）供试液的含量测定

供试液（mg/mL）	1	2	3
吸光度（A）			

（4）绘图与计算

①绘制标准曲线：以浓度 c 为横坐标，吸光度值 A 为纵坐标绘制标准曲线。

a. 在坐标纸上绘制。

b. 电脑软件绘制，给出回归方程；根据计算公式计算出回归方程的常数。

②根据 $KMnO_4$ 测得供试液的吸光度，计算含量：从标准曲线上可查得供试液 $C_供$ 浓度（mg/mL）。

$$C_{待测样品}（KMnO_4）（mg/mL）= C_供' D$$

$C_{待测样品}$ 为待测样品中 $KMnO_4$ 的浓度（mg/mL）；$C_供$ 为标准曲线中查得的供试液的浓

度（mg/mL）；D 为待测样品溶液稀释为供试液的倍数。

样　品	1	2	3
KMnO$_4$ 待测样品含量（mg/mL）			
待测样品含量均值（mg/mL）			
相对平均偏差 $Rd\%$			

6. 注意事项

（1）在实际工作中，为了避免使用中出差错，须在所做的工作曲线上标明标准曲线的名称、标准溶液名称和浓度、坐标分度及单位、测量条件（仪器型号、测定波长、吸收池规格、参比液名称等）及制作日期和制作者姓名。

（2）在测定样品时，应按相同的方法同时制备样品试液和标准溶液，并在相同的条件下测量吸光度。

（3）配制样品和标准溶液时，应及时在容量瓶上编号及标注名称。

六、实验体会和思考

1. 怎样选择测定波长？

2. 什么是吸收曲线？什么是标准工作曲线？两者的作用是什么？有何区别？

七、722S 型可见分光光度计的使用

1. 仪器功能部位示意图　722S 型可见分光光度计各功能部位，如图 10 – 14 所示。

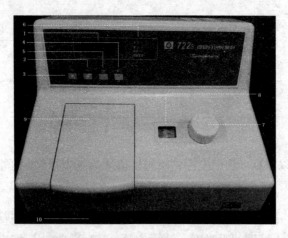

1. 液晶显示屏；2. 0%T 调节按钮，数字下调按钮；3. 100%T 调节按钮，数字上调按钮；
4. 模式转换按钮；5. 功能按钮；6. 模式显示；7. 波长调节按钮；8. 波长指示窗；9. 试样槽；
10. 试样移动拉杆

图 10 – 14　722S 型可见分光光度计

2. 操作方法

（1）打开仪器总开关，打开试样盖（关闭光门），开机预热 30 分钟后可进行测量工作。

（2）选择测量波长：使用波长调节按钮，即可方便地调整仪器当前测试波长，具体波长由旋钮左侧的显示窗显示，读取波长时目光垂直观察。

（3）调 0%T：打开试样盖（关闭光门）或用不透光材料在试样室中遮断光路，然后按 0%T 键，即能自动调整零位。

（4）调 100%T：将两个装有参比溶液的吸收池插入试样室吸收池架中，拉动吸收池架拉杆，使其中一个吸收池置入光路，盖下试样槽盖，按 100% 键，仪器即能自动调整透光度 T = 100.0（一次有误差时可再按一次 100% 键）。再开盖调 0，并反复调节 0 和 100 三次。

（5）吸收池校正：将另一装有参比溶液的吸收池推入光路测 A 值（用该吸收池装参比溶液时，将所测得的 A 值对待测溶液的 A 值进行校正）。

（6）待测溶液测量：参比溶液推入光路，调 T = 100 后按"MODE"键，选择"ABS"，功能灯亮显示吸光度 A = 0.0，再将装有待测溶液的吸收池推入光路，读取吸光度 A。

（7）关闭仪器：使用完毕后关闭电源，检查试样室内是否留有溶液，擦净，盖上试样室盖。

（8）测定透明溶液的吸光度基本操作程序：预热→设定波长→置入参比溶液→调 0%T、100%T（重复 3 次以上）→置标尺为"吸光度"→试样置入光路→读取数据。

3. 注意事项

（1）测定过程中，不要将参比溶液拿出试样室，应将其随时推入光路以检查 0%T、100%T 是否变化。注意每次改变波长或灵敏度时，都要用参比溶液调 0%T 和 100%T。

（2）为了避免光电管长时间受光照射引起的疲劳现象，应尽可能减少光电管受光照射的时间，不测定时应打开暗室盖，特别应避免光电管受强光照射。

（3）吸收池盛取溶液时只需装至吸收池的 2/3 ~ 4/5 即可，注入被测溶液前，应用被测溶液润洗三次。手指拿吸收池时只能与磨砂面接触。若溶液溢在外面应先用吸水纸吸干水分，再用镜头纸擦干净。实验完毕吸收池应立即用合适的溶剂及蒸馏水洗净。

（4）若大幅度调整波长，应稍等一段时间再测定，让光电管有一定的适应时间。

（5）每台仪器所配套的吸收池不能与其他仪器上的吸收池单个调换。

（6）改变试样槽位置，让不同试样进入光路。打开试样室，试样位置最靠近测试者的为"0"，依次为"1""2""3"位置，对应拉杆推向最内为"0"位置，依次为"1"

"2""3"位置，当拉杆到位时有定位感，到位时轻轻推动一下确保定位正确。

（7）确定滤光片位置：本仪器备有减少杂光、提高 340～380nm 波段光度准确性的滤光片，位于试样室内部左侧，用一拨杆来改变位置。当测试波长在 340～380nm 波段内，如做高精度测试可将拨杆推向前（见机内印字指示）。通常可不使用此滤光片，可将拨杆置于 400～1000nm 位置。

（8）改变标尺：仪器设有透射比、吸光度、浓度因子、浓度直读四种标尺。

透射比：用于对透明液体和透明固体测量透射特点。

吸光度：用于采用标准曲线法或其他方法定量分析，在做动力学测试时亦能利用本系统。

浓度因子：用于在浓度因子法浓度直读时设定浓度因子。

浓度直读：用于标样法浓度直读时，作设定和读出，亦用于设定浓度因子后浓度直读。

各标尺间转换用"模式"键操作，并由"透射比""吸光度""浓度因子""浓度直读"指示灯分别指示，开机初始状态为"透射比"，每按一次顺序循环。

实验十四　维生素 B_{12} 注射液含量的测定实训

一、实验目的

1. 掌握紫外 - 可见分光光度计的使用方法。
2. 掌握维生素 B_{12} 注射剂含量的测定和计算方法。

二、实验原理

维生素 B_{12} 是含 Co 的有机化合物，其注射液为粉红色至红色的澄明液体。可用紫外 - 可见分光光度法测定维生素 B_{12} 注射液的含量。维生素 B_{12} 在 278、361、550nm 的波长处有最大吸收，因此，可在 361nm 的波长处测定吸光度 A，根据 $A = E_{1cm}^{1\%} cL$，按维生素 B_{12} 的吸收系数（$E_{1cm}^{1\%}$）为 207 计算其含量。《中国药典》（2015 年版）规定，维生素 B_{12} 注射液含维生素 B_{12}（$C_{63}H_{88}CoN_{14}O_{14}P$）应为标示量的 90.0%～110.0%。

三、仪器与试剂

1. 仪器　紫外 - 可见分光光度计，10mL 容量瓶，5mL 吸量管，胶头滴管，洗耳球，洗瓶，烧杯，擦镜纸。

2. 试剂　$0.1mg \cdot mL^{-1}$ 维生素 B_{12} 水溶液（对照品），维生素 B_{12} 注射液（2mL：

0.5mg 市售品）。

四、实验步骤

1. 对照品溶液和供试品溶液的配制

（1）对照品溶液：0.1mg·mL^{-1} 维生素 B$_{12}$ 水溶液。

（2）供试品溶液：精密吸取维生素 B$_{12}$ 注射液 0.5mL 于 10mL 容量瓶中，用水稀释至刻度摇匀，得到待测样品溶液（按标示含量稀释成 25μg·mL^{-1} 的溶液）。平行配制三份供试品溶液。

2. 维生素 B$_{12}$ 的定量测定　《中国药典》（2015 年版）规定：避光操作。精密量取维生素 B$_{12}$ 注射液适量，用水定量稀释成每 1mL 中约含维生素 B$_{12}$ 25μg 的溶液，作为供试品溶液；平行制备三份供试品溶液。照紫外－可见分光光度法（通则 0401），置 1cm 比色皿中，在 361nm 波长处以蒸馏水作空白测定吸光度，按维生素 B$_{12}$（C$_{63}$H$_{88}$CoN$_{14}$O$_{14}$P）的吸收系数（$E_{1cm}^{1\%}$）为 207，计算维生素 B$_{12}$ 标示量的百分含量。

$$计算公式：V_{B_{12}}标示量\% = \frac{\dfrac{A}{E_{1cm}^{1\%}} \times \dfrac{1}{100} \times 稀释倍数}{c_{标示量}（g/mL）} \times 100\% \qquad （式 10-12）$$

3. 数据记录　供试液的含量测定：

供试液	1	2	3
吸光度（A）			

五、数据处理与结果

根据式 10-12 计算得：

供试液	1	2	3
供试品百分含量			
供试品平均百分含量			
相对平均偏差 $\overline{Rd}\%$			
标示量%	90～110	结　论	

六、注意事项

1. 在每次测定前，首先应做吸收池配套性试验。即将同样厚度的 4 个比色皿都装相同溶液，在所选波长处测定各比色皿的透光率，其最大误差 $\triangle T$ 应不大于 0.5%。

2. 仪器在不测定时，应随时打开暗箱盖，以保护光电管。

3. 为使比色皿中测定溶液与原溶液的浓度一致，需用原溶液荡洗比色皿 2~3 次。

4. 比色皿内所盛溶液以超过皿高的 2/3 为宜。使用后应立即取出比色皿，并用自来水及蒸馏水洗净，倒立晾干。

5. 如比色皿被有机物玷污，宜用 HCl－乙醇（1＋2）浸泡片刻，再用水冲洗，不能用碱液或强氧化性洗液清洗。

七、思考题

1. 单色光不纯对于测得的吸收曲线有什么影响？

2. 利用邻组同学的实验结果，比较同一溶液在不同仪器上测得的吸收曲线有无不同，试作解释。

本章小结

紫外－可见分光光度法是基于物质对光的选择性吸收而建立起来的一种分析方法，朗伯－比尔定律是其定量分析的基础。紫外－可见分光光度计由光源、单色器、吸收池、检测器及信号处理与显示系统构成。其仪器设备简单、应用广泛、准确度高，是测量微量及痕量组分的常用方法。

1. 基本概念：单色光、复合光、互补色光、吸收曲线、标准曲线、最大吸收波长、吸光度、透光率、摩尔吸光系数、百分吸光系数等。

2. 基本定律

（1）朗伯－比尔定律 $A = \lg \dfrac{I_0}{I_t} = \lg \dfrac{1}{T} = KcL$。

（2）偏离朗伯－比尔定律的因素。

3. 紫外－可见分光光度计的基本结构和类型

（1）紫外－可见分光光度计的基本结构、原理和各部件作用。

（2）紫外－可见分光光度计类型。

4. 分析条件的选择

（1）显色反应条件的选择。

（2）仪器测量条件的选择。

（3）参比溶液的选择。

5. 定性分析

（1）有机官能团的推断。

（2）有机异构体的推断。

6. 定量分析

（1）单组分定量分析：标准曲线法；标准对照法；吸收系数法。

（2）两组分定量分析

①两组分互不干扰，用测定单组分的方法，可分别测定 A、B 两组分的浓度。

②A 组分对 B 组分的测定有干扰，而 B 组分对 A 组分的测定无干扰，测 B 组分的浓度。

③A、B 两组分彼此互相干扰，两组分在最大吸收波长处互相有吸收。这时可根据测定目的要求和光谱重叠情况，采取方法：解线性方程法；双波长分光光度法。

7. 纯度检查

8. 紫外–可见分光光度法有关计算

（1）朗伯–比尔定律：$A = KcL$。

（2）透光率和吸光度：$A = \lg \dfrac{I_o}{I_t} = \lg \dfrac{1}{T} = -\lg T$，$T = 10^{-A}$。

（3）摩尔吸光系数 $\varepsilon = \dfrac{A}{cL}$；百分吸光系数 $A = E_{1cm}^{1\%} cL$。

（4）标准对照法：$C_{样品} = \dfrac{A_{样品}}{A_{对照}} C_{对照}$。

（5）吸收系数法：$C = \dfrac{A}{\varepsilon L}$ 或 $C = \dfrac{A}{E_{1cm}^{1\%} L}$。

复习思考

一、选择题

1. 可见光区波长范围是（   ）

　　A. $200 \sim 400\text{nm}$　　　　　　　　　B. $400 \sim 760\text{nm}$

　　C. $760 \sim 1000\text{nm}$　　　　　　　　D. $10 \sim 200\text{nm}$

2. 在分光光度法中，应用光的吸收定律进行定量分析，应采用的入射光为（   ）

　　A. 平行可见光　　　　　　　　B. 单色光

　　C. 白光　　　　　　　　　　　D. 紫外光

3. 标准工作曲线不过原点可能的原因是（   ）

　　A. 显色反应的酸度控制不当　　　B. 显色剂的浓度过高

　　C. 吸收波长选择不当　　　　　　D. 参比溶液选择不当

4. 某物质摩尔吸光系数很大，则表明（   ）

A. 该物质对某波长光的吸光能力很强　　B. 该物质浓度很大

C. 测定该物质的精密度很高　　D. 测量该物质产生的吸光度很大

5. 有 A、B 两份不同浓度的有色溶液，A 溶液用 1.0cm 吸收池，B 溶液用 3.0cm 吸收池，在同一波长下测得的吸光度值相等，则它们的浓度关系为(　　)

A. A 是 B 的 1/3　　B. A 等于 B

C. B 是 A 的 3 倍　　D. B 是 A 的 1/3

6. 用分光光度计测量有色化合物，浓度相对标准偏差最小时的吸光度为(　　)

A. 0.368　　B. 0.334

C. 0.443　　D. 0.434

7. 入射光波长选择的原则是(　　)

A. 吸收最大　　B. 吸收最大，干扰最小

C. 干扰最小　　D. 吸光系数最大

8. 下述操作正确的是(　　)

A. 比色皿外壁有水珠　　B. 手捏比色皿的透光面

C. 手捏比色皿的毛面　　D. 用报纸擦去比色皿外壁的水

9. 紫外 – 可见分光光度法的适合检测波长范围是(　　)

A. 400 ~ 760nm　　B. 200 ~ 400nm

C. 200 ~ 760nm　　D. 200 ~ 1000nm

10. 在紫外 – 可见吸收光谱法测定中，使用参比溶液的作用是(　　)

A. 调节仪器透光率的零点

B. 吸收入射光中测定所需要的光波

C. 调节入射光的光强度

D. 消除试剂等非测定物质对入射光吸收的影响

11. 扫描 $K_2Cr_2O_7$ 硫酸溶液的紫外 – 可见吸收光谱时，参比溶液一般选(　　)

A. 蒸馏水　　B. H_2SO_4 溶液

C. $K_2Cr_2O_7$ 的水溶液　　D. $K_2Cr_2O_7$ 的硫酸溶液

12. 在 300nm 进行分光光度测定时，应选用的比色皿材料为(　　)

A. 硬质玻璃　　B. 软质玻璃

C. 石英　　D. 透明塑料

13. 光度分析中，在某浓度下以 1.0cm 吸收池测得透光度为 T。若浓度增大 1 倍，透光度为(　　)

A. T^2　　B. $T/2$

C. $2T$　　D. $T^{1/2}$

14. 在符合朗伯 – 比尔定律的范围内，有色物质的浓度、最大吸收波长、吸光度三者的关系是(　　　)

　　A. 增加，增加，增加　　　　　　　　　B. 减小，不变，减小

　　C. 减小，增加，增加　　　　　　　　　D. 增加，不变，减小

15. 在紫外 – 可见分光光度计中，用于紫外波段的光源是(　　　)

　　A. 钨灯　　　　　　　　　　　　　　　B. 卤钨灯

　　C. 氘灯　　　　　　　　　　　　　　　D. 能斯特光源

二、判断题

1. 在紫外光谱中，同一物质，浓度不同，入射光波长相同，则摩尔吸光系数相同；同一浓度，不同物质，入射光波长相同，则摩尔吸光系数一般不同。(　　　)

2. 摩尔吸光系数 ε 是吸光物质在特定波长和溶剂中的特征常数，ε 值越大，表明测定灵敏度越高。(　　　)

3. 吸光度的读数范围不同，读数误差不同，引起最大读数误差的吸光度值约为 0.434。(　　　)

4. 在进行紫外分光光度测定时，可以用手捏吸收池的任何面。(　　　)

5. 不同浓度的高锰酸钾溶液，它们的最大吸收波长也不同。(　　　)

6. 物质呈现不同的颜色，仅与物质对光的吸收有关。(　　　)

7. 朗伯 – 比耳定律适用于所有均匀非散射的有色溶液。(　　　)

8. 单色器是一种能从复合光中分出一种所需波长的单色光的光学装置。(　　　)

9. 不少显色反应需要一定时间才能完成，而且形成的有色配合物稳定性也不一样，因此必须在显色后一定时间内进行测定。(　　　)

10. 朗伯 – 比耳定律中，浓度 C 与吸光度 A 之间的关系是通过原点的一条直线。(　　　)

三、简答题

1. 吸光光度法测定化合物含量时，应怎样选择入射光波长？

2. 何谓朗伯 – 比耳定律（光吸收定律）？数学表达式及各物理量的意义如何？偏离光吸收定律的主要因素有哪些？

3. 什么是紫外 – 可见分光光度法？其主要用途有哪些？

4. 说出紫外 – 可见分光光度计的基本结构及各部件的作用。

5. 什么是紫外 – 可见吸收光谱曲线？什么是紫外 – 可见吸收光度法定量分析的标准曲线？

四、计算题

1. 称取维生素 C 0.0500g 溶于 100mL 的 5mol/L 硫酸溶液中，准确量取此溶液 2.00mL

稀释至 100mL，取此溶液于 1cm 吸收池中，在 $\lambda_{max} = 245nm$ 处测得 A 值为 0.498。求样品中维生素 C 的百分质量分数。（$E_{1cm}^{1\%} = 560mL/g \cdot cm$）

2. 今有 A、B 两种药物组成的复方制剂溶液。在 1cm 吸收池中，分别以 295nm 和 370nm 的波长光进行吸光度测定，测得吸光度分别为 0.320 和 0.430。浓度为 $0.01mol \cdot L^{-1}$ 的 A 对照品溶液，在 1cm 的吸收池中，在波长为 295nm 和 370nm 处，测得吸光度分别为 0.080 和 0.900；同样条件，浓度为 $0.01mol \cdot L^{-1}$ 的 B 对照品溶液，测得吸光度分别为 0.670 和 0.120。计算复方制剂中 A 和 B 的浓度（假设复方制剂其他试剂不干扰测定）。

扫一扫，知答案

第十一章

红外分光光度法

【学习目标】

掌握红外光谱的产生条件、基本原理；峰数、峰位、峰强等概念及相关计算；红外吸收光谱仪的组成。

熟悉振动自由数及影响因素；红外光谱法在物质定性、定量及结构分析中的应用；固体试样制备方法。

了解红外吸收光谱常用术语；色散型红外吸收光谱仪和傅里叶变换红外吸收光谱仪的工作原理；红外吸收光谱与分子结构的关系。

引 子

红外辐射是 1800 年由英国物理学家 F. W. 赫歇尔从热的观点来研究各种色光时，偶然通过放在光带红光外的一支温度计而发现的。19 世纪科学家们使用热敏型红外探测器，证明了红外线与可见光都是电磁波。20 世纪初开始，科学家研究了纯物质的红外吸收光谱，证明了红外技术在物质分析中的价值。二次世界大战期间，由于对合成橡胶的迫切需求，红外光谱得到化学家的重视和研究，并因此而迅速发展。现在随着计算机技术的发展，以及红外光谱仪与其他大型仪器的联用，使得红外光谱广泛应用于食品、医药、化工、材料及环境等领域，成为"四大波谱"中应用较多、理论最为成熟的一种方法。

第一节 概 述

红外吸收光谱（infrared absorption spectrum，IR）简称红外光谱，是指化合物吸收红外光的能量而发生振动和转动能级跃迁所产生的吸收光谱，因而也称为分子振动–转动吸收光谱。利用红外光谱进行定性、定量及分子结构分析的方法，称为红外分光光度法，又称红外吸收光谱法。红外分光光度法具有仪器操作简便，分析速度快；有高度的特征性；试样用量少，试样不受破坏；固体、气体、液体试样均可测定等特点，因此它主要用于有机化合物的定性和定量以及结构分析。

一、红外光及红外吸收光谱

红外光指电磁波谱中波长为 $0.76 \sim 1000\mu m$（$13160cm^{-1} \sim 10cm^{-1}$）的电磁波，又称红外线，它的波长介于可见光和微波之间。通常将红外光分为近红外光、中红外光和远红外光三个区域，如表 11–1 所示。

表 11–1　红外光区的划分

区　域	$\lambda/\mu m$	σ/cm^{-1}	能级跃迁类型
近红外区	$0.76 \sim 2.5$	$13160 \sim 4000$	$O-H$、$N-H$、$C-H$ 键伸缩振动的倍频吸收
中红外区	$2.5 \sim 50$	$4000 \sim 200$	分子振动、转动
远红外区	$50 \sim 1000$	$200 \sim 10$	分子骨架振动、转动
常用区	$2.5 \sim 25$	$4000 \sim 400$	分子振动、转动

红外吸收光谱一般用吸收峰的位置和吸收峰的强度加以表征，即用 $T-\lambda$ 曲线或 $T-\sigma$（波数）曲线表示（图 11–1）。纵坐标表示红外吸收的强弱，一般用百分透光率（$T\%$）表示（这点与紫外–可见光谱不同），吸收峰向下，向上为谷；横坐标常用波长 λ（单位为 μm）或波数 σ（单位为 cm^{-1}）来表示吸收谱带的位置。波长 λ 与波数 σ 之间的关系为：

$$\sigma\ (cm^{-1}) = \frac{1}{\lambda\ (cm)} = \frac{10^4}{\lambda\ (\mu m)} \tag{11-1}$$

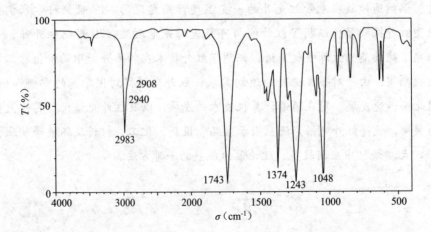

图 11–1　乙酸乙酯的红外光谱

由于大多数有机物和无机物的基频吸收带都出现在中红外区，尤其是 $2.5 \sim 25 \mu m$ 区，且由于基频振动是分子中吸收最强的振动，所以该区最适于进行化合物的定性和定量分析，因此中红外光区是目前研究和应用最多的区域，通常所说的红外光谱即指中红外光谱。本章主要讨论中红外光谱。

二、红外吸收光谱与紫外吸收光谱的区别

红外吸收光谱与紫外吸收光谱都是分子吸收光谱，但二者具有以下区别。

1. 光谱产生的机制不同 紫外吸收光谱是利用紫外可见光作光源，由电子能级跃迁同时伴随振动和转动能级跃迁引起的；紫外光波长短、频率高、光子能量大，可引起分子的价电子发生能级跃迁，是电子光谱。红外吸收光谱是红外光作光源，由分子振动能级同时伴随着转动能级跃迁引起的。红外光波长长，光子能量小，只能引起分子振动能级的跃迁，并伴随转动能级的跃迁，是振动-转动光谱。

2. 研究对象和适用范围不同 紫外吸收光谱只适合于研究芳香族和有共轭结构的不饱和脂肪族化合物、某些无机物，而不适合于研究饱和的有机化合物。红外光谱则不受此限制，所有的有机化合物（凡是在振动中伴随有偶极矩变化）和部分无机物均能测得其特征红外光谱。

紫外吸收光谱法测定对象的物态以溶液为主，以及少数物质的蒸汽；而红外分光光度法的测定对象可以是气态、液态、固态样品（均不得含有水）。红外吸收光谱法主要应用于物质定性鉴别及结构分析；紫外吸收光谱法主要用于定量分析等。

3. 特征性不同 多数物质的紫外光谱的吸收峰较少，光谱简单，特征性不太强。而红外光谱是振动-转动光谱，吸收峰较密集，光谱复杂，信息量大，特征性强，与分子结构密切相关。

第二节 基本原理

一、红外吸收光谱产生的条件

红外光谱是分子吸收红外光区电磁辐射时导致振动-转动能级跃迁而产生，并不是所有分子的振动形式都能产生红外吸收。分子吸收红外光形成红外光谱必须同时满足以下两个条件。

1. 照射分子的红外辐射光的频率与分子振动-转动频率相匹配，即红外光辐射的能量应恰好能满足振动能级跃迁所需要的能量。

2. 红外辐射与分子之间有偶合作用（相互作用）。为满足这个条件，分子振动时必须

伴随瞬时偶极矩（μ）的变化，即 $\Delta\mu \neq 0$。因此当一定频率的红外光照射分子时，如果分子中某个基团的振动频率与其一致，同时分子在振动中伴随有瞬时偶极矩变化，这时物质的分子就产生红外吸收。

分子内的原子在其平衡位置上处于不断的振动状态，对于非极性双原子分子如 N_2、O_2、H_2 等完全对称的分子在振动过程中，偶极矩（μ）不发生变化，$\Delta\mu = 0$，因此，它与红外光不发生偶合，所以不产生红外吸收。当分子是一个偶极分子（$\mu \neq 0$）如 H_2O、HCl 等非对称分子时，由于分子在振动过程中有偶极矩变化，$\Delta\mu \neq 0$，所以产生红外吸收。可见并非所有的振动都会产生红外吸收。凡能产生红外吸收的振动，称为红外活性振动，否则就是红外非活性振动。

二、分子振动形式和红外吸收

研究分子的振动形式有助于了解光谱中吸收峰的起源、数目及变化规律。

1. 双原子分子振动　双原子分子是简单分子，只有伸缩振动一种振动形式，即沿键轴方向的伸缩振动。如果把双原子分子振动近似地看作沿键轴方向的简谐振动，把两个质量为 m_1 和 m_2 的原子看作两个刚性小球，连接两原子的化学键设想为无质量的弹簧，化学键的强度可用弹簧的力常数 k 表示。根据经典力学的胡克（Hooke）定律导出分子简谐的振动频率（用波数 σ 表示）计算公式为：

$$\sigma = \frac{1}{2\pi c}\sqrt{\frac{k}{\mu}} \qquad (11-2)$$

式中 c（$2.998 \times 10^{10}\, \mathrm{cm \cdot s^{-1}}$）为光速；$k$ 是化学键力常数，是两原子在平衡位置伸长单位长度时的恢复力，单位为 $\mathrm{N \cdot cm^{-1}}$，单键、双键和叁键的力常数分别近似为 $4 \sim 6\mathrm{N \cdot cm^{-1}}$、$8 \sim 12\mathrm{N \cdot cm^{-1}}$ 和 $12 \sim 18\mathrm{N \cdot cm^{-1}}$；$\mu$ 为成键两个原子折合质量（g）：

$$\mu = \frac{m_1 \cdot m_2}{m_1 + m_2}$$

式中 m_1、m_2 分别为两原子的原子质量。当 σ 的单位为 $\mathrm{cm^{-1}}$，k 的单位为 $\mathrm{N \cdot cm^{-1}}$，μ 以折合原子质量 μ'、相对原子质量 M 代替原子质量 m 表示时，将 π、c、N（阿佛伽德罗常数）的数值带入式 11-2，得：

$$\sigma = 1307\sqrt{\frac{k}{\mu'}} \qquad (11-3)$$

$$\mu' = \frac{M_1 \cdot M_2}{M_1 + M_2}$$

μ' 为折合相对原子量。从式 11-3 可以看出，基本振动频率大小取决于化学键力常数和相对原子质量。化学键键能越强，即键的力常数 k 越大，折合原子量越小，化学键的振动频率越高，吸收峰将出现在高波数区；反之，则出现在低波数区。例如 C—C、C＝C、C≡C 三种碳碳键的折合原子质量相同，但化学键的力常数的顺序是 C≡C＞C＝C＞C—C，因此在红外吸收光谱中，C≡C 的吸收峰出现在 2222cm^{-1}，而 C＝C 约在 1667cm^{-1}，C—C 则在 1429cm^{-1} 附近。式 11 – 3 可方便地计算出某些基团的基频峰峰位。

例 11 – 1 已知 C＝C 键的 $k = 9.5 \sim 9.9\text{N} \cdot \text{cm}^{-1}$，取 k 为 $9.6\text{N} \cdot \text{cm}^{-1}$，计算正己烯中 C＝C 键伸缩振动频率。

解：$\sigma = \dfrac{1}{\lambda} = \dfrac{1}{2\pi c}\sqrt{\dfrac{k}{\mu'}} = 1307\sqrt{\dfrac{k}{\mu'}} = 1303\sqrt{\dfrac{9.6}{12 \times 12 / (12 + 12)}} = 1653 \ (\text{cm}^{-1})$

正己烯中 C＝C 键伸缩振动频率实测值为 1652cm^{-1}，与计算结果是比较接近的。

不同的化合物由于分子结构不同，化学键的力常数 k 和它们的原子质量各不相同，吸收频率也就不同，故不同的化合物形成具有自身特征的红外吸收光谱。

2. 多原子分子振动

(1) 振动的基本类型　多原子分子有多种振动形式，不仅有伸缩振动，而且还有键角发生变化的弯曲振动。多原子分子基本振动形式可分为伸缩振动和弯曲振动两大类。

①伸缩振动：是指原子沿键轴方向伸缩，使键长发生变化而键角不变的振动，用符号 v 表示。根据各原子的振动方向不同，伸缩振动可分为对称伸缩振动（v_s）和不对称伸缩振动（v_{as}）。

在环状化合物中，还有一种完全对称的伸缩振动叫骨架振动。

②弯曲振动：是指使基团键角发生周期性变化而键长不变的振动，又称变形振动，用符号 δ 表示。弯曲振动可分为面内弯曲振动（β）和面外弯曲振动（γ）。同一基团的弯曲振动的频率相对较低，而且受分子结构影响极大。

面内弯曲振动指振动在几个原子所构成的平面内进行。面内弯曲振动又可分为两种：一是剪式振动（δ），在振动过程中键角的变化类似于剪刀的开或闭的振动；二是面内摇摆振动（ρ），振动时基团作为一个整体在键角平面内左右摇摆。

面外弯曲振动指垂直于分子所在平面的弯曲振动。面外弯曲振动可分为两种：一是面外摇摆（ω），指两个原子同时向面上和面下的振动；二是扭曲振动（τ），指一个原子向面上，另一个原子向面下的振动。

分子的各种振动形式以亚甲基—CH$_2$—为例，如图 11 – 2 所示。

(2) 分子的振动自由度　多原子分子振动形式的多少可以用振动自由度来描述。

振动自由度（f）是分子基本振动（又称简正振动）的数目，即分子的独立振动数。每个振动自由度相应于红外光谱图上一个基频吸收带。研究分子的振动自由度，有助于了解化合物红外吸收光谱吸收峰的数目。

从理论上讲，一个多原子分子所产生的基频峰的数目应该等于分子所具有的振动形式的数目。红外光谱中基频吸收峰的个数取决于分子的自由度 f，而分子的自由度等于该分子中各原子在三维空间中 x、y、z 三个坐标的总和 $3n$，即分子作为一整体的运动状态可分三类：平动、转动及振动。任何分子在 x、y、z 三个方向上共有 3 个平动自由度，非线性分子有 3 个转动自由度，线性分子有 2 个转动自由度。所以：

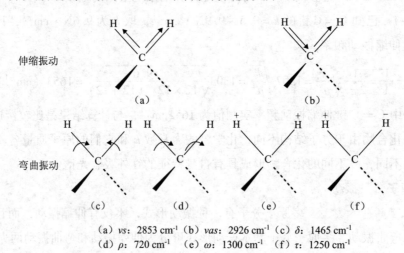

(a) vs: 2853 cm^{-1} (b) vas: 2926 cm^{-1} (c) δ: 1465 cm^{-1}
(d) ρ: 720 cm^{-1} (e) ω: 1300 cm^{-1} (f) τ: 1250 cm^{-1}

图 11-2　亚甲基的振动形式（+、- 分别表示垂直于纸面向里、向外运动）

线性分子的振动自由度 $f = 3n - 3 - 2 = 3n - 5$

非线性分子的振动自由度 $f = 3n - 3 - 3 = 3n - 6$

式中 n 为分子中的原子个数。由上两式可知，对于非线性分子，有（$3n-6$）个基本振动；对于线性分子，则有（$3n-5$）个基本振动。例如，水分子 H_2O 是非线性分子，其振动自由度 $f = 3 \times 3 - 6 = 3$。水分子红外光谱图中对应出现三个吸收峰，即有三种基本振动，分别为 3650cm^{-1}（对称伸缩）、1595cm^{-1}（弯曲振动）、3750cm^{-1}（不对称伸缩）。

红外吸收光谱的吸收峰数，从理论上来说，每个振动自由度相当于一个基频吸收峰。但实际上，大多数化合物的红外光谱上出现的吸收峰数目常少于理论上计算的振动自由度数目，其原因主要有：

①简并：频率相同的振动产生的吸收峰重叠现象称为简并。简并是基本振动吸收峰少于振动自由度数的首要原因。

②红外非活性振动：没有偶极矩变化的振动不产生红外吸收，红外非活性振动是基本振动吸收峰少于振动自由度的另一个主要原因。

③某些振动吸收强度太弱，仪器检测不出。

④某些振动吸收频率，超出了仪器的检测范围。

例如 CO_2 是线性分子，其振动自由度 $f = 3 \times 3 - 5 = 4$。CO_2 的四种基本振动形式与红外吸收的关系：①对称伸缩振动，$\mu = 0$，是非红外活性的。②不（反）对称伸缩振动，v_{as}:

$2349cm^{-1}$。③面内弯曲振动，δ：$667cm^{-1}$。④面外弯曲振动，γ：$667cm^{-1}$。由于其对称伸缩振动无偶极矩的改变，不产生吸收峰，③和④两种振动的吸收频率都出现在$667cm^{-1}$处而产生简并，产生的吸收峰重叠，此时只观察到一个吸收峰。所以CO_2的红外光谱图上只出现$2349cm^{-1}$和$667cm^{-1}$两个基频吸收峰，如图 11 – 3 所示。

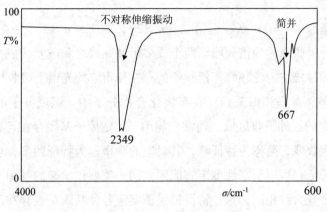

图 11 – 3　二氧化碳的红外光谱图

三、红外吸收谱带的强度及影响因素

在红外吸收光谱中，吸收峰的强度常用透光率 $T\%$ 和摩尔吸光系数 ε 表示。其中摩尔吸光系数 ε 表示红外光谱的绝对峰强，透光率 $T\%$ 表示相对强度。红外吸收光谱的峰吸收强度既可用于定量分析，也是化合物定性分析的重要依据。在定性分析时，根据其摩尔吸光系数（ε）可划分不同的吸收强度级别：$1L \cdot mol^{-1} \cdot cm^{-1} < \varepsilon < 10L \cdot mol^{-1} \cdot cm^{-1}$时，为弱峰（w）；$10L \cdot mol^{-1} \cdot cm^{-1} < \varepsilon < 20L \cdot mol^{-1} \cdot cm^{-1}$时，为中强峰（m）；$20L \cdot mol^{-1} \cdot cm^{-1} < \varepsilon < 100L \cdot mol^{-1} \cdot cm^{-1}$时，为强峰（s）；$\varepsilon > 100L \cdot mol^{-1} \cdot cm^{-1}$时，为非常强峰（vs）。

影响红外吸收强度的因素主要有两个方面：分子振动时偶极矩的变化程度和相应振动能级跃迁概率。跃迁概率越大，吸收越强。由基态振动能级向第一激发态跃迁的概率大，其基频吸收带一般较强；从基态向第二、三等激发态跃迁的概率依次减小，相应的倍频吸收带也较弱。红外吸收谱带的强度取决于分子振动时偶极矩的变化，振动时偶极矩变化越大，产生的吸收峰就越强。而偶极矩与分子结构的对称性有关，振动的对称性越高，振动中分子偶极矩变化越小，红外谱带强度也就越弱。一般地，如 C＝O、C—X、N—H 等极性较强基团的振动，有较强红外吸收峰；而 C＝C、C—C、N＝N 等非极性基团的振动，红外吸收峰就较弱。一般说来，伸缩振动的吸收强于变形振动，非对称振动的吸收强于对称振动。

此外，红外吸收峰的强度还与溶剂的种类、试样的浓度及振动的形式等因素有关。

四、红外吸收光谱常用术语

1. 基频峰与泛频峰　分子吸收一定频率的红外光，若振动能级由基态（$n=0$）跃迁到第一振动激发态（$n=1$）时，所产生的吸收峰称为基频峰。基频峰是红外吸收光谱中最主要的一类吸收峰。

振动能级由基态（$n=0$）跃迁至第二（$n=2$），第三（$n=3$），…，第 n 振动激发态时，所产生的红外吸收峰称为倍频峰。两个或多个基频峰之和或差所成的吸收峰称为合频峰。倍频峰和合频峰统称为泛频峰。泛频峰的存在使得红外光谱上吸收峰增加。

2. 特征峰、基团频率和相关峰　在有机化合物分子中，组成分子的各种基团（官能团）都有自己特定的红外吸收区域。通常把能用于鉴定原子基团存在且具有较高强度的吸收峰，称为特征吸收峰，简称为特征峰，其对应的频率称为特征频率，也称为该基团的基团频率。基团的特征峰可用于定性鉴定官能团。同一类型化学键的基团在不同化合物的红外光谱中吸收峰位置大致相同，这一特性提供了鉴定各种基团是否存在的判断依据，从而成为红外光谱定性分析的基础。如—$C \equiv N$ 的特征吸收峰在 $2247cm^{-1}$ 处。

相关吸收峰是由于某个官能团的存在而产生的一组相互依存又能相互佐证的特征峰，简称相关峰。用相关峰可以更准确地鉴定官能团。

3. 吸收峰的位置　简称峰位，即红外光谱中吸收峰的峰值对应的波长或波数，常用 σ_{max}（或 λ_{max}、v_{max}）表示。对基频峰 $\sigma_{max} = \sigma$，基频峰的峰位即是基团或分子的基本振动频率。若已知 k 值，根据式（11-3）则可估算出各种基团频率吸收带的波数。在红外光谱中，不同分子中不同基团的峰位是不相同的，而不同分子中相同基团的同种振动形式的吸收峰峰位也同样不是完全相同。因为基频峰的位置除由化学键两端原子的质量、化学键力常数决定外，还与内部因素（结构因素）和外部因素（溶剂效应和物质的物理状态）有关。

第三节　红外吸收光谱与分子结构

物质的红外吸收光谱是其分子结构的反映，谱图中的吸收峰与分子中各基团的振动形式相对应。在红外光谱中吸收峰的位置和强度取决于分子中各基团的振动形式和所处的化学环境。只要掌握了各种基团的振动频率及其位移规律，就可应用红外光谱来鉴定化合物中存在的基团及其在分子中的相对位置。

绝大多数有机化合物的基频振动出现在中红外光谱 $4000 \sim 600cm^{-1}$ 区域。组成分子的各种基团都有其特征的红外吸收频率，按照红外光谱特征与分子结构的关系，并便于对红外光谱进行解析，通常将红外光谱按波数大小划分为特征区和指纹区两大区域，根据此划分，可推测化合物的红外光谱吸收特征；或根据红外光谱特征，初步推测化合物中可能存在的基团。

一、特征区

红外光谱中将 $4000 \sim 1300cm^{-1}$ 区间称为特征区。此区吸收峰较稀疏，容易辨认，常用于鉴定官能团，故又称为官能团区或基团频率区。特征区有两个主要特点：各官能团的红外特征吸收峰，均出现在谱图的较高频率区；官能团具有自己的特征吸收频率，不同化合物中的同一官能团，它们的红外光谱都出现在一段比较狭窄的范围内。

特征区吸收峰主要是由伸缩振动产生的吸收带，此区包括含 H 原子的单键、各种双键、叁键伸缩振动的基频峰，部分含 H 原子的单键面内弯曲振动的基频峰。红外光谱基团频率区又可分为以下几个区域：

1. $4000 \sim 2500cm^{-1}$ **X—H 伸缩振动区** X 代表 O、N、C、S 等原子。O—H 基的伸缩振动在 $3650 \sim 3200cm^{-1}$，醇类、酚类、有机酸类和水分子在此区域有较强的吸收。N—H 伸缩振动在 $3500 \sim 3300cm^{-1}$，与 O—H 吸收峰有重叠，但 N—H 吸收峰尖锐，可用于区别二者；伯、仲胺和伯、仲酰胺在此区域均有吸收峰。饱和烃 C—H 伸缩振动频率在 $3000cm^{-1}$ 以下，约 $3000 \sim 2800cm^{-1}$；不饱和烃 C—H 伸缩振动频率在 $3000cm^{-1}$ 以上。故 $3000cm^{-1}$ 是区分化合物中是否含有饱和烃与不饱和烃的分界线。

2. $2500 \sim 1900cm^{-1}$ **三键及累积双键伸缩振动区** 此区主要包括—C≡C—、—C≡N 等三键的伸缩振动，以及—C＝C＝C—、—C＝C＝O 等累积双键的不对称伸缩振动吸收峰。对于炔烃类化合物，可以分成 R′—C≡C—R、R—C≡CH 两种类型，前者的伸缩振动出现在 $2260 \sim 2190cm^{-1}$ 附近，后者出现在 $2140 \sim 2100cm^{-1}$ 附近。如果是 R—C≡C—R，则是非红外活性的。

3. $1900 \sim 1500cm^{-1}$ **双键伸缩振动区** 此区主要包括 C＝O、C＝N，C＝C，N＝O 等伸缩振动和苯环的骨架振动，以及芳香族化合物的倍频峰。此区域是红外光谱中一个重要区域。

C＝O（羰基）伸缩振动出现在 $1900 \sim 1650cm^{-1}$，羰基化合物在该段均有强吸收峰，是红外光谱中最强的吸收峰，特征性很明显，是判断酮类、醛类、酸类、酯类等含羰基化合物的重要依据。

C＝C（双键）伸缩振动出现在 $1680 \sim 1620cm^{-1}$，烯烃的 C＝C 振动出现在 $1680 \sim 1620cm^{-1}$，它的强度较弱，在光谱中有时观测不到。

单环芳烃 C＝C 伸缩振动吸收峰出现在 1600 和 $1500cm^{-1}$ 附近，有 $2 \sim 4$ 个吸收峰，为芳环骨架结构的重要特征峰，是判断有无芳环存在的重要标志之一。

4. $1650 \sim 1300cm^{-1}$ **X—H 弯曲振动区** 这个区域比较复杂，主要包括 C—H、N—H 弯曲振动。例如，甲基在 $1380 \sim 1370cm^{-1}$ 出现有特征的弯曲振动吸收峰，且这个位置很少

受取代基的影响，干扰也少，可作为判断有无甲基存在的依据。

二、指纹区

红外光谱中 $1300 \sim 600 \mathrm{cm}^{-1}$ 的低频区，称为指纹区。此区除各种单键（C—C、C—O、C—X）的伸缩振动外，还有因变形振动产生的复杂光谱。这种振动与整个分子的结构有关。当分子结构稍有不同时，此区的吸收就有细微的差异，并显示出分子特征。就像每个人都有不同指纹一样，因而称为指纹区。不同化合物的红外光谱在指纹区也不相同，这个区间的红外光谱对于区别结构类似的化合物很有价值，此外，此区许多吸收峰是特征区吸收峰的相关峰，可作为化合物含有某基团的旁证。指纹区可分为两个波段：

1. $1300 \sim 900 \mathrm{cm}^{-1}$ 伸缩振动区 这一区域包括 C—X（X：O、N、F、P、S）、P—O、Si—O 等单键的伸缩振动和 $C=S$、$S=O$、$P=O$ 等双键的伸缩振动吸收。C—O 的伸缩振动在 $1300 \sim 1000 \mathrm{cm}^{-1}$ 为该区域最强的峰，容易识别。

2. $900 \sim 600 \mathrm{cm}^{-1}$ 伸缩振动区 此区域主要是苯环取代而产生的吸收及烯的碳氢变形振动频率。这一区域的吸收峰是很有用的，某些吸收峰可用来确认化合物的顺反异构体。如烯烃为 $RCH=CH_2$ 结构时，在 $990 \mathrm{cm}^{-1}$ 和 $910 \mathrm{cm}^{-1}$ 出现两个强吸收峰；为 $RCH=CRH$ 结构时，其顺、反异构分别在 $690 \mathrm{cm}^{-1}$ 和 $970 \mathrm{cm}^{-1}$ 出现吸收。该峰位差异可用来确定苯环的取代类型。

红外光谱图的解析，首先要熟悉主要化合物官能团的特征吸收峰，从而才能确定化合物中存在哪些官能团。

第四节 红外光谱仪和样品制备方法

用于测量和记录待测物质红外吸收光谱并进行结构分析及定性、定量分析的仪器，称为红外吸收光谱仪或红外吸收分光光度计。

红外光谱仪主要包括色散型和傅立叶变换型两大类。色散型红外光谱仪扫描速度慢，灵敏度和分辨率较低，主要用于定性分析。傅立叶变换红外光谱仪（fourier transform infrared spectrometer，FTIR）具有很高的分辨率和扫描速度，光谱范围宽，波长精度高，测量的精密度、重现性好，且灵敏度极高，特别适用于弱红外光谱的测定，成为目前主导仪器类型，是许多国家药典绘制药品红外吸收光谱的指定仪器。

一、色散型红外光谱仪

色散型红外吸收光谱仪是指用棱镜或光栅作为色散元件的红外光谱仪，经常使用的有双光束自动扫描仪器。其结构如图 11 - 4 所示。

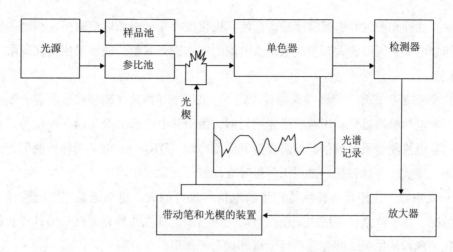

图 11-4 色散型双光束红外吸收光谱仪的工作原理图

（一）仪器的基本构成

红外光谱仪与紫外光谱仪类似，也是由光源、吸收池、单色器、检测器和记录系统等部分组成。

1. 光源 红外光源是能够发射高强度的连续红外辐射的物体，通常是一种惰性固体。常用光源有能斯特（Nernst）灯和碳化硅棒。

2. 吸收池 红外吸收池使用可透过红外光的材料制成窗片，如用对红外光透过性好的 NaCl、KBr 卤化物材料。但 NaCl、KBr 等材料制成的窗片易吸湿，使吸收池窗口模糊，窗片应注意防潮。不同的样品状态（固、液、气态）应使用不同的样品池。气体池主要用于测量气体及沸点较低的液体样品；气体样品一般注入抽成真空的气体吸收池进行测定。液体池用于常温下不易挥发的液体样品及固体样品；液体样品可滴在可拆池两窗之间，形成薄的液膜进行测定，也可注入液体吸收池中进行测定。固体样品只需将其制成透明薄片，直接放在光路中进行测定。

3. 单色器 单色器由狭缝、色散元件（棱镜或光栅）和准直镜组合而成，它是红外光谱仪的心脏，其作用是把通过样品光路和参比光路进入入射狭缝的复合光色散为中红外区的单色光，然后把这些不同波长的光先后照射到检测器上加以测量。目前红外光谱仪常用光栅单色器。

4. 检测器 检测器的作用是将照射到它上面的红外光转变成电信号。常用的有真空热电偶检测器、热电检测器及光电导检测器三类。

（1）真空热电偶检测器 真空热电偶是色散型红外吸收光谱仪中最常用的一种检测器。它利用不同导体构成回路时的温差电现象，将温差转变为电位差而加以记录。

（2）热电检测器 它是傅里叶变换红外吸收光谱仪中应用的检测器。它用硫酸三甘肽（简称 TGS）的单晶薄片作为检测元件，TGS 的极化效应与温度有关，温度升高，极化强度降低。当红外光照射时引起温度升高，使其极化度改变，表面电荷减少，相当于因热而释放了部分电荷，再经放大转变成电压或电流的方式进行测量。现多采用氘代硫酸三甘钛（DTGS）。

（3）光电导检测器（汞镉碲检测器 MCT） 采用半导体碲化镉和碲化汞混合制成的检测元件。光电导检测器是利用材料受光照射后，由于导电性能的变化而产生信号。光电导检测器比热电检测器灵敏数倍，但需要液氮低温冷却。DTGS 和 MCT 两种检测器，由于响应速度快，能实现高速扫描，常用于傅里叶变换红外光谱仪中。

5. 记录系统 作用是将检测器产生的电信号进行放大，驱动记录笔，记录样品的吸收变化情况。红外光谱仪一般由记录仪自动记录谱图。现在红外光谱仪采用计算机控制操作、优化处理检测结果，并在显示屏上自动显示光谱图。

（二）工作原理

从光源发出的红外光被分为等强度的两束光：一束通过样品池，另一束通过参比池，利用斩光器使试样光束和参比光束交替通过单色器，然后被检测器检测；当试样光束与参比光束强度相等时，检测器不产生交流信号，记录笔记录的是一条直线，即基线；当试样吸收某一频率的红外光两光束强度不等时，检测器产生与光强差成正比的交流信号，经放大处理，从而获得吸收峰强度随频率（或波数）变化的曲线即红外吸收光谱。

二、傅立叶变换红外光谱仪

（一）基本组成

傅立叶变换红外光谱仪没有色散元件，主要由光源、迈克尔逊（Mickelson）干涉仪、样品池、检测器、计算机和记录系统等部件组成，其核心部分是迈克尔逊干涉仪和计算机。干涉仪是将来自光源的信号以干涉图的形式送往计算机进行傅里叶变换的数学处理，最后将干涉图还原成光谱图。各部件作用与色散型红外光谱仪类似。傅立叶变换红外光谱仪与色散型红外光谱仪的主要区别在于迈克尔逊干涉仪取代了单色器。

迈克尔逊干涉仪是傅立叶变换红外光谱仪的核心部分，作用是将光源发出的红外辐射转变为干涉图，这种仪器消除了狭缝对光能的限制。它由固定反射镜（定镜）、可移动反射镜（动镜）及与两反射镜成45°角的半透明光束分裂器（简称分束器）组成。

（二）工作原理

光源发出的红外辐射首先经过迈克尔逊干涉仪，分束器将来自光源的光分为相等的两束，一半透过，一半反射。透射光透过分束器被动镜反射，沿原路回到分束器并被反射到达检测器；反射光则由定镜沿原路反射回来通过分束器到达检测器。这样在检测器上就得到了透射光和反射光的相关光。若进入干涉仪的波长为 λ 的单色光，随着动镜的移动，使两束光到达检测器的光程差为 $\lambda/2$ 的偶数倍时，则落到检测器上的相干光相互叠加，产生明线，其相干光强度有最大值；相反，当两束光的光程差为 $\lambda/2$ 的奇数倍时，则落到检测器上的相干光相互抵消，产生暗线，相干光强度有极小值。而部分相消干涉发生在上述两种位移之间。因此，当动镜匀速向分束器移动时，即连续改变两光束的光程差，便可在检测器上得到干涉图。如果有红外吸收的试样放在干涉仪的光路中，由于试样能吸收特征波数的红外光，获得含有光谱信息的干涉信号到达检测器，经检测器得到含样品信息的干涉图，由计算机采集干涉图，并经过傅立叶变换数学处理，就得到透射率随频率（或波数）变化的样品红外光谱图。傅立叶红外光谱仪的工作原理示意图，如图 11 - 5 所示。

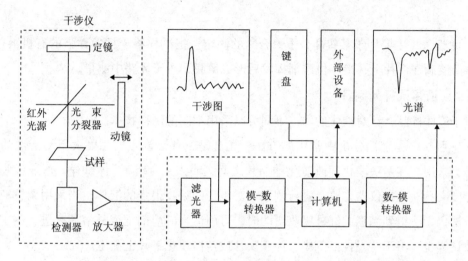

图 11 - 5 傅立叶变换型红外光谱仪工作原理示意图

三、样品制备方法

要获得一张高质量红外吸收光谱图，除了仪器本身的因素外，还必须有合适的样品及制备方法。一般要求试样是单一组分的纯物质，纯度 >98%，否则需要提纯；试样中不应含有水分（游离水、结晶水），水本身有红外吸收，会干扰样品谱图，而且会侵蚀吸收池的盐窗；试样的浓度和测试厚度应适当；试样若做成溶液，需用符合光谱波段要求的溶剂配制。

制样时应根据样品的物态和物理化学性质选择合适的制样方法，制样过程中要避免空气中水分、二氧化碳及其他污染物混入试样。针对不同物态的样品，应选择不同的制样方法。

（一）固体试样的制备

固体制样有多种方法，可以根据实际样品的性质进行选择。

1. 压片法　压片法是固体制样应用最广泛的方法。最常用的压片法是取 1～2mg 的供试品，加入约 200mg 干燥溴化钾晶体（粉末），于玛瑙研钵中在红外灯照射下充分研磨混匀，放入压片机模具中，边抽真空边加压，保持压力 2 分钟，制成厚约 1mm 的透明供试品片。目视检查样片应透明、均匀，无明显颗粒。光谱纯 KBr 在红外光区无特征吸收，然后，将压好的含试样 KBr 片放在仪器光路中，即可测得试样的红外光谱。

2. 糊剂法 研磨和压片过程中容易出现晶型转变的供试品采用此法。取干燥供试品约 5mg，置玛瑙研钵中，粉碎研细后，滴加适量液体石蜡或其他适宜的糊剂（如六氯丁二烯及全氟代烃），混研制成均匀的糊状物，将此糊状物夹在两个溴化钾片（每片重约 150mg）之间，作为供试品片；另以溴化钾约 300mg 制成空白片作为背景补偿，绘制光谱图。

3. 薄膜法 主要用于某些高分子聚合物的测定。把试样溶于挥发性强的有机溶剂中，然后将溶液滴在窗片上，待有机溶剂挥发后形成薄膜，置于光路中测量。

（二）液体试样的制备

对于液体样品，针对液体的沸点不同可以采用不同的制样技术。

1. 液膜法 是定性分析中常用的方法，尤其是一些高沸点、黏度大不易清洗的液体试样更为常用。在两块溴化钾或氯化钠晶片之间，滴入 1~2 滴液体试样，形成液膜。然后用专门夹具夹放在仪器光路上进行测试。对于一些吸收很强的液体，当采用调整液膜厚度的方法仍无法得到满意的红外吸收谱图时，可用适当的溶剂配成稀溶液来进行测定。有些固体试样也可溶于挥发性溶剂中，涂于窗片或空白溴化钾片上测定。

2. 液体吸收池法 适用于沸点较低、挥发性大的液体或需配成溶液进行测量的试样。此法直接将液体或溶液注入液层厚度 0.01~1mm 的密封液体池中，并以相同厚度装有同一溶剂的液体池作为背景补偿，进行测定。常用溶剂有 CCl_4（适用于 $4000~1300cm^{-1}$）和 CS_2（适用于 $1300~600cm^{-1}$）等。

（三）气体试样的制备

气态样品通常灌入气体槽内测定。气槽一般由带有进口管和出口管的玻璃筒组成，两端粘有红外透光的 NaCl 或 KBr 窗片。分析时，首先将气体池抽空，然后通入经干燥的气体样品测定。

第五节 红外吸收光谱法的应用

《中国药典》（2015 年版）指出红外吸收光谱法是用于化合物的鉴别、检查或含量测定的方法。除部分光学异构体及长链烷烃同系物外，几乎没有两个化合物具有相同的红外光谱，据此可以对化合物进行定性和结构分析；化合物对红外辐射的吸收程度与其浓度的关系符合朗伯-比尔定律，是红外分光光度法定量分析的依据。

一、定性分析

红外吸收光谱法是物质定性分析的最重要方法之一。根据化合物红外谱图中特征吸收峰的位置、数目、相对强度、形状等参数来推断样品中存在哪些基团，从而确定其分子结构，是红外吸收光谱定性和分子结构分析的依据。

1. 已知物的鉴定

（1）试样与标样谱图对照　将试样的红外光谱图与标准物质的红外光谱图进行对照鉴别。按标准物质光谱图规定的制样方法，在测试条件都相同的情况下，如果供试品和标准品两张谱图各吸收峰的位置和形状完全相同，峰数和峰的相对强度一样，就可以认为样品是该种标准物或近似同系物；如果两张谱图各吸收峰的位置和形状等不一致，则说明两者不为同一化合物，或样品有杂质。

（2）与标准谱图（文献）对照　目前的红外光谱仪大多带有标准谱库，故最常用、简便的比较方法是利用计算机进行谱图检索，采用相似度来判别。但使用文献上的谱图应当注意试样的物态、结晶状态、溶剂、测定条件及所用仪器类型均应与标准谱图相同。最常见的标准谱集有 Sadtler 标准光谱集、Aldrich 红外图谱库等。国内药物的鉴别使用的是与《中国药典》配套的国家药典委员会编订的《药品红外光谱集》各卷收载的各光谱图。

2. 未知物结构分析　应用红外光谱法测定未知化合物的结构是目前最常用的方法之一。测定未知化合物的结构，可以通过两种方式利用标准谱图进行查对：①查阅标准谱图的谱带索引，检索、寻找与试样光谱吸收带相同的标准谱图；②进行光谱解析，判断试样的可能结构，然后由化学分类索引查找标准谱图对照核实。具体步骤如下：

（1）准备工作　充分收集待测化合物的有关数据及资料，如样品来源、形态、纯度、物理常数、分子式、其他的光谱分析数据等。对样品有初步的判断或认识。

（2）计算化合物的不饱和度　如有明确分子式，则首先应计算分子的不饱和度（Ω）。不饱和度是指分子结构中达到饱和所缺一价元素的"对"数。如乙烯变成饱和烷烃需要两个氢原子，不饱和度为 1。若分子中仅含一、二、三、四价元素（H、O、N、C），则可按下式进行不饱和度的计算：

$$\Omega = 1 + n_4 + \frac{n_3 - n_1}{2}$$

式中：n_1、n_3、n_4 分别是分子中一价（通常为氢及卤素）、三价（通常为氮）、四价（通常为碳）原子的数目，二价元素（氧、硫）不参与计算。根据分子结构的不饱和度，可推断出分子中的特殊结构：当 $\Omega = 0$ 时分子结构可能为链状饱和烃类化合物；当 $\Omega = 1$ 时分子结构可能含有一个双键或酯环；当 $\Omega = 2$ 时分子结构可能含有三键或两个双键或两个酯环；当 $\Omega \geqslant 4$ 时，分子结构可能含有苯环。

如化合物 $C_8H_{10}O$ 的不饱和度 $\Omega = 1 + 8 + \dfrac{0-10}{2} = 4$，可推断其结构中可能有苯环存在。

（3）图谱解析　根据红外光谱图，解析各峰的归属基团。一般遵循"先特征，后指纹；先强峰，后次强峰；先粗查，后细找；先否定，后肯定；一抓一组相关峰"的程序。利用基团振动频率和分子结构关系，根据特征峰的位置、数目、相对强度和形状等参数，并借助有关手册或书籍中的基团频率表，对照图谱中基团频率表的主要吸收带，找到各主要吸收带的基团归属，确定化合物可能含有的基团或键的类型。再结合样品的其他分析资料，初步推断化合物分子结构。

（4）综合判断分析结果　根据推断的化合物可能的结构式，与已知样品或相关化合物的标准红外图谱对照，核对判断结果是否正确。如果样品为新化合物，则还需要结合紫外光谱、核磁共振、质谱等其他分析所获得的信息，综合进行定性鉴定和推测分子的结构。

目前，红外光谱仪都配有计算机系统，有关操作、参数设置、计算、谱图检索、核对等均可由计算机完成，使分析更加简便、快速、准确。

例 11 - 2　某化合物在 $4000 \sim 400 \text{cm}^{-1}$ 区间的红外吸收光谱图，如图 11 - 6 所示，试判断该化合物是下列三种结构中的哪一种？

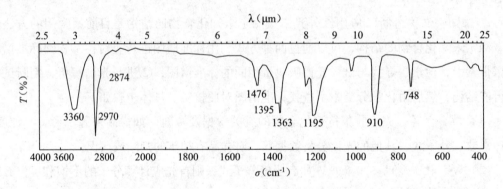

图 11 - 6　某化合物的红外光谱图

（1）$(CH_3)_3COH$　　　　（2）$CH_3(CH_2)_3OH$　　　　（3）$CH_2 = CHCH_2CH_2OH$

解：此三种化合物均为醇类，不同点在于一种含有—$C(CH_3)_3$，一种是直链饱和醇，一种是含有 $C = C$ 的不饱和醇。

从图 11 - 6 中看出，$3100 \sim 3000 \text{cm}^{-1}$ 和 $\sim 1650 \text{cm}^{-1}$ 无吸收峰，说明无 $\nu_{=C-H}$ 和 $\nu_{C=C}$。因此，否定结构（3）。

结构（2）在 1395cm^{-1} 和 1363cm^{-1} 附近不出现双峰。因此，否定结构（2）。

综上，此化合物为结构（1）$(CH_3)_3COH$，其吸收峰归属如下：

$\nu_{\text{O--H}} = 3360\text{cm}^{-1}$；$\nu_{\text{CH}_3}^{\text{as}} = 2970\text{cm}^{-1}$，$\nu_{\text{CH}_3}^{\text{s}} = 2874\text{cm}^{-1}$，$\delta_{\text{CH}_3}^{\text{as}} = 1476\text{cm}^{-1}$；$\delta_{\text{C(CH}_3)_3}^{\text{as}} = 1395$ 和 1363cm^{-1}；$\nu_{\text{C--O}} = 1235\text{cm}^{-1}$。

知 识 链 接

红外吸收光谱能反映分子结构的细微性和专属性，特征性强，是鉴别药物真伪、优劣的有效方法，如中草药的鉴别等。由于中草药中的成分是复杂的混合物，各谱带主要是由各种吸收峰叠加而成，给鉴别和分析带来很多困难，因此在鉴定中草药时常采用与标准品谱图对照，借助计算机和模式识别等技术，以综合的、宏观的、非线性的分析理念和质量控制模式来评价中药的真伪、优劣。现有文献报道利用红外吸收光谱三级宏观指纹分析方法能够通过其分子光谱的指纹特性对原药材的真伪、优劣进行判断。如快速、准确地判别了外观相似的高丽参、紫云英根、天门冬根等；通过人工神经网络分析各种不同生长条件下（野生和栽培）的黄芩药材的红外吸收光谱，可简便、快速、准确地识别不同的黄芩药材；采用二维相关红外光谱法可以对黄芪及其伪品刺果甘草进行分析与鉴定。

二、定量分析

红外吸收光谱的定量分析和紫外吸收光谱一样，它的依据是朗伯－比尔定律。根据测定吸收峰的强度可进行定量分析。由于红外光谱的谱带较多，选择的余地大，有利于排除共存物质的干扰，能方便地对某一组分和多组分进行定量分析。通常应选择能表征被测物质的特征，且选择的吸收带的吸收强度应与被测物的浓度有线性关系，吸收谱带明细而尖锐，两侧无其他谱带干扰的谱带。该法不受样品状态的限制，能定量测定气体、液体和固体样品。红外定量分析方法与紫外定量分析方法基本相同，主要有标准曲线法和内标法。但红外光谱技术灵敏度较低、误差较大，尚不适用于微量组分的测定。这使得红外光谱法在定量分析方面，远不如紫外－可见光谱法。

实验十五 阿司匹林红外线吸收光谱的绘制和识别

一、实验目的

1. 熟悉红外光谱的固体试样制备及红外光谱仪器的操作方法。
2. 学习红外光谱的绘制方法。

3. 通过图谱解析及标准谱图的检索比对，了解红外光谱鉴定药物的一般过程。

二、实验原理

红外光谱是物质吸收红外区域的电磁辐射引起分子振动－转动能级跃迁产生的吸收光谱。除极少数化合物外，每种化合物都有其特征的红外光谱。由于红外光谱具有高度的特征性，光谱复杂，信息量多，因此广泛应用于有机化合物的结构鉴定、分子结构的基础研究及化学组成的分析等。

测定红外光谱的必须是纯物质，要求样品纯度大于98％，且不含水。

阿司匹林是常用的解热镇痛药，其分子式为：

$$\text{COOH} \quad \text{OCOCH}_3$$

本实验采用两种方法制样，绘制阿司匹林的红外光谱，然后进行光谱解析，查阅标准红外光谱定性鉴别。

三、仪器与试剂

1. 仪器　傅立叶变换红外光谱仪，玛瑙研钵，红外专用压片机、压片模具，红外灯。

2. 试剂　阿司匹林（要求试样纯度 >98％，且不含水），KBr 粉末。

四、实验步骤

1. 试样制备

（1）压片法　称取干燥的阿司匹林样品约 1mg 置于玛瑙研钵中磨细，加入约 200mg 干燥的 KBr 细粉（过 200 目筛），研磨混匀，于红外灯下烘约 10 分钟，将混合物倒入专用红外压片模具（φ13mm）内铺匀，装好模具置压片机上并连接真空系统，先抽气约 3 分钟以除去混在粉末中的湿气和空气，再边抽气边加压至 30MPa 并保持约 2 分钟。除去真空，取下模具，取出透明的样品薄片，将其放在样品架上，待测。

（2）糊剂法　取少量干燥的阿司匹林试样置于玛瑙研钵中磨细，滴入几滴石蜡油研磨至呈均匀的糊状，取此糊状物涂在可拆液体池的窗片上或空白 KBr 片上，即可测定。

2. 图谱的绘制　将上述制备的样品薄片架置仪器样品（S）光路中，参比（R）光路上放空白 KBr 片，选择适当的测定参数，在 4000～400cm^{-1} 范围内进行全程扫描，测得阿司匹林的红外吸收光谱。

3. 记录与数据处理

（1）阿司匹林红外光谱：①压片法；②糊剂法。

（2）用手工检索，将测出的阿司匹林的红外光谱图与药典委员会提供的《药品红外光谱集》中的标准光谱进行比较；或查 SADTLER 红外标准光谱核对，解析测得的阿司匹林红外吸收光谱图，并指出各图谱中主要吸收峰的归属。

五、注意事项

1. 样品研磨应在红外灯下进行，以防样品吸水。
2. KBr 压片制样要均匀，否则制得样片有麻点，使透光率降低。
3. 由于各种型号的仪器性能不同，样品制备时研磨程度的差异或吸水程度不同等原因，均会影响光谱的性状。因此，进行光谱比对时，应考虑各种因素可能造成的影响。

六、思考题

1. 压片法制备固体样品应注意些什么问题？
2. 糊状法制样应注意什么？

本章小结

红外吸收光谱是指化合物吸收红外光的能量而发生振动和转动能级跃迁所产生的吸收光谱，也称为分子振转吸收光谱。利用红外光谱进行定性、定量及分子结构分析的方法，称为红外吸收光谱法。每种分子都有其组成和结构决定的独有的红外吸收光谱，据此可以对分子进行结构分析和鉴定。物质对红外吸收光谱特征性强，气体、液体、固体样品都可被测定。

1. 红外吸收光谱是由分子的振 - 转能级跃迁而产生的。
2. 物质吸收红外辐射应满足两个条件：

①照射分子的红外辐射光的频率与分子振动 - 转动频率相匹配。即红外光辐射的能量应恰好能满足振动能级跃迁所需要的能量。

②红外辐射与分子之间有偶合作用。

3. 分子振动的形式分为伸缩振动和弯曲振动两大类。伸缩振动又分为对称伸缩振动和不对称伸缩振动；弯曲振动又分为面内弯曲振动和面外弯曲振动。

4. 吸收峰的位置或称峰位通常用 σ_{max} 表示，对基频峰而言，$\sigma_{max} = \sigma$，基频峰的峰位即是基团或分子的基本振动频率。

$$\sigma = 1307\sqrt{\frac{k}{\mu'}} \ (cm^{-1})$$

5. 吸收峰的强度常用透光率 $T\%$ 和摩尔吸光系数 ε 描述。

6. 振动自由度（f）是分子基本振动的数目（理论数）。

线性分子的振动自由度 $f = 3n - 5$

非线性分子的振动自由度 $f = 3n - 6$

7. 红外吸收光谱是分子结构的反映，红外吸收光谱的吸收峰与分子的官能团及结构有密切关系。它可分为基频区和指纹区。根据谱带的波数（峰位）、数目、相对强度和形状进行基团的鉴定和有机化合物的结构分析。

8. 色散型红外分光光度计主要包括红外光源、单色器、样品池、检测器和记录系统五大部分。

傅立叶变换红外光谱仪（FT-IR）由光源、迈克尔逊干涉仪、样品池、检测器、计算机和记录系统等部件组成。

9. 固体试样制样方法主要有压片法、糊剂法及薄膜法。

10. 红外吸收光谱法广泛应用于有机化合物的定性、定量和分子结构分析。

复习思考

一、选择题

1. 红外光谱属于（   ）

    A. 分子吸收光谱
    B. 电子光谱
    C. 磁共振谱
    D. 原子吸收光谱

2. 用红外吸收光谱法测定有机物结构时，试样应该是（   ）

    A. 单质
    B. 纯物质
    C. 混合物
    D. 任何试样

3. 有一含氧化合物，如用红外光谱判断它是否为羰基化合物，主要的谱带范围为（   ）

    A. $3500 \sim 3200 \text{cm}^{-1}$
    B. $1900 \sim 1650 \text{cm}^{-1}$
    C. $1500 \sim 1300 \text{cm}^{-1}$
    D. $1000 \sim 650 \text{cm}^{-1}$

4. 在红外光谱分析中，用 KBr 制作为试样池，这是因为（   ）

    A. KBr 晶体在 $4000 \sim 400 \text{cm}^{-1}$ 范围内不会散射红外光

    B. KBr 在 $4000 \sim 400 \text{cm}^{-1}$ 范围内有良好的红外光吸收特性

    C. KBr 在 $4000 \sim 400 \text{cm}^{-1}$ 范围内无红外光吸收

    D. 在 $4000 \sim 400 \text{cm}^{-1}$ 范围内，KBr 对红外无反射

5. 一种能作为色散型红外光谱仪色散元件的材料为（   ）

    A. 玻璃
    B. 石英

C. 卤化物晶体　　　　　　　　　　　D. 有机玻璃

6. 并不是所有的分子振动形式其相应的红外谱带都能被观察到，这是因为(　　)

　　A. 分子既有振动运动，又有转动运动，太复杂

　　B. 分子中有些振动能量是简并的

　　C. 因为分子中有 C、H、O 以外的原子存在

　　D. 分子某些振动能量相互抵消了

7. 以下四种气体不吸收红外光的是(　　)

　　A. H_2O　　　　　　B. CO_2　　　　　　C. HCl　　　　　　D. N_2

8. 红外吸收光谱的产生是由于(　　)

　　A. 分子外层电子振动、转动能级的跃迁

　　B. 原子外层电子振动、转动能级的跃迁

　　C. 分子振动 – 转动能级的跃迁

　　D. 分子外层电子的能级跃迁

9. Cl_2 分子在红外光谱图上基频吸收峰的数目为(　　)

　　A. 0　　　　　　　　B. 1　　　　　　　　C. 2　　　　　　　　D. 3

10. 红外光谱法试样可以是(　　)

　　A. 水溶液　　　　　　　　　　　　B. 含游离水

　　C. 含结晶水　　　　　　　　　　　D. 不含水

二、判断题

1. 弯曲振动不仅发生在组成为 AX_2、AX_3 的基团或分子中，也发生在双原子分子中。(　　)

2. 只有偶极矩变化的振动过程，才能吸收红外光而产生具有红外活性振动的能级跃迁。(　　)

3. 红外光谱不仅包括振动能级的跃迁，也包括转动能级的跃迁，故又称为振 – 转光谱。(　　)

4. 傅里叶变换红外光谱仪与色散型红外光谱仪不同，它采用单光束分光元件。(　　)

5. 由于振动能级受分子中其他振动的影响，因此红外光谱中出现振动偶合谱带。(　　)

6. 对称结构分子，如 H_2O 分子，没有红外活性。(　　)

7. 水分子的 H—O—H 对称伸缩振动不产生吸收峰。(　　)

8. 红外光谱图中，不同化合物中相同基团的特征频率峰总是在特定波长范围内出现，故可以根据红外光谱图中的特征频率峰来确定化合物中该基团的存在。(　　)

9. 红外光谱仪与紫外光谱仪在构造上的差别是检测器不同。（　　）

10. 当分子受到红外光激发，其振动能级发生跃迁时，化学键越强吸收的光子数目越多。（　　）

三、简答题

1. 红外光谱是如何产生的？红外光谱区波段是如何划分的？

2. 产生红外吸收光谱的条件是什么？是否所有的分子振动都会产生红外吸收光谱？为什么？

3. 什么是红外非活性振动、简并？

4. 影响红外吸收峰峰强的因素有哪些？

5. 红外吸收光谱定性分析的依据是什么？

6. 红外光谱法与紫外光谱法有什么区别？

7. 以亚甲基为例说明分子的基本振动形式。

四、计算题

将羧基（—COOH）分解为 C＝O、C—O、O—H 等基本振动。已知 C＝O、C—O、O—H 的化学键力常数分别为 12.1、7.12 及 5.80N·cm^{-1}，试计算 C＝O、C—O、O—H 的基本振动频率。

五、综合题

某化合物熔点为29℃，分子式为 C_8H_7N，用液膜法制样，测得红外吸收光谱，如图 11 - 7 所示，试确定其结构。

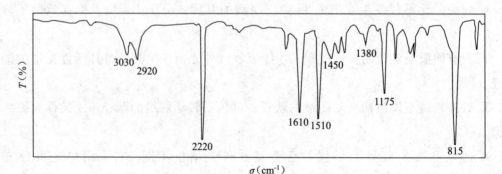

图 11 - 7　C_8H_7N 红外吸收光谱图

扫一扫，知答案

色谱法概述及经典液相色谱法

引　子

　　我国科学家屠呦呦课题组采用色谱法成功从青蒿中分离出青蒿素，研发了新型抗疟疾药青蒿素和双氢青蒿素，有效降低了疟疾患者的死亡率，挽救了全球数百万人的生命，2011 年获得拉斯克奖临床医学奖。2015 年屠呦呦获得诺贝尔生理学或医学奖，成为首获科学类诺贝尔奖的中国人，是中国医学界迄今为止获得的最高奖项，也是中国医药成果获得的最高奖项。

第一节　色谱法的基本概念

　　色谱法又称层析法，是一种依据物质的物理或物理化学性质差异而进行分离分析的方法，其原理是根据各物质在两相中的分配系数不同进行分离分析。色谱法具有分离能力强、灵敏度高、选择性好、分析速度快及应用范围广等特点。因此，色谱法是目前分析复杂混合物最有效的分离分析方法，在生命科学、材料科学、环境科学等领域有着广

泛的应用。

一、色谱法的产生与发展

1903年，俄国植物学家茨维特（M. S. Tswett）在研究植物色素时，将植物色素的石油醚提取液注入装有碳酸钙的玻璃柱顶端，然后用石油醚由上而下淋洗，随着石油醚的不断加入，植物色素渐渐向下移动，由于各种色素成分性质的不同，向下迁移的速度不同，结果在柱的不同部位呈现出与光谱相似的不同色带。1906年，茨维特发表在德国《植物学》杂志上的论文中将其命名为色谱。其后色谱法不仅用于有色物质的分离，而且还大量用于无色物质的分离。色谱法一词仍被沿用至今。

在化学上把物质组成及其理化性质均一的体系称为"相"，相与相之间都有一定的界面分开，如互不相溶的固-液两相、液-液两相、气-固两相、气-液两相。在上述茨维特的实验中，玻璃柱内的填充物（碳酸钙）称为固定相，流经固定相的洗脱液（石油醚）称为流动相。固定相是固定在一定支持物上的相，可以是固体或附着在某种载体上的液体。流动相是色谱分离中的流动部分，可以是与固定相互不相溶的气体或液体。当流动相携带样品流经固定相时，由于样品中各组分的结构和性质不同，各组分与固定相的分离作用也不同，从而达到分离分析的目的。

柱色谱问世后，20世纪30年代与40年代相继出现了薄层色谱法和纸色谱法，有关研究成果为随后创立的色谱新技术奠定了基础，并且这些方法都是以液体作为流动相，故称为经典液相色谱法。20世纪50年代，采用气体作流动相，创立了气相色谱法，并通过这种技术建立了现代色谱法理论。60年代推出了气相色谱-质谱联用技术；70年代出现了高效液相色谱法，克服了气相色谱法的不足；80年代出现了超临界流体色谱法和高效毛细管电泳色谱法的现代色谱技术；90年代高效液相色谱-质谱联用技术被广泛应用。大大拓宽了色谱法的应用范围，这些方法通常称为现代色谱法。目前，色谱法向着进一步完善各种联用技术、多维色谱及智能色谱方向快速发展。

色谱法研究获诺贝尔奖的科学家

1922年，美国的Palmer L S利用色谱技术分离纯化有机物；1937年Karrer P、1938年Khun R及1939年Ruzicka L分别利用色谱法成功分离得到了维生素A、维生素B_2及一系列的多烯类化合物，都获得了诺贝尔化学奖；1949年瑞典科学家Tiselins因电泳和吸附分析的研究而获诺贝尔奖；1952年英国的Martin和Synge因发展了分配色谱而获诺贝尔奖；2015年中国科学家屠呦呦利用色谱法成功从青蒿中分离出能治疗疟疾的药物青蒿素而获诺贝尔生理学或医学奖。

二、色谱法的分类

色谱法的种类很多，可从不同的角度进行分类。

（一）按流动相和固定相的状态分类

1. 液相色谱法（LC） 流动相为液体的色谱法。按固定相的状态分类，又可分为液 - 固色谱法（LSC）和液 - 液色谱法（LLC）。

2. 气相色谱法（GC） 流动相为气体的色谱法。按固定相的状态分类，又可分为气 - 固色谱法（GSC）和气 - 液色谱法（GLC）。

3. 超临界流体色谱法（SFC） 以超临界流体作为流动相的色谱法。所谓超临界流体，是高于临界压力和温度时物理性质介于气体和液体之间，兼有气体和液体的特征，但既不是气体也不是液体的一些物质。

（二）按操作形式分类

1. 柱色谱法（CC） 将固定相装于柱管内构成色谱柱，色谱过程在色谱柱内进行的色谱方法。依据色谱柱的粗细又可分为填充柱色谱法和毛细管柱色谱法。

2. 平面色谱法 将固定相涂铺或结合在特定平面上，色谱过程在平面内进行的色谱方法。包括薄层色谱法（TLC）和纸色谱法（PC）。

（三）按色谱分离机制分类

1. 吸附色谱法（AC） 利用吸附剂表面或吸附剂的某些基团对不同组分吸附性能的差异进行分离分析的方法。

2. 分配色谱法（DC） 利用不同组分在互不相溶的两相中的分配系数（或溶解度）差异进行分离分析的方法。

3. 离子交换色谱法（IEC） 固定相为离子交换树脂。利用离子交换树脂对溶液中不同离子的交换能力的差异进行分离分析的方法。

4. 分子排阻色谱法（MEC） 用多孔性凝胶作固定相，又称凝胶色谱法。利用凝胶对大小不同的组分分子具有不同的阻滞差异而进行分离分析的方法。

此外，还有其他分离机制的色谱方法，如毛细管电泳法、手性色谱法、分子印迹色谱法等。色谱法的各种分类方法不是绝对的、孤立的，而是相互渗透、兼容的。

三、色谱法的基本原理

（一）色谱过程

色谱操作的基本条件是具备相对运动的两相，即一相是固定不动的固定相，另一相是携带试样向前移动的流动相。色谱过程是物质在相对运动的两相间达到分配平衡的过程。

现以吸附色谱法分离顺式偶氮苯与反式偶氮苯为例，说明色谱过程。

顺式与反式偶氮苯性质相近，用沉淀、萃取等方法无法分离，采用吸附色谱法可以将两者较好地分离。将适量含有顺式和反式偶氮苯的石油醚提取液加入以氧化铝为固定相的色谱柱顶端，如图 12 - 1（a）所示，两组分均被氧化铝吸附剂吸附。然后用含 20% 乙醚的石油醚为流动相（洗脱剂）进行洗脱，在洗脱过程中，组分不断从吸附剂上解吸下来，遇到新的吸附剂而又被吸附，随着洗脱剂不断地向前移行，两组分在色谱柱中不断地进行着吸附、解吸附、再吸附、再解吸附……的过程，在吸附剂表面上存在着吸附 – 解吸附的平衡。由于两组分的性质存在微小差异，因而吸附剂对它们的吸附能力略有不同，经过一段时间的洗脱后，逐渐积累形成大的差异，最终两组分彼此分离，在柱中形成两个色带，如图 12 - 1（b）所示，继续用流动相进行洗脱，两组分依次流出色谱柱，如图 12 - 1（c）所示。

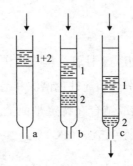

图 12 - 1 吸附柱色谱洗脱示意图

（二）分配系数

色谱过程的实质是混合物中各组分在相对运动的两相间，不断进行分配的平衡过程。每次达到分配平衡时，各组分被分离的程度可用分配系数 K 表示。

$$K = \frac{\text{组分在固定相中的浓度}（c_s）}{\text{组分在流动相中的浓度}（c_m）} \qquad (12 - 1)$$

分配系数 K 是指在一定的温度和压力下，达到分配平衡时，某组分在两相间的浓度（或溶解度）之比。

在固定相、流动相及温度一定的条件下，K 是组分的特征常数。K 越小的组分滞留在固定相中的时间越短，移动速度越快，先流出色谱柱；K 越大的组分滞留在固定相中的时间越长，移动速度越慢，后流出色谱柱；由此可见，混合物中各组分在两相间的分配系数不同时，则能实现差速迁移，分配系数相差越大，越容易分离。

分配系数 K 在色谱分离原理不同时，含义也不相同。在吸附色谱中，K 为吸附平衡常数；在分配色谱中，K 为分配平衡常数；在离子交换色谱中，K 为交换系数；在分子排阻色谱中，K 为渗透系数。

第二节 柱色谱法

柱色谱法（CC）按分离机制可分为吸附柱色谱法、分配柱色谱法、离子交换柱色谱法、分子排阻柱色谱法等。

一、液 – 固吸附柱色谱法

（一）原理

液 – 固吸附柱色谱是以固体吸附剂为固定相，以液体为流动相，利用吸附剂对不同组分的吸附能力的差异而进行分离的色谱法。分离时，样品中的组分分子与流动相分子竞争占据吸附剂表面活性中心。在一定条件下，这种竞争吸附达到平衡时，可用吸附平衡常数 K 表示：

$$K = \frac{c_s}{c_m} \tag{12-2}$$

K 大，组分的吸附能力强，则在吸附状态（吸附剂表面）时间长，即保留时间长，反之亦然。K 与温度、吸附剂的吸附能力、组分的性质及流动相的性质等有关。

（二）吸附剂

吸附剂要经过纯化和活化处理，应具有较大的吸附表面和足够的吸附能力，对不同组分有不同的吸附能力，不溶于流动相，与样品组分和流动相均不发生化学反应，粒度均匀，且具有一定的机械强度。常用的吸附剂有硅胶、氧化铝、聚酰胺和大孔吸附树脂等。

1. 氧化铝 色谱用氧化铝按制备方法不同分为酸性、碱性和中性三种，以中性氧化铝最为常用。酸性氧化铝（pH 值 4~5）适用于分离酸性和中性化合物，如氨基酸、有机酸等。碱性氧化铝（pH 值 9~10）适用于分离碱性或中性化合物，如生物碱等。中性氧化铝（pH 值 7.5）适用于分离生物碱、挥发油及在酸、碱中不稳定的酯等有机化合物。另外，凡是酸性、碱性氧化铝能分离的化合物，中性氧化铝均适用。

吸附剂的吸附能力常用活性级数来表示。吸附剂的活性与其含水量有关，见表 12-1。一般氧化铝和硅胶的活性分为五级（Ⅰ~Ⅴ）。Ⅰ级含水量最低，活性最高，吸附能力最强。

表 12-1 氧化铝、硅胶的含水量与吸附活性的关系

硅胶含水量（%）	氧化铝含水量（%）	活性级数
0	0	Ⅰ
5	3	Ⅱ
15	6	Ⅲ
25	10	Ⅳ
38	15	Ⅴ

在适当的温度下加热，可除去水分使吸附剂的吸附能力增强，这一过程称为活化；反之，加入一定量的水分可使活性降低，称为脱活。

2. 硅胶 硅胶（$SiO_2 \cdot XH_2O$）具有多孔性硅氧（—Si—O—Si—）交联结构，其骨架表面有许多硅醇基（—Si—OH），由于这些硅醇基能与极性化合物或不饱和化合物形成氢键，使得硅胶具有吸附性能。色谱用硅胶具有微酸性，其性能稳定，具有很好的惰性，吸附容量大，易制成各种不同尺寸的颗粒，是色谱法常见的吸附剂。硅胶一般适用于分离酸性或中性物质，如有机酸、氨基酸、萜类和甾体等。

3. 聚酰胺 一类由酰胺聚合而成的高分子化合物。由于分子中的酰胺基与化合物形成氢键的能力不同，吸附能力也不相同，从而使各类化合物得以分离。

聚酰胺难溶于水和一般有机溶剂，可溶于浓盐酸、酚、甲酸等。主要用于酚类（含黄酮类、蒽醌类、鞣质类等）、酸类及硝基类等化合物的分离，在天然药物有效成分的分离中应用非常广泛。

4. 大孔吸附树脂 一种不含交换基团，但具有大孔网状结构的高分子化合物。主要通过产生氢键或范德华引力而吸附被分离物质。

大孔吸附树脂性质稳定，不溶于酸、碱及有机溶剂。主要用于水溶性化合物的分离和提纯，多用于皂苷及其他苷类化合物的分离。

此外，如硅藻土、硅酸镁、活性炭、天然纤维素等也可作为吸附剂。

（三）流动相

流动相具有洗脱作用，其洗脱能力决定于流动相占据吸附剂表面活性中心的能力。极性较强的流动相分子占据吸附剂表面活性中心的能力强，具有较强的洗脱作用，反之洗脱作用弱。因此，为了使样品中吸附能力稍有差异的各组分分离，必须同时考虑被分离物质的性质、吸附剂的活性和流动相的极性三方面的因素。

1. 被分离物质的结构与性质 被分离物质的结构不同，其极性也各不相同，在吸附剂表面的被吸附力也不同。极性大的物质易被吸附剂较强地吸附，需要极性较大的流动相才能洗脱。

常见化合物的极性由小到大的顺序是：烷烃＜烯烃＜醚＜硝基化合物＜酯类＜酮类＜醛类＜硫醇＜胺类＜酰胺＜醇类＜酚类＜羧酸类。

化合物极性大小判断原则：

1. 常见的取代基极性大小比较：羧基（—COOH）＞酚羟基（Ar—OH）＞醇羟基（—OH）＞酰胺基（—NH—COCH₃）＞氨基（—NH₂）＞巯基（—SH—）

>醛基（—CHO）>酮基（—CO）>酯基（—COOR）>硝基（—NO$_2$）>醚基（—OCH$_3$）>烯基（—CH＝CH—）>烷基（—CH$_3$）。

2. 化合物极性大小判断原则：①分子中极性基团越多，极性越大；②分子中双键、共轭双键越多，极性越大；③同系物中，分子量越小，极性越大；④在同一母核中，不能形成分子内氢键的化合物比能形成的化合物极性大。

2. 吸附剂的选择 分离极性小的物质，一般选择吸附活性大的吸附剂；分离极性大的物质，一般选择吸附活性小的吸附剂。使被分离组分与吸附剂间形成适宜强度的吸附能力，有利于物质的分离。

3. 流动相的选择 根据"相似相溶"原理进行选择。通常分离极性较小的物质，选择极性较小的洗脱剂；分离极性较大的物质，选择极性较大的流动相。

常用的流动相极性由小到大的顺序是：石油醚＜环己烷＜四氯化碳＜苯＜甲苯＜乙醚＜氯仿＜乙酸乙酯＜正丁醇＜丙酮＜乙醇＜甲醇＜水＜醋酸。

总之，在选择色谱分离条件时，应综合考虑被分离物质、吸附剂和流动相三方面的因素。一般的原则是若分离极性较大的组分，应选用吸附活性较小的吸附剂和极性较大的流动相；若分离极性较小的组分，应选用吸附活性较大的吸附剂和极性较小的流动相。

在实际应用时，往往通过实验来寻找最合适的分离条件。为得到极性适当的流动相，常采用混合溶剂作流动相。

（四）操作方法

1. 装柱 根据被分离组分的性质、量的多少及分离要求选择合适的洁净色谱柱，一般直径与长度比为 1∶10 ~ 1∶20。柱的下端垫少许脱脂棉以防止吸附剂外漏，脱脂棉上铺一层厚约 5mm 的石英砂，然后再装柱。吸附剂要填充均匀，不能有缝隙或气泡，以免影响分离效果。装柱方法有以下两种：

（1）干法装柱 选用 80 ~ 120 目活化后的吸附剂经过玻璃漏斗不间断地倒入柱内，边装边轻轻敲打色谱柱，使其填充均匀，并在吸附剂顶端加少许脱脂棉。然后沿管壁滴加洗脱剂，使吸附剂湿润。

（2）湿法装柱 将一定量的吸附剂与适当的洗脱剂调成浆状，然后慢慢地倒入柱内，不能有气泡产生。从顶端再加入一定量的洗脱剂，使其保持一定液面。待吸附剂自由沉降而填实，在柱顶端加少许脱脂棉。这是目前常用的装柱方法。

2. 加样 将适量样品溶液小心加到色谱柱的顶部，加样完毕，打开下端活塞，使溶液缓缓流下，直至液面与吸附剂顶面平齐。

3. 洗脱 洗脱剂可以是单一溶剂或混合溶剂。在洗脱过程中应不断加入洗脱剂，使色谱柱顶端液面保持一定高度。控制好洗脱剂流速，流速过快影响分离效果。随着洗脱的

不断进行，样品中的各组分逐渐分离，依次流出色谱柱。然后分段收集洗脱液，采用其他方法对各组分进行定性、定量分析。

二、液－液分配柱色谱法

（一）原理

分配色谱法是利用样品中各组分在两相间分配系数不同而实现分离的方法。液－液分配柱色谱法的固定相和流动相均为液体，将液体的固定相吸着在载体的表面而被固定。当流动相携带样品流经固定相时，各组分在两相之间不断进行分配、再分配……即进行连续萃取。由于不同组分的分配系数不同，而产生差速迁移，最终实现分离。

分配色谱法依据固定相和流动相极性的不同，分为正相色谱法和反相色谱法。当固定相的极性大于流动相的极性时，称为正相色谱法；当固定相的极性小于流动相的极性时，称为反相色谱法。

（二）载体和固定相

载体又称担体，是一种惰性物质。在分配色谱中起支撑固定相的作用，吸附着大量的固定相液体。常用的载体有硅胶、多孔硅藻土、纤维素及微孔聚乙烯小球等。

正相色谱的固定相常用水、低级醇、稀酸等强极性溶剂，反相色谱的固定相为石蜡油等非极性或弱极性液体。

（三）流动相

分配色谱中的流动相与固定相极性应相差很大，才能形成互不相溶的两相。一般根据色谱方法、组分性质和固定相的极性，首先选用对各组分溶解度稍大的单一溶剂作流动相，如分离效果不理想，再改变流动相组成，即用混合溶剂作流动相，以改善分离效果。

正相色谱法常用的流动相有极性小于固定相的石油醚、醇类、酮类、酯类、卤代烃、苯或其混合物。反相色谱法常用的流动相有水、稀醇等极性溶剂。

（四）操作方法

分配柱色谱法的操作方法与吸附柱色谱法的操作方法基本相同。不同的是：①在装柱前将固定相与载体充分混合后再装柱；②流动相必须事先用固定相饱和，以防止流动相流经色谱柱时将固定相破坏。

三、离子交换柱色谱法

（一）原理

离子交换色谱法（IEC）是利用被分离组分对离子交换树脂的交换能力的差异而达到分离和提纯的色谱方法。

离子交换反应为：$R^-B^+ + A^+ \rightleftharpoons R^-A^+ + B^+$

选择性系数 $K_{A/B}$ 与分配（交换）系数的关系表示如下：

$$K_{A/B} = \frac{[A^+]_S \ [B^+]_m}{[B^+]_S \ [A^+]_m} = \frac{[A^+]_S / \ [A^+]_m}{[B^+]_S / \ [B^+]_m} = \frac{K_A}{K_B} \qquad (12-3)$$

式中，$[A^+]_S$、$[B^+]_S$ 分别代表离子交换树脂（固定相）中 A^+、B^+ 的浓度；$[A^+]_m$、$[B^+]_m$ 分别代表流动相中 A^+、B^+ 的浓度；K_A、K_B 分别为 A^+、B^+ 在两相间的分配（交换）系数。

在离子交换色谱法中，可用选择性系数 $K_{A/B}$ 衡量交换树脂对 A^+、B^+ 两种离子的选择交换能力。如果 $K_{A/B}$ 较大（$K_{A/B} > 1$），说明树脂对 A^+ 结合较牢，所以 A^+、B^+ 两离子流出色谱柱的顺序应是 B^+ 在前，A^+ 在后。如果 $K_{A/B}$ 较小（$K_{A/B} < 1$），说明树脂对 B^+ 结合较牢，所以流出色谱柱的顺序则应是 A^+ 在前，B^+ 在后。由此可见，混合物中各离子的分配（交换）系数不同，仍是离子交换色谱法中各离子进行分离的先决条件。

（二）固定相

离子交换色谱法以离子交换树脂作固定相。

1. 离子交换树脂的分类　离子交换树脂为一类具有稳定网状结构的高分子聚合物，其网状结构的骨架有许多可与溶液中的离子发生交换作用的活性基团。例如，最常用的聚苯乙烯型离子交换树脂是以苯乙烯为单体、二乙烯苯为交联剂聚合而成的球形网状结构，在此骨架上引入不同的活性基团，即得到不同类型的离子交换树脂。根据活性基团的不同，离子交换树脂可分为以下两类。

（1）阳离子交换树脂　如果在树脂骨架上引入的是酸性基团，如磺酸基（—SO_3H）、羧基（—COOH）和酚羟基（—OH）等，则成为阳离子交换树脂。这些酸性基团中的氢可与溶液中的阳离子发生交换反应，如磺酸型阳离子变换树脂的交换反应为：

$$R—SO_3H + M^+ \Longleftrightarrow R—SO_3M + H^+$$

（2）阴离子交换树脂　如果在树脂骨架上引入的是碱性基团，如季铵基（—N^+R_3 OH^-）、伯胺基（—NH_2）、仲胺基（—NHR）、叔胺基（—NR_2）等，则成为阴离子交换树脂，用 NaOH 溶液转型后，则成为 OH^- 型阴离子交换树脂。这些碱性基团上的 OH^- 可与溶液中的阴离子发生交换反应，其交换反应为：

$$R—N^+R_3OH^- + X^- \Longleftrightarrow R—N^+R_3X^- + OH^-$$

由于交换反应是可逆的，如果用适当的酸或碱溶液处理已使用过的树脂，即会恢复树脂的交换活性，这一过程称为再生。经再生的离子交换树脂可重复使用。

2. 离子交换树脂的性能

（1）交联度　离子交换树脂中交联剂的含量称为交联度，通常以重量百分比表示。交联度大，形成网状结构紧密，网眼小，选择性高。但交联度也不宜过大，否则会使交换容量降低。一般选8%交联度的阳离子交换树脂或4%交联度的阴离子交换树脂为宜。

（2）交换容量　在实验条件下，每克干树脂真正参加交换的活性基团数目称为交换容量。一般树脂的交换容量为 $1 \sim 10 mmol \cdot g^{-1}$。交换容量用于衡量离子交换树脂的交换能力，交换容量大，树脂的交换能力强。

（三）流动相

离子交换柱色谱法的流动相通常是以水为溶剂的缓冲溶液，有时为了提高选择性常加入乙醇、乙腈、四氢呋喃等。

（四）操作方法

离子交换柱色谱法的操作方法与吸附柱色谱法基本相同，只是在装柱前需对树脂进行预处理。商品阳离子交换树脂一般用盐酸浸泡，使之转化为 H 型；商品阳离子交换树脂一般用氢氧化钠溶液浸泡，使之转化为 OH 型。

四、柱色谱法的应用

柱色谱法成本低、仪器简单、操作方便、色谱柱容量大，适用于较少量成分的分离和纯化，是最常用的经典分离技术。在药物的研究过程中，经常有许多结构相似、性质相似的各种成分的混合物，若采用一般方法难以分离，但使用柱色谱法分离精制，则可获得纯品。例如，中药黄芩中黄酮的提取与分离；大黄中蒽醌的提取与分离等。因此，柱色谱法已成为天然药化、生化及药物分析等领域中必备的分离手段之一。

第三节　平面色谱法

平面色谱法是组分在以平面为载体的固定相和流动相之间进行分离的一种色谱方法，主要包括薄层色谱法和纸色谱法。此方法具有仪器简单、操作方便、分析速度快、灵敏度高等优点。在医药、临床、生化、环境、食品等领域得到广泛应用。

一、薄层色谱法

（一）基本原理

薄层色谱法（TLC）是将固定相（如吸附剂）均匀地涂铺在光洁的玻璃板、塑料板或金属板上形成薄层，在此薄层上进行分离的色谱方法。按分离原理可分为吸附薄层、分配薄层、离子交换薄层和凝胶薄层。其中应用最为广泛的是吸附薄层色谱法。

1. 分离原理　固定相为吸附剂的薄层色谱法称为吸附薄层色谱法，其分离原理与吸附柱色谱法的分离原理相似。如将含有 A、B 两组分的混合样品溶液点在薄层板的一端，在密闭容器中用适当的流动相（展开剂）预饱和后展开，吸附系数大的组分在薄层板上的迁移速度慢，而吸附系数小的组分在薄层板上的迁移速度快，经过一段时间后被完全分离，在薄层板上形成两个斑点，如图 12 -2 所示。

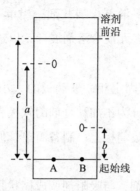

图 12 -2 R_f 值的测量示意图

2. 比移值与相对比移值

（1）比移值（R_f） 样品展开后各组分斑点在薄板上的位置可用比移值 R_f 来表示。R_f 的表达式为：

$$R_f = \frac{原点到斑点中心的距离}{原点到溶剂前沿的距离} \tag{12-4}$$

上述含 A、B 两个组分的混合样品溶液经展开后，R_f 值分别为：

$$R_{f(A)} = \frac{a}{c} \qquad R_{f(B)} = \frac{b}{c}$$

当色谱条件一定时，组分的 R_f 为一常数，利用 R_f 可以对物质进行定性鉴别。R_f 值在 0~1 之间，一般控制在 0.2~0.8。不同组分的 R_f 之间应相差 0.05 以上，否则容易造成斑点重叠。

（2）相对比移值（R_S） 由于影响 R_f 值的因素很多，定性鉴别时常采用相对比移值 R_S，以消除实验过程中的系统误差，使分析结果更可靠。相对比移值 R_S 是指样品中某组分移动的距离与对照品移动距离之比，其表达式为：

$$R_S = \frac{原点到样品组分斑点中心的距离}{原点到对照品斑点中心的距离} \tag{12-5}$$

测定 R_S 时对照品可以另外加入，也可用样品中某一已知组分。$R_S = 1$，表示样品与对照品一致。

（二）吸附剂和展开剂的选择

1. 吸附剂 吸附薄层色谱法中所用的吸附剂和吸附柱色谱中所用的吸附剂基本相似，但在薄层色谱中要求吸附剂的颗粒更细，其分离效能更高。常用的吸附剂有硅胶、氧化铝和聚酰胺等。

2. 展开剂 薄层色谱法中展开剂的选择原则和吸附柱色谱法中洗脱剂的选择原则相

似，即遵循"相似相溶的原则"。分离极性大的组分选择极性大的展开剂展开，反之亦然。

在薄层色谱中，一般先用单一溶剂作展开剂。当单一溶剂作展开剂不能很好分离时，再考虑改变展开剂的极性或改用多元混合溶剂展开，以达到满意的分离效果。

（三）操作方法

1. 制板 常采用玻璃板涂铺固定相，玻璃板的大小根据操作需要而定，使用前应洗涤干净，烘干备用。薄层板一般分为不加黏合剂的软板和加黏合剂的硬板两种。

软板是将吸附剂直接涂铺于玻璃板上，制备简单，但极不牢固，只能近水平展开，分离效率低，所以很少使用。

硬板是在吸附剂中加入黏合剂，与吸附剂调成糊状物进行铺板。常用的黏合剂有羧甲基纤维素钠（CMC－Na）和煅石膏（G）等。CMC－Na 常配成 0.5% ~1% 的溶液使用，煅石膏（G）常配成 5% ~15% 的溶液使用。羧甲基纤维素钠作黏合剂制成的硬板机械性能强，但不耐腐蚀。煅石膏（G）作黏合剂制成的硬板机械性能较差，易脱落，但耐腐蚀，可用浓硫酸试液显色。

铺好的薄层板放置在水平台面上，室温下晾干后，置烘箱内一定温度下加热活化。如硅胶板应在 105 ~110℃活化 30 分钟，冷却后保存于干燥器中备用。

2. 点样 将试样溶液点在距薄层板的一端 1.5 ~2cm 的适当位置上，点样后原点直径不超过 2 ~3mm。为避免在空气中吸湿而降低活性，可用电吹风机吹干。然后立即将薄层板放入色谱缸内展开。

3. 展开 薄层色谱法的展开方式有上行法展开、下行法展开、近水平展开、径向展开、双向展开、多次展开等。根据薄层板的形状、大小、性质选用不同的展开方式和色谱缸，如上行展开是在直立型色谱缸中进行，近水平（15°~30°）展开是在长方形色谱缸内进行。展开方式如图 13 –3 所示。

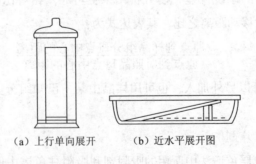

（a）上行单向展开　　　（b）近水平展开图

图 12 –3　薄层展开示意图

展开时应注意：一是色谱缸的密封性能要好，使色谱缸中展开剂蒸汽维持为饱和状态不变；二是在展开前，色谱缸空间应为展开剂蒸汽饱和，以防止同一物质在薄层板中部的

R_f值小于边缘两侧的R_f值，即防止"边缘效应"的产生。

一般情况下，当展开剂展开到薄层板约 3/4 处，取出薄层板，标记好溶剂前沿，晾干。

4. 斑点定位 对于有色物质的分离，展开后直接观察斑点颜色，测算 R_f 值。对无色物质，展开后选择适当的方法使斑点显色。如对于有荧光及少数具有紫外吸收的物质，可在紫外灯下观察有无暗斑或荧光斑点，并划出斑点位置，记录其颜色、强弱；具有紫外吸收的物质也可采用荧光薄层板检测，根据被测物质吸收紫外光产生各种颜色的暗斑确定其组分的位置；对于既无色又无紫外吸收的物质，可利用化学试剂（显色剂）与被测物质反应，使斑点显色而定位。

知 识 链 接

近年来，老年性心脑血管疾病发病率明显上升。临床常用丹参治疗冠心病，并取得满意疗效。目前市场伪品较多，如何鉴别丹参的真伪很重要。《中国药典》（2015 年版）规定采用薄层色谱法来鉴别丹参。具体方法如下：

配制丹参供试品溶液、丹参对照药材溶液和丹参酮Ⅱ$_A$对照品溶液，照薄层色谱法实验，吸取上述三种溶液各 5μL，分别点于同一硅胶 G 薄层板上，以环己烷－乙酸乙酯（6:1）为展开剂，展开，取出，晾干。供试品色谱与对照药材色谱和对照品色谱相应的位置上，分别显现相同的暗红色斑点。

（四）定性分析与定量分析

1. 定性分析 斑点定位后，主要依据 R_f 或 R_s 值进行定性分析。由于 R_f 值受很多因素的影响，重现性较差。在实际工作中，常将试样与对照品在同一薄层板上进行展开、定位，然后比较分析，或测量斑点的 R_s 值后进行定性鉴别。如果有待测组分的纯物质作对照，定性分析的准确度更高。

以上方法适用于已知范围的未知物。对于未知物的定性鉴别，应将分离后的组分斑点取下，洗脱后借助于其他方法，如红外光谱法、质谱法等，做进一步的定性分析。

2. 定量分析 常用的定量分析方法包括目视定量法、洗脱定量法和薄层扫描法。

（1）目视定量法 将一系列已知浓度的对照品溶液与样品溶液点在同一薄层板上，展开并显色后，以目视法直接比较试样斑点与对照品斑点的颜色深浅或面积大小，以求得样品中待测组分的近似含量。

（2）洗脱定量法 将试样组分斑点全部取下，用适当的溶剂进行洗脱，再用适当方法如紫外分光光度法、荧光分光光度法等进行定量测定。

（3）**薄层扫描法**　用薄层扫描仪对组分斑点进行扫描，直接测定斑点的含量。此方法的灵敏度和准确度都较高，已成为薄层色谱常用的定量方法。

二、纸色谱法

（一）基本原理

纸色谱法（PC）是以滤纸为载体的平面色谱法，通常以滤纸纤维上吸附的水为固定相，有时滤纸纤维上也可吸留其他物质作固定相，如甲酰胺、各种缓冲溶液等。展开剂是与水互不相溶的有机溶剂。在实际应用中，也常选用与水相溶的溶剂作展开剂。因为，滤纸纤维所吸附的水中约有6%能通过氢键与纤维上的羟基结合成复合物。所以这部分与水相混溶的溶剂仍能形成类似不相混溶的两相。

纸色谱法依据分离原理属于分配色谱法。其分离原理与液－液分配柱色谱法相同，也是利用样品中各组分在两相之间分配系数的不同而实现分离的方法。以水为固定相的纸色谱为正相色谱，用于分离极性物质，在其他条件一定时，被分离组分的极性越大，组分 R_f 越小，反之亦然。分离非极性物质，采用反相色谱法进行分离。反相纸色谱的固定相是极性很小的有机溶剂，水或极性有机溶剂作展开剂。

（二）操作方法

1. 色谱纸的选择　对色谱纸的要求：①质地均匀，有一定的机械强度；②纸纤维的松紧适宜；③纯净，无明显荧光斑点；④依据分离对象及分离分析目的选择合适的滤纸型号。对 R_f 相差很小的化合物，宜选用慢速滤纸；R_f 相差较大的化合物，则选用快速滤纸。

2. 点样　与薄层色谱法相似，点样量取决于滤纸的厚度及显色剂的灵敏度，一般为几至几十微克。

3. 展开　展开剂的选择主要考虑试样组分在两相中的溶解度和展开剂的极性。在展开剂中溶解度较大的组分 R_f 值较大。对极性组分，增大展开剂的极性，R_f 值增大；降低展开剂的极性，R_f 值减小。

被分离组分在展开剂中展开后，一般要求 R_f 在 $0.05 \sim 0.85$ 之间。分离两个以上组分时，其 R_f 相差至少要大于0.05。常用的展开剂有用水饱和的正丁醇、正戊醇、酚等。

4. 斑点的定位　纸色谱的斑点定位方法与薄层色谱法基本相同。但不能使用具有腐蚀性的显色剂，以免腐蚀滤纸，也不能在高温下显色。

5. 定性与定量分析　纸色谱定性方法与薄层色谱法相同，也是依据 R_f 或 R_s 值进行定性分析。定量方法常采用剪洗法，即先将确定部位的色斑剪下，经溶剂浸泡、洗脱后，再用适当的方法进行定量分析。目前，纸色谱定量分析一般很少应用。

实验十六 几种氨基酸的纸色谱

一、实验目的

1. 掌握纸色谱法分离混合物的操作技术。
2. 熟悉纸色谱法的分离原理。
3. 掌握 R_f 的计算方法。

二、实验原理

纸色谱法是以滤纸作为载体的平面色谱法，通常以滤纸纤维上吸附的水为固定相，有时滤纸纤维上也可吸留其他物质作固定相，按分离原理属于分配色谱法。其分离原理与液－液分配柱色谱相同，即利用试样中各组分在两种互不相溶的溶剂间分配系数不同而实现分离。通过测算试样各组分比移值 R_f 或相对比移值 R_s 进行定性鉴别。

三、仪器与试剂

1. 仪器 色谱缸或大试管，色谱滤纸（17cm×1.5cm），平口毛细管，显色用喷雾器，电吹风机等。

2. 试剂 甘氨酸、色氨酸及亮氨酸的甲醇混合液，0.2% 的茚三酮醋酸丙酮溶液（0.2g 茚三酮、40mL 醋酸、60mL 丙酮），正丁醇－醋酸－水（体积比4:1:5）。

四、实验步骤

1. 准备 取正丁醇－醋酸－水（体积比4:1:5）混合液展开剂 20mL 置于色谱缸或大试管中，使其蒸汽达到饱和。取色谱滤纸（17cm×1.5cm）一张，距离一端2cm处标示起始线及点样点（原点）。

2. 点样 用毛细管吸取甘氨酸、色氨酸及亮氨酸的混合液，在原点处轻轻点样（不超过2~3次），点样后原点扩散直径不能超过2~3mm。待干后，将滤纸悬挂于盛有正丁醇－醋酸－水（体积比4:1:5）混合液的色谱缸或大试管中，饱和10分钟。

注意：点样次数由样品液的浓度而定。重复点样，必须要等前次样点干后方可再次点样，以防原点扩散。

3. 展开 将点有样品的一端浸入展开剂约1cm处（勿使样品浸入展开剂），上行展开，当展开剂扩散到距离纸顶端2cm处时，取出滤纸条，用铅笔在展开剂前沿划一条前沿线，晾干。

4. 斑点定位　　用喷雾器将 0.2% 茚三酮试液均匀地喷到滤纸条上，置于烘箱（60 ~ 80℃）中烘 10 分钟左右取出（也可用电吹风机加热显色），即可看见各种氨基酸斑点。

5. 定性　　分别测量并计算斑点的 R_f 值，进行定性鉴别。

五、数据记录与处理

	斑点 A	斑点 B	斑点 C
原点到斑点中心的距离（cm）			
原点到斑点中心的距离（cm）			
R_f			
R_f 参考值	$R_{f(甘氨酸)标准} = 0.30$	$R_{f(色氨酸)标准} = 0.64$	$R_{f(亮氨酸)标准} = 0.79$
结论			

六、思考题

1. 展开时，点样为什么不能浸入展开剂中？

2. 为什么展开剂必须事先倒入色谱缸或大试管？

3. 用纸色谱法分离几种氨基酸应注意哪些问题？

4. 在相同实验条件下进行纸色谱分析，试比较甘氨酸、色氨酸及亮氨酸三种氨基酸 R_f 值的大小，并解释原因。

实验十七　磺胺类药物分离及鉴定的薄层色谱

一、实验目的

1. 掌握薄层硬板的制备方法。
2. 掌握薄层色谱法的分离原理和操作技术。
3. 掌握 R_f 的计算方法。

二、实验原理

薄层色谱法是将固定相（如吸附剂）均匀地涂铺在光洁的玻璃板、塑料板或金属板表面，形成一定厚度的薄层，在此薄层上进行色谱分离的方法。固定相为吸附剂的薄层色谱法称为吸附薄层色谱法，其分离原理与吸附柱色谱相同。

由于不同的磺胺类药物结构不同，其极性也不同，可以利用薄层色谱法分离不同结构的磺胺类药物，并通过各组分斑点的 R_f 进行定性鉴别。

三、仪器与试剂

1. 仪器　色谱缸，玻璃片（5cm×10cm），研钵，平口毛细管，电吹风机，烘箱，显色用喷雾器等。

2. 试剂　薄层色谱用硅胶 H 或硅胶 G（200～400 目），1%羧甲基纤维素钠（CMC－Na）水溶液，氯仿－甲醇－水（体积比 32∶8∶5），0.1%磺胺嘧啶的对照品甲醇溶液，0.1%磺胺甲嘧啶的对照品甲醇溶液，0.1%的磺胺二甲嘧啶的对照品甲醇溶液，2%的对二甲氨基苯甲醛的 1mol·L^{-1}盐酸溶液（显色剂），三种磺胺类药物的混合甲醇溶液。

四、实验步骤

1. 硅胶 CMC－Na 薄层板的制备　称取 5g 硅胶 H（200～400 目）置于研钵中，加入 1% CMC－Na 溶液约 15mL，研磨成均匀的糊状，并去除表面的气泡。分别倾倒在三块洁净的玻璃板上，用手轻轻振动玻璃板，使糊状物平铺于玻璃板上，形成均匀的薄层，然后置于水平台上晾干，再放入烘箱中于 110℃活化 1～2 小时，取出置于干燥器中备用。

2. 点样　在薄层板上距一端 1.5cm 处标示起始线及点样点（原点）并标记，取 4 支平口毛细管（或微量注射器），分别吸取磺胺嘧啶、磺胺甲嘧啶、磺胺二甲嘧啶的对照品溶液及样品溶液点于相应位置，原点扩散直径不能超过 2～3mm。

3. 展开　待点样点溶剂挥发后，将点样薄层板置于被氯仿－甲醇－水（体积比 32∶8∶5）展开剂饱和的密闭色谱缸中，饱和 10～15 分钟，然后进行展开。展开到板的 3/4 高度后取出，立即用铅笔标出溶剂前沿，晾干。

4. 斑点定位　用喷雾器将 2%的对二甲氨基苯甲醛的 1mol·L^{-1}盐酸溶液显色剂均匀喷洒在薄层板上，即斑点显示，记录斑点的颜色。

5. 定性鉴别　用铅笔将各斑点框出，并找出斑点中心，用直尺测量出原点到各斑点中心的距离及起始线到溶剂前沿的距离，计算各斑点的 R_f。通过比较样品与对照品的 R_f，进行定性鉴别。

五、注意事项

1. 制备硬板时，硅胶和 CMC－Na 溶液置于研钵中必须朝同一方向均匀研磨。
2. 在硬板上涂铺糊状物时要求厚度均匀，不带气泡。
3. 点样时，不能损坏薄层表面。
4. 展开剂必须事先倒入色谱缸或大试管，使其蒸汽达到饱和。
5. 展开时，色谱缸必须密闭，以免因缸内蒸汽末饱和而影响分离效果。

六、数据记录与处理

	对 照 品			样 品		
	磺胺嘧啶	磺胺甲嘧啶	磺胺二甲嘧啶	斑点 A	斑点 B	斑点 C
原点到斑点中心的距离（cm）						
原点到斑点中心的距离（cm）						
R_f						
结论	—	—	—			

七、思考题

1. 薄层色谱法分离鉴别磺胺类药物应注意哪些问题？

2. 硬板为什么在室温下干燥后，还要置于110℃烘箱活化？

3. 活化后的薄板为什么要贮存于干燥器内？

4. 在相同实验条件下进行薄层色谱分析，试比较磺胺嘧啶、磺胺甲嘧啶及磺胺二甲嘧啶三种磺胺类药物 R_f 值的大小，并解释原因。

本章小结

本章主要介绍色谱法的基本概念、分类、基本原理、固定相与流动相的选择、操作方法及应用。

1. 基本概念：色谱法、固定相、流动相（洗脱剂、展开剂）、载体、分配系数、阳离子交换树脂、阴离子交换树脂、交联度、交换容量、正相色谱法、反相色谱法。

2. 主要定性参数

分配系数：$K = \dfrac{\text{组分在固定相中的浓度}\ (c_s)}{\text{组分在流动相中的浓度}\ (c_m)}$

比移值：$R_f = \dfrac{\text{原点到斑点中心的距离}}{\text{原点到溶剂前沿的距离}}$

相对比移值：$R_s = \dfrac{\text{原点到样品组分斑点中心的距离}}{\text{原点到对照品斑点中心的距离}}$

3. 经典柱色谱法

（1）液－固吸附柱色谱法：利用吸附剂对不同组分的吸附能力差异进行分离。固定相为固体吸附剂，常用硅胶、氧化铝、聚酰胺和大孔吸附树脂；流动相根据"相似相溶"原则进行选择。一般选择原则是若分离极性较大的组分，应选用吸附活性较小的吸附剂和极性较大的流动相；反之亦然。

（2）液–液分配柱色谱法：利用样品中各组分在两相之间分配系数（溶解度）的不同而进行分离。固定相为液体（由载体吸附）。流动相与固定相极性应相差很大，才能形成互不相溶的两相，以便在分配色谱中建立分配平衡。正相分配色谱法中固定相为极性的以及各种水溶液，流动相为弱极性的有机溶剂或其混合物；反相色谱中恰好相反。

（3）离子交换柱色谱法：利用被分离组分对离子交换树脂的交换能力的差异而进行分离。固定相是离子交换树脂，流动相常用以水为溶剂的缓冲溶液。

经典柱色谱法的操作步骤包括装柱、加样、洗脱。

4. 平面色谱法：包括薄层色谱法和纸色谱法，定性鉴定参数是比移值 R_f 与相对比移值 R_s。

（1）吸附薄层色谱法：利用吸附剂对不同组分的吸附能力差异进行分离。常用吸附剂有硅胶、氧化铝和聚酰胺等；一般要求 R_f 在 $0.2 \sim 0.8$。操作步骤包括铺板、点样、展开、斑点定位及定性与定量分析。

（2）纸色谱法：利用样品中各组分在两相之间分配系数（溶解度）的不同而进行分离。以滤纸作为载体，滤纸上吸附的水为固定相，流动相为有机溶剂或与水相溶的溶剂，属于分配色谱法；一般要求 R_f 在 $0.05 \sim 0.85$。操作步骤包括滤纸的选择、点样、展开、斑点定位及定性与定量分析。

复习思考

一、选择题

1. 吸附平衡常数 K 值小，则（   ）
   A. 组分被吸附得牢固　　　　　　　　　B. 组分移动速度慢
   C. 组分移动速度快　　　　　　　　　　D. 组分不移动

2. 吸附柱色谱与分配柱色谱的主要区别是（   ）
   A. 分离原理不同　　　　　　　　　　　B. 色谱柱不同
   C. 操作方式不同　　　　　　　　　　　D. 洗脱剂不同

3. 在吸附色谱中，分离极性小的物质应选用（   ）
   A. 活性高的吸附剂和极性大的洗脱剂　　　B. 活性高的吸附剂和极性小的洗脱剂
   C. 活性低的吸附剂和极性小的洗脱剂　　　D. 活性低的吸附剂和极性大的洗脱剂

4. 按照分离原理纸色谱法属于（   ）

A. 吸附色谱   B. 分配色谱

C. 离子交换色谱   D. 空间排阻色谱

5. 关于色谱法下列说法正确的是（   ）

     A. 色谱过程是一个差速迁移的过程

     B. 分离极性强的组分用极性强的吸附剂

     C. 各组分之间分配系数相差越小，越易分离

     D. 纸色谱法中滤纸作固定相

6. 薄层色谱中，软板与硬板的主要区别是（   ）

     A. 吸附剂不同   B. 黏合剂不同

     C. 玻璃板不同   D. 是否加黏合剂

7. A、B、C 三组分的分配系数 $K_A > K_B > K_C$，其比移值 R_f 大小顺序为：（   ）

     A. C > B > A   B. B > C > A

     C. A > B > C   D. B > A > C

8. 在纸色谱法中，对于极性组分，若增大展开剂的极性，可使其 R_f 值（   ）

     A. 减小   B. 增大

     C. 不变   D. 无法确定

9. 阳离子交换树脂可引入的交换基团为（   ）

     A. —COOH   B. —NR_2

     C. —N^+R_3 D. —NHR

10. 阴离子交换树脂可引入的交换基团为（   ）

     A. —SO_3H B. —COOH

     C. —NHR   D. —CH_3

二、判断题

1. 试样中各组分分配系数的不同是色谱法进行分离的先决条件。（   ）

2. 吸附柱色谱法常用的吸附剂有硅胶、氧化铝、聚酰胺和大孔吸附树脂等。（   ）

3. 薄层色谱法常用的黏合剂有羧甲基纤维素钠（CMC – Na）和煅石膏（G）等。（   ）

4. 色谱法中使用的展开剂一定要是纯溶剂。（   ）

5. 色谱柱的装填要均匀，不能有气泡，否则会影响分离效果。（   ）

6. 在色谱操作的实验中，R_f 值的重视性好，因而常根据 R_f 定性。（   ）

7. 平面色谱法点样操作时，点样量越多越好。（   ）

8. 进行薄层色谱时，斑点的 R_f 值越大越好，说明该组分越容易分开。（   ）

9. 进行吸附柱色谱时，极性大的组分比极性较小的组分先洗脱出柱。（   ）

10. 在纸色谱法中，对极性组分，增大展开剂的极性，R_f值增大；反之亦然。（　　）

二、简答题

1. 在液－固吸附色谱法中，如何选择固定相和流动相？为什么？

2. 何为正相色谱法和反相色谱法？

3. 离子交换树脂分几类？各有什么特点？什么是交联度和交换容量？

4. 在吸附薄层色谱法中如何选择展开剂？

5. 在同一薄层色谱中，已知混合物中 A、B、C 三组分的分配系数分别为 440、480、520，说明 A、B、C 三组分 R_f的关系，并解释原因。

三、计算题

1. 某样品采用纸色谱法展开后，原点距斑点中心的距离为 6.5cm，原点距溶剂前沿的距离为 10.0cm，求其 R_f?

2. 已知样品 A 和对照品 B 经过薄层色谱展开后，A 样品斑点中心到原点 9.0cm，B 对照品斑点中心到原点 6.0cm，溶剂前沿到原点的距离 12cm，试计算：（1）A、B 两物质的 R_f值为多少？（2）A、B 两物质的 R_s值为多少？

扫一扫，知答案

第十三章

气相色谱法

【学习目标】

掌握气相色谱法的基本概念和基本原理；气相色谱的定性、定量分析方法。

熟悉气相色谱仪的基本构造；检测器的选择；气相色谱仪的实践操作。

了解气相色谱法的基本理论；气相色谱法的应用。

引 子

1952 年，英国生物化学家詹姆斯和马丁在研究液 - 液分配色谱的基础上，提出气 - 液色谱法，同时也发明了第一个气相色谱检测器，用来检测脂肪酸的分离。气相色谱法是一种极为有效的分离方法，可分析和分离复杂的多组分混合物。据统计，能用气相色谱法直接分析的有机物约占全部有机物的20%。它被广泛应用于石油化学、环境监测、农业食品、空间研究和医药卫生等领域。

第一节 概 述

气相色谱法是以惰性气体作为流动相的一种色谱方法，主要利用物质的沸点、极性及吸附性质的差异来实现混合物的分离。在药物分析领域中，气相色谱法已成为药物杂质检查和含量测定、中药挥发油分析、药物纯化、制备等的一种重要手段。

一、气相色谱法的特点及分类

气相色谱是色谱法中的一种，在此法中，载气（即用来载送试样的惰性气体）载着欲分离的试样通过色谱柱中的固定相，使试样中各组分分离，然后分别检测。

气相色谱法在分离分析方面，具有分离效率高（理论塔板数可高达20万）、选择性好（可有效分离性质极为相近的组分，如同位素、异构体等）、灵敏度高、分析速度快（几秒至几十分钟）、样品用量少及应用广泛等特点。但其不适用于热稳定性差、挥发性小的物质的分离分析。

气相色谱法属于柱色谱法。根据色谱柱的粗细，分为填充柱色谱法及毛细管柱色谱法两种。填充柱是将固定相填充在金属或玻璃管中（常用内径2~4mm）。毛细管柱（0.1~0.8mm）可分为开管毛细管柱、填充毛细管柱等。根据使用温度下的固定相的状态不同，又可分为气-固色谱法（GSC）和气-液色谱法（GLC）两类。根据分离机制，可分为吸附及分配色谱法两类。在气-固色谱法中，固定相为吸附剂，属于吸附色谱法，其分离的对象主要是一些永久性的气体和低沸点的化合物。气-液色谱法属于分配色谱法，固定相是高沸点的有机物（称为固定液），由于可供选择的固定液种类多，故选择性较好，应用亦广泛。

本章主要介绍气-液色谱法。

二、气相色谱仪的基本组成与工作流程

气相色谱仪主要由气路系统、进样系统、分离系统、温控系统、检测器和数据处理系统等六部分组成，其基本结构如图13-1所示。气相色谱仪的工作流程如下：载气自钢瓶经减压后输出，经减压阀、净化器、流量调节阀和流量计后，以稳定的压力、恒定的流速连续流过气化室、色谱柱和检测器，最后放空。气化室与进样口相接，其作用是把从进样口注入的液体试样瞬间气化为蒸汽，以便随载气带入色谱柱中进行分离。样品中各组分在固定相与载气间分配，由于各组分在两相中的分配系数不等，它们将按分配系数大小的顺序依次被载气带出色谱柱。分配系数小的组分先流出；分配系数大的后流出，实现分离。分离的样品随载气依次带入检测器，检测器将组分的浓度（或质量）转化为电信号，电信号经放大后，由记录仪记录下来，即得色谱图。

1. 气路系统 气路系统为气相色谱仪提供稳定的流动相。载气的选择主要由检测器性质及分离要求所决定，常用的有氮气、氢气及氩气等，储存载气的钢瓶内压高达15MPa。载气在进入色谱仪前必须经过净化处理，防止气体中的杂质或水分影响仪器的稳定性和检测灵敏度。气路系统的气密性、载气流速的稳定性及测量流量的准确性，对色谱结果有很大影响，因此必须注意控制。

2. 进样系统 进样系统包括进样装置和气化室。进样系统的作用是将液体或固体试样，在进入色谱柱前瞬间气化，快速定量地转入色谱柱。进样量的大小、进样时间的长短、试样的气化速度等都会影响色谱的分离效率和分析结果的准确性及重现性。

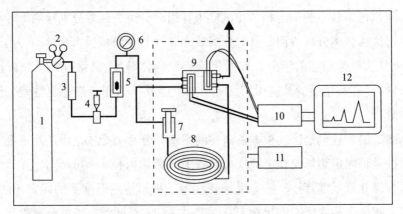

1-载气钢瓶；2-减压阀；3-净化干燥管；4-针形阀；5-流量计；6-压力表；7-气化室；
8-分离柱；9-热导检测器；10-放大器；11-温度控制器；12-记录仪

图 13-1　气相色谱结构流程图

目前，液体试样一般采用微量注射器进样，常用规格有 0.5、1、5、10、50μL。气化室一般为一根在外管绕有加热丝的不锈钢管，液体样品进入气化室后，受热而瞬间气化。为了让试样在气化室中瞬间气化而不被分解，要求气化室热容量大，无催化效应。

3. 分离系统　气相色谱仪的分离系统即为色谱柱，由柱管和装填在其中的固定相等所组成。由于混合物各组分的分离在这里完成，因此它是色谱仪中最重要的部件之一。

色谱柱主要有两类：填充柱和毛细管柱。填充柱由金属或玻璃管制成，内装颗粒状固定相，一般内径为 2~4mm，柱长 1~10m，柱形多为螺旋形。毛细管柱是在毛细管内壁涂布固定液的色谱柱，或称开口柱。空心毛细管柱材质为玻璃或石英，内径一般为 0.2~0.5mm，长度 30~50m，成螺旋形。毛细管柱有很高的分离效能，理论塔板数可达 10 万以上。

色谱柱的分离效果除与柱长、柱径和柱形有关外，还与所选用的固定相和柱填料的制备技术，以及操作条件等许多因素有关。

4. 温控系统　温控系统是气相色谱仪的重要组成部分，温度影响色谱柱的选择性和分离效率，也影响检测器的灵敏度和稳定性。温控系统主要用于设定、控制、测量色谱柱炉、气化室、检测室三处的温度，尤其是对色谱柱的控温精度要求很高。由于柱温的波动会影响分析结果的重现性，控温精度应在 $\pm 0.1 \sim \pm 0.3℃$，且温度波动小于每小时 $\pm 0.1℃$。气化室的温度控制是为了使液体或固体样品迅速气化完全，气化室的温度要高于样品的沸点，但温度不宜过高，否则会使样品组分分离。

5. 检测器　检测器是一种将载气中被分离组分的量转为易于测量的信号（一般为电信号）的装置。根据测量原理不同，可分为浓度型检测器和质量型检测器。浓度型检测器测量的是载气中某组分浓度瞬间的变化，即检测器的响应值和组分的浓度成正比，如热导检测器和电子捕获检测器等。质量型检测器测量的是载气中某组分进入检测器的速度变化，即检测器的响应值和单位时间内进入检测器某组分的质量成正比，如氢火焰离子化检测器和火焰光度检测器等。

6. 数据处理系统 数据处理系统最基本的功能是将检测器输出的模拟信号随时间的变化曲线（即色谱图）画出来，给出样品的定性、定量结果。数据处理系统有记录仪、色谱数据处理机和色谱工作站。其中，色谱工作站是于 20 世纪 70 年代后期出现的，是由一台微型计算机来实时控制色谱仪器并进行数据采集和处理的一个系统，由硬件和软件两部分组成。硬件是一台微型计算机，软件主要包括色谱仪实施控制程序、峰识别和峰面积积分程序、定量计算程序及报告打印程序等。

第二节 气相色谱法的基本理论

色谱分析的基本前提是混合物中各待测组分之间或待测组分与非待测组分之间实现完全分离。相邻两组分要实现完全分离，应满足两个条件。其一，相邻两色谱峰间的距离即峰间距必须足够远。峰间距由组分在两相间的分配系数决定，即与色谱过程的热力学性质有关，可以用塔板理论来描述。其二，每个峰的宽度应尽量窄。峰的宽或窄由组分在色谱柱中的传质和扩散行为所决定，即与色谱过程的动力学性质有关，可以用速率理论来描述。

一、塔板理论

在石油化工生产中，常用分馏塔来分馏石油，如图 13-2 所示。待分离物从进料口进料，进入具有一定温度的分馏塔，混合物立即在两块塔板之间达成一次气液分配平衡，即进行了一次分离。然后上升进入下一层，继续进行分配。经过多次分离后，挥发性大的组分从塔顶馏出分馏塔，挥发性小的组分从塔底馏出分馏塔。对于一定高度 L 的分馏塔来说，两块塔板之间的高度 H 越小，分离次数（塔板数）n 越多，分离效率越高。即：

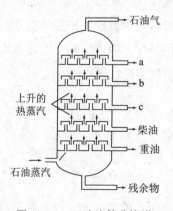

图 13-2 石油连续分馏塔

$$n = \frac{L}{H} \tag{13-1}$$

因此，早期在石油化工生产中，以塔板数 n 或塔板高度 H 来评价不同分馏塔的分离效率，从而建立了塔板理论。

在色谱法中，为了评价不同色谱柱的分离效率，詹姆斯和马丁借用了这个理论。他们把一根色谱柱当作一个分馏塔，柱内由一系列设想的连续的、相等的塔板组成，每一个理论塔板的高度称为理论塔板高度（theoretical plate height），用 H 表示。组分随着流动相进入色谱柱后，在每个理论塔板高度间隔内，组分在气液两相中很快达到分配平衡，然后随着流动相继续向前移动进入下一个塔板。经过多次分配平衡后，分配系数小的组分（挥发性大的组分）先到达塔顶（先流出色谱柱）。塔板理论的假设实际上是把组分在两相间的连续转移过程，分解为间歇的在单个塔板中的分配平衡过程，也就是用分离过程的分解动作来说明色谱过程。

塔板理论指出：

（1）当溶质在柱中的平衡次数，即理论塔板数 n 大于 50 时，可得到基本对称的峰形曲线。在色谱柱中，n 值一般很大，如气相色谱柱的 n 为 $10^3 \sim 10^6$。

（2）当试样进入色谱柱后，只要各组分在两相间的分配系数有微小差异，经过反复多次的分配平衡后，仍可获得良好的分离。

（3）理论塔板数 n 与半峰宽及峰底宽的关系式为：

$$n = 5.54 \times \left(\frac{t_R}{Y_{1/2}} \right)^2 = 16 \times \left(\frac{t_R}{Y} \right)^2 \tag{13-2}$$

式（13-2）称为柱效方程。由（13-1）及（13-2）式可看出，在 t_R 一定时，色谱峰越窄，则塔板数 n 越多，H 越小，柱效能越高。因而 n 或 H 可作为描述柱效能的指标。

在实际工作中，按（13-1）及（13-2）式计算出来的 n 和 H 值有时并不能充分反映色谱柱的分离效能，常常出现计算的 n 值很大，但色谱柱的分离效能却不高的现象。对于那些 t_R 较小，或死时间在保留时间中占较大比重的组分，这一现象尤其明显。这是因为死时间 t_M 内组分并没有参与柱内分配，因此需把死时间扣除，扣除死时间后的 n 和 H 称为有效塔板数和有效板高，用于衡量实际柱效：

$$n_{有效} = 5.54 \times \left(\frac{t'_R}{Y_{1/2}} \right)^2 = 16 \times \left(\frac{t'_R}{Y} \right)^2 \tag{13-3}$$

有效塔板高度为：

$$H_{有效} = \frac{L}{n_{有效}} \tag{13-4}$$

必须注意，由于不同物质在同一色谱柱上分配系数不同，故同一色谱柱对不同物质计算得到的柱效能是不一样的。因此，在用塔板数或塔板高度表示柱效能时，除应注明色谱条件外，还应指出是用什么物质进行测量的。

塔板理论是一种半经验性理论，用热力学观点形象地描述了组分在色谱柱中的分配平衡和分离过程，还提出了计算和评价柱效的参数。由于它的某些基本假设并不完全符合柱内实际发生的分离过程，虽给出理论塔板数和塔板高度的概念，但未阐明它们的色谱含义和本质，未深入说明色谱柱结构参数、色谱操作参数与理论塔板数的关系。同时也没有考虑各种动力学因素对色谱柱内传质过程的影响，因此它不能解释造成谱峰扩张的原因和影响板高的各种因素，也不能说明为什么在不同流速下可以得到不同的塔板数，因而限制了它的应用。

二、速率理论

1956 年荷兰学者范蒂姆特（Van Deemter）等在研究气液色谱时，提出了色谱过程的动力学理论——速率理论。吸收了塔板理论中塔板高度的概念，同时考虑了影响塔板高度的动力学因素，指出理论塔板高度是峰展宽的量度，导出了塔板高度 H 与载气线速度 u 的关系式。此关系式称为速率理论方程式，简称范氏方程，即：

$$H = A + \frac{B}{u} + Cu \qquad (13-5)$$

其中，A、B、C 为常数，A 为涡流扩散项，B 为分子扩散项，C 为传质阻力项系数，u 为流动相的平均线速度。

1. 涡流扩散项 A　在填充色谱柱中，组分分子随流动相在固定相颗粒间的孔隙穿行，向柱尾方向移动。流动相由于受到填充物颗粒障碍，不断改变流动方向，使组分分子在前进中形成紊乱的类似"涡流"的流动，故称涡流扩散，如图 13-3 所示。

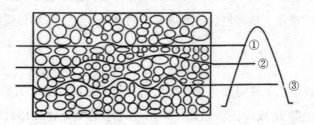

图 13-3　色谱柱中的涡流扩散示意图

由于填充物颗粒大小的不同及填充物的不均匀性，使组分在色谱柱中路径长短不一，因而相同组分到达柱出口的时间并不一致，引起了色谱峰的展宽。色谱峰展宽的程度由下式决定：

$$A = 2\lambda d_p \qquad (13-6)$$

上式表明，A 与填充物粒度 d_p 的大小和填充不规则因子 λ 有关，与流动相的性质、线速度和组分性质无关。为了减少涡流扩散，提高柱效，使用细而均匀的颗粒，并且填充均匀。

2. 分子扩散项（纵向扩散项）B/u 分子扩散项是由浓度梯度造成的。试样从柱入口进入，其在柱内浓度分布的构型呈"塞子"状。它随着流动相向前推进，由于存在浓度梯度，"塞子"必然自发地向前和向后扩散，便在色谱柱的轴向上造成浓度梯度，使组分分子产生浓差扩散，造成谱带展宽。故该项也称为纵向扩散项。

$$B = 2\gamma D_g \tag{13-7}$$

式中 γ 为弯曲因子，D_g 为组分在流动相中的扩散系数（$cm^2 \cdot s^{-1}$）。

弯曲因子 γ 是与组分分子在柱内扩散路径的弯曲程度有关的因子，它反映了固定相颗粒的几何形状对自由分子扩散的阻碍情况。D_g 的大小与组分及流动相的性质、组分在流动相中的停留时间及柱温等因素有关。D_g 与流动相相对分子质量的平方根成反比，并随柱温的升高而增大。另外纵向扩散与组分在色谱柱内停留时间有关，流动相流速小，组分停留时间长，纵向扩散就大。因此，为了减小分子扩散项，要加大流动相流速，使用相对分子质量较大的流动相，控制较低柱温等。

3. 传质阻力项 Cu 物质系统因溶度不均匀而发生的物质迁移过程称为传质。影响该过程进行速度的阻力称为传质阻力。对于气液色谱，传质阻力系数 C 包括气相传质阻力系数 C_g 和液相传质阻力系数 C_l 两项，即

$$C = C_g + C_l \tag{13-8}$$

气相传质过程是指试样组分从气相移动到固定相表面的过程。这一过程中样品组分将在两相间进行质量交换，即进行浓度分配。有的分子还来不及进入两相界面，就被气相带走；有的则进入两相界面又来不及返回气相。这样，使得组分在两相界面上不能瞬间达到分配平衡，引起滞后现象，从而使色谱峰展宽。对于填充柱，气相传质阻力系数 C_g 为：

$$C_g = \frac{0.01k^2}{(1+k)^2} \times \frac{d_p^2}{D_g} \tag{13-9}$$

式中 k 为分配比。由上式可知，气相传质阻力与填充物粒度 d_p 的平方成正比，与组分在载气流中的扩散系数 D_g 成反比。因此，采用粒度小的填充物和相对分子质量小的气体（如氢气）作载气，可使 C_g 减小，提高柱效。

液相传质过程是指试样组分从固定相的气/液界面移动到液相内部，并发生质量交换，达到分配平衡，然后又返回气/液界面的传质过程。这个过程也需要一定的时间，此时，气相中组分的其他分子仍随载气不断向柱口运动，于是造成峰展宽。液相传质阻力系数 C_l 为：

$$C_l = \frac{2}{3} \times \frac{k}{(1+k)^2} \times \frac{d_f^2}{D_l} \tag{13-10}$$

式（13-10）说明，液相传质阻力与固定液液膜厚度（d_f）的平方成正比，与组分分子在固定液中的扩散系数（D_l）成反比。降低固定液的含量，可以降低液膜厚度，但 k 值也随之变小，又会使 C_l 增大。当固定液含量一定时，液膜厚度随载体的比表面积增加而降低，因此，一般采用比表面积较大的载体来降低液膜厚度。但比表面太大，由于吸附易造成拖尾峰，也不利于分离。虽然提高柱温可增大 D_l，但会使 k 减小，为了保持适当的 C_l 值，应控制适宜的柱温。

将 A、B、C 代入式（13-5）中，即可得到气液色谱的速率理论方程，即范氏方程：

$$H = 2\lambda d + \frac{2\gamma D_g}{u} + \left[\frac{0.01k^2}{(1+k)^2} \times \frac{d_p^2}{D_g} + \frac{2}{3} \times \frac{k}{(1+k)^2} \times \frac{d_f^2}{D_l} \right] u \qquad (13-11)$$

由上述讨论可见，范式方程对选择色谱分离条件具有实际指导意义，它可以说明色谱柱填充的均匀程度、填料颗粒度的大小、流动相的种类及流速、柱温、固定相的液膜厚度等对柱效、峰展宽的影响。

第三节　气相色谱法的固定相和流动相

一、气相色谱的固定相

在气相色谱分析中，某一多组分混合物中各组分能否完全分离，主要取决于色谱柱的效能和选择性，后者在很大程度上取决于固定相选择是否适当，因此选择适当的固定相就成为色谱分析中的关键问题。气相色谱固定相分为固体固定相、液体固定相。

（一）气-固色谱固定相

气-固色谱中，色谱柱填充的固定相是表面有一定活性的固体吸附剂，当样品随载气不断通过色谱柱时，利用固体吸附剂表面对样品各组分的吸附和解吸差异实现色谱分离的目的。常用的气-固色谱固定相有活性炭、氧化铝、硅胶、分子筛、高分子多孔小球等。

1. 活性炭　气-固色谱固定相所用活性炭有两类：非极性活性炭和石墨化炭黑。非极性活性炭来分析永久性气体和低沸点碳氢化合物（C1～C4 烃类），但由于其表面不均匀，所得色谱峰拖尾，并且重复性很差，已很少使用。石墨化炭黑具有高的比表面积和均匀的非极性表面，可用来分离多种极性化合物而不致使色谱峰拖尾，也可用来分离某些顺式和反式的空间异构物。

2. 氧化铝　气相色谱一般用极性氧化铝吸附剂分析 C1～C4 烃类异构体，为了减少拖尾，多在氧化铝上涂以 1%～2% 的阿匹松 M 或甲基硅油。氧化铝使用前要在 450～1350℃活化 2 小时，使其含水量低于 1%，否则会影响选择性。

3. 硅胶　气-固色谱多用粗孔硅胶。分析 C1～C4 烷烃和 H_2S、SO_2、COS，SF_6 等。

尤其是硅胶对 CO_2 有强的吸附能力，可用硅胶柱把永久性气体中的 H_2、O_2、N_2、CO、CH_4 和 CO_2 分离开。在多孔微球硅球上涂少量（2%）的高沸点有机物质（聚乙二醇-20M），就可以成功分离芳烃、卤化物等。包括用一般色谱柱难以分离的间二甲苯、对二甲苯。硅胶分离效能决定于它的孔径大小和含水量。

4. 化学键合固定相 硅胶吸附性强，限制了它的应用范围。在硅胶上键合其他官能团制备出新型的化学键合固定相，其选择性发生改变，应用范围更广。

5. 分子筛 分子筛是气-固色谱分析中广泛采用的新型吸附剂。气-固色谱通常用 4A、5A、13X 三种类型分子筛，5A 和 13X 分子筛都能在室温下分离永久性气体 H_2、O_2、N_2、CO、CH_4（CO_2 不易脱附，不能分析），5A 分子筛适于分离 Ar 和 O_2，13X 分子筛特别适合 C6~C11 烃族化合物的分析。分子筛的性能主要取决于孔径的大小和表面特性。分子筛很容易吸水失去活性，因而用分子筛进行色谱分析时，载气要十分干燥；分子筛失效后可在 550℃烘 2 小时重新活化使用。

6. 聚合物固定相 聚合物固定相（常用符号 GDX 表示）是多孔性芳香族高分子微球，常用的是苯乙烯和二乙烯基苯的交联共聚物（如 GDX101~GDX05，GDX201~GDX203），或它们和三氯乙烯的共聚物（GDX301）、和含氮杂环单体生成的共聚物（GDX401、GDX403）、与含氮极性单体生成的共聚物（GDX501）及含强极性基团的二乙烯基苯共聚物（GDX601）。高分子多孔小球固定相具有许多优点：拖尾现象降低到最低限度。水的保留时间极短，峰形陡且对称；种类多，扩大了吸附剂的应用范围；产品粒度均匀，形状规则，不易破碎，易于填充为高效色谱柱。

固体吸附剂吸附容量大，热稳定性好，适用于分离气体混合物，但由于固体吸附剂的种类较少，不同批量制备的吸附剂性能不易重复，进样稍多色谱峰峰形会不对称，产生拖尾现象，柱效降低，因而应用受到限制。

（二）气-液色谱固定相

气-液色谱的固定相是由载体（又称担体）和涂在载体表面的固定液组成。

1. 载体 载体是一种化学惰性的固体颗粒，它的作用是提供一个大的惰性表面，用以承担固定液，使固定液以薄膜状态分布在其表面上。一般载体是化学惰性的多孔性微粒。特殊载体如玻璃微珠，是比表面积大的化学惰性物质，但并非多孔。固定液分布在载体表面，形成一均匀薄层，构成气-液色谱的固定相。表 13-1 列出了载体的选择规律。

载体可分为两大类：硅藻土型载体与非硅藻土型载体。硅藻土型载体是天然硅藻土经煅烧等处理而获得的具有一定粒度的多孔性固体微粒。因处理方法不同分为红色载体和白色载体：①红色载体：天然硅藻土中的铁，煅烧后生成氧化铁，呈现浅红色。表面孔穴密集，孔径较小，比表面积大，机械强度好，适宜分离非极性或弱极性组分的试样。缺点是表面存在活性吸附中心。②白色载体：天然硅藻土在煅烧前加入少量碳酸钠等助溶剂，使氧化铁在煅烧后生成铁硅酸钠，变为白色。颗粒疏松，孔径较大，表面积小，机械强度较差，但吸附性显著减小，用于分析极性物质。非硅藻土型载体种类不一，多用于特殊用途，如氟载体、玻璃微珠及素瓷等。

表 13-1　载体的选择规律

固定液类型	样品类型	适宜的硅藻土载体	备　注
非极性	非极性	未处理过的载体	
非极性	极性	酸、碱洗或经硅烷化处理的载体	当样品为酸性时最好选用酸洗载体，样品为碱性时使用碱性载体
极性或非极性，弱极性，固定液含量 <5% 时	极性及非极性	硅烷化载体	
弱极性	极性及非极	酸洗载体	
极性	极性及非极	酸洗载体	对化学活性和极性特强的样品，可选用聚四氟乙烯等特殊载体
极性	化学稳定性低	硅烷化载体	

普通硅藻土类载体表面并非惰性，表面存在着硅醇基及少量的金属氧化物，故具有吸附活性和催化活性。当被分析组分是能形成氢键的化合物或酸碱时，则与载体的吸附中心作用，破坏了组分在气-液二相中的分配关系，而产生拖尾现象，故需将这些活性中心除去，使载体表面结构钝化。钝化的方法有酸洗、碱洗、硅烷化及釉化等。酸洗能除去载体表面的铁、铝等金属氧化物；酸洗载体用于分析酸类和酯类化合物。碱洗能除去表面的 Al_2O_3 等酸性作用点；碱洗载体适用于分析胺类等碱性化合物。硅烷化是将载体与硅烷化试剂反应，除去载体表面的硅醇基，消除形成氢键的能力；硅烷化载体主要用于分析形成氢键能力较强的化合物，如醇、酸及胺类等。

2. 固定液　为高沸点难挥发的有机化合物，种类繁多。

对固定液的要求：①挥发性小，在操作温度下有较低蒸汽压，以免流失；②稳定性好，在操作温度下不分解，呈液体状态；③对试样各组分有适当的溶解能力，否则被载气带走而起不到分配作用；④具有高选择性，即对沸点相同或相近的不同物质有尽可能高的分离能力；⑤化学稳定性好，不与被测物质起化学反应。

目前，用于气相色谱的固定液已有上千种，为选择和使用方便，一般按极性大小把固定液分为四类：非极性、中等极性、强极性和氢键型固定液。①非极性固定液，主要是一些饱和烷烃和甲基聚硅氧烷类，它们与待测组分分子之间的作用力以色散力为主。常用的固定液有二甲基聚硅氧烷，如 OV-101、OV-1、SE-30 等耐高温的、极性很弱的固定液，和低苯基聚硅氧烷，如 SE-52 和 SE-54 等弱极性固定液。适用于非极性和弱极性化合物的分析。②中等极性固定液，由较大的烷基和少量的极性基团或可以诱导极化的基团组成，它们与待测组分分子间的作用力以色散力和诱导力为主。常用的固定液有中苯基聚硅氧烷，如 OV – 17，及氰丙基聚硅氧烷，如 OV – 1701、OV – 1301 等，适用于弱极性和中等极性化合物的分析。③强极性固定液，含有较强的极性基团，它们与待测组分分子间作用力以静电力和诱导力为主。常用的固定液有聚酯类，如丁二酸二乙二醇聚酯（DEGS）等，适用于极性化合物的分析。④氢键型固定液，是强极性固定液中特殊的一类，与待测组分分子间作用力以氢键力为主，组分按形成氢键的难易程度出峰，不易形成氢键的组分先出峰。常用的固定液有聚乙二醇类及其衍生物，如 PEG – 20M、FFAP 等（其中 PEG – 20M 是药物分析中最常用的固定液之一），适用于分析含 F、N、O 等的化合物。气 – 液色谱常用固定液类型，见表 13 – 2。

表 13 – 2　气 – 液色谱常用固定液类型

固定液		最高使用温度/℃	常用溶剂	相对极性	分析对象
非极性	十八烷	室温	乙醚	0	低沸点碳氢化合物
	角鲨烷	120	乙醚	0	少于 C_8 碳氢化合物
	阿匹松（LMN）	300	苯，氯仿	+1	各类高沸点有机化合物
	硅橡胶（SE – 30，E301）	300	丁醇：氯仿（1:1）	+1	各类高沸点有机化合物
中性极性	癸二酸二辛酯	120	甲醇、乙醚	+2	烃、醇、醛、酮、酸、酯等有机物
	邻苯二甲酸二壬酯	130	甲醇、乙醚	+2	烃、醇、醛、酮、酸、酯等有机物
	磷酸三苯酯	130	苯、氯仿、乙醚	+3	烃类、酚类异构物、卤化物
	丁二酸二乙二醇酯	200	丙酮、氯仿	+4	
极性	苯乙腈	常温	甲醇	+4	卤代烃，芳烃
	二甲基甲酰胺	0	氯仿	+4	低沸点碳氧化合物
	有机皂土 – 34	200	甲苯	+4	芳烃，特别对二甲苯异构体有高选择性
	β,β' – 氧丙二腈	<100	甲醇、丙酮	+5	分离低级烃、芳烃、含氧有机物
氢键型	甘油	70	甲醇、乙醇	+4	醇和芳烃，对水有强滞留作用
	季戊四醇	150	氯仿：丁醇（1:1）	+4	醇、酯、芳烃
	聚乙醇 400	100	乙醇、氯仿	+4	极性化合物：醇、酯、醛、腈、芳烃
	聚乙醇 20M	250	乙醇、氯仿	+4	极性化合物：醇、酯、醛、腈、芳烃

固定液的选择一般根据"相似相溶"原理进行。①分离非极性物质，一般选用非极性固定液，这时试样中各组分按沸点次序先后流出色谱柱，沸点低的先出峰，沸点高的后出

峰。②分离极性物质，选用极性固定液，这时试样中各组分只要按极性顺序分离，极性小的先出峰，极性大的后出峰。③分离非极性和极性混合物时，一般选用极性固定液，这时非极性组分先出峰，极性组分（或易被极化的组分）后出峰。④对于能形成氢键的试样，如醇、酚、胺和水等的分离，一般选用极性的或是氢键型的固定液，这时试样中各组分按与固定液分子形成氢键的能力大小先后流出，不易形成氢键的先流出，易形成氢键的后流出。

对于难分离的复杂样品或异构体，可以选用两种或两种以上极性不同的固定液。按一定比例混合后，涂渍于载体上（混涂），或将分别涂渍有不同固定液的载体按一定比例混匀后，装入一根色谱柱管内（混装），或将不同极性的色谱柱串联起来使用（串联）。此外，还可根据固定液特征常数如 McReynolds（麦氏）常数来选择固定液，具体可见有关文献。

二、气相色谱的流动相

气相色谱是一种以气体作为流动相的色谱方法，待分析组分以气体形式被流动相气体载入管路，实现色谱分析，因此，气体流动相常称为载气。

作为气相色谱载气的气体，要求化学稳定性好；纯度高；价格便宜并易取得；能适合于所用的检测器。常用的载气有氢气、氮气、氩气、氦气、二氧化碳及空气等。其中，氢气和氮气应用最多，氦气由于成本高，在普通气相中应用较少而主要用于气质联用分析。供给装置常用高压钢瓶，或高纯度的气体发生器，如氢气发生器、氮气发生器。经过适当的减压装置，以一定的流速经过进样器和色谱柱。

由于载气中常含有一些杂质，如有机物、微量氧、水分等，不纯净的气体作载气，可导致柱失效，样品变化，氢火焰色谱可导致基流噪音增大，热导色谱可导致检测器线性变劣等，所以载气在通入色谱仪之前需要经过适当的净化。一般均采用化学处理的方法除氧，如用活性铜除氧；采用分子筛、活性炭等吸附剂除有机杂质；采用矽胶、分子筛等吸附剂除水分。

气相色谱分析中载气的选择和净化，主要根据检测器种类、色谱柱及供试品的性质决定。例如，用气相色谱仪氢火焰离子化检测器时，需要把载气、燃气（氢气）、助燃气（空气）中的烃类组分除净，而对永久性气体杂质要求就不那么严格。因为氢火焰离子化检测器对永久气体几乎没有响应，换句话说载气中少量的永久气体杂质影响不大。热导池检测器选用氢气或氦气作载气，分析灵敏度较高，因为它们的热导系数大于其他气体。用氢气作载气价格低廉，但一定要注意安全。用氦作载气比用氢气安全，但其价格高昂。此外，也常用氮作载气。热导池检测器所用的载气用一般净化方法。载气中的水分含量应该严格控制，因为载气流入色谱柱后，载气中的水分被色谱柱吸附，就会影响到柱子的活

性、使用寿命及分离效率。

第四节　检　测　器

气相色谱仪的检测器有十多种，可分为通用型检测器，如热导和火焰离子化检测器及选择型检测器，如电子捕获、火焰光度检测器。通用性指对绝大多数物质都有响应，选择性指只对某些物质有响应，对其他物质无响应或响应很小。根据检测原理，又可分为浓度型和质量型两类。下面就检测器的性能指标和常用检测器做简要介绍。

一、检测器的性能指标

对检测器性能的要求主要有四方面：灵敏度高；稳定性好，噪声低；线性范围宽和响应速度快。

1. 噪声和漂移　在没有样品进入检测器的情况下，由于检测器本身及其他操作条件（如柱内固定液流失，橡胶隔垫流失，载气、温度、电压的波动，漏气等因素）使基线在短时间内发生起伏的信号，称为噪声（noise，N）。噪声是检测器的本底信号。基线随时间定向地缓慢变化称为基线漂移（baseline drift）。漂移与检测器的稳定性、色谱操作条件（尤其是柱温、载气流速）的缓慢变化有关，要消除或控制漂移。良好的检测器其噪声与漂移都应该很小，它们反映了检测器的稳定状况。

2. 灵敏度 S　气相色谱检测器的灵敏度（sensitivity，S）是指通过检测器的物质的量变化时，该物质响应值的变化率。一系列定量的组分（Q）进入检测器产生响应信号（R），将物质的量与响应信号作图，得到校正曲线，其中线性部分的斜率就是检测器的灵敏度，即

$$S = \frac{\Delta R}{\Delta Q} \tag{13-12}$$

式中，ΔR 为信号的变化值，ΔQ 是通过检测器的物质的量变化值。灵敏度越大噪声越大。

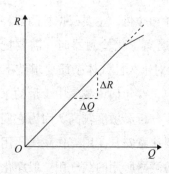

图 13-4　灵敏度测定曲线

3. 检测限　随单位体积的载气或在单位时间内进入检测器的组分所产生的信号等于基线噪声 3 倍时的量，称为检测限（detectlimit，*D*）。

$$D = 3N/S \qquad (13-13)$$

式中，*N* 为噪声信号。由于灵敏度 *S* 有不同的单位，所以检测限也有不同的单位。灵敏度和检测限是从两个不同角度表示检测器对物质敏感程度的指标。灵敏度越大，检测限越小，则表明检测器性能越好，越有利于痕量分析。

4. 线性范围　线性范围（liner range）是指被测物质的量与检测器响应信号呈线性关系的范围，以最大允许进样量与最小进样量之比表示。线性范围与定量分析有密切的关系。

二、常用检测器

气相色谱常用的检测器有热导检测器、氢火焰离子化检测器、电子捕获检测器、氮磷检测器、火焰光度检测器、热离子化检测器。

1. 热导检测器　热导检测器（thermal conductivity detector，TCD）属通用型检测器，是气相色谱目前应用最广泛的一种检测器。其结构简单，性能稳定，线性范围宽，对有机物或无机物都有响应，适用范围广，但灵敏度较低。

热导检测器的结构如图 13-5 所示（图 a 用于单柱单气路，图 b 用于双柱双气路），热导检测器由热导池体和热敏元件组成。热导池体一般由不锈钢或铜块制成，热敏元件是由电阻值完全相同的金属丝（钨丝、铂丝或莱芜合金丝）作为两个（或四个）臂（参考臂和测量臂）组成惠斯顿电桥（图 13-6），由恒定电流加热。热导池池体由不锈钢或铜块制成。

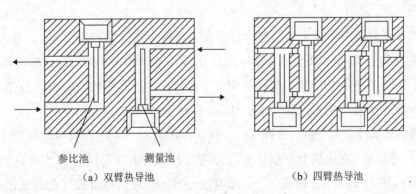

（a）双臂热导池　　　　　　　　　　（b）四臂热导池

图 13-5　热导检测器结构示意图

当纯载气通入两臂（参考臂与测量臂）时，通过两臂的气体组成相同，两臂热量散失相同，热丝温度一样，阻值相同，电桥处于平衡状态，即 $R_1/R_参 = R_2/R_测$，M、N 两点电位相等，无电流信号输出，记录基线。此时热丝消耗的电能所产生的热量，主要由载气传导和"强制"对流所带走，热量的产生与散失建立热动平衡。当样品由进样口注入并经色谱柱分离后，某组分被载气带入测量臂时，若该组分与载气的热导率不等，则测量臂的热动平衡被破坏，热敏元件的温度将改变。电桥不平衡，M、N 两点电位不相等，有电流信号输出。若用记录器（电子毫伏计）代替检流计，则可记录 mV – t 曲线，即色谱流出曲线。

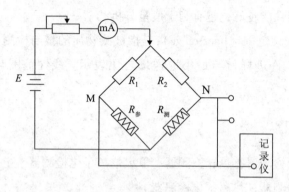

图 13 – 6　热导检测器电桥示意图

因此，热导检测器的工作原理是依据不同的物质具有不同的热导率，被测组分与载气混合后，混合物的热导率与纯载气的热导率大不相同，当通过热导池池体的气体组成及浓度发生变化时，就会引起池体上安装的热敏元件的温度变化，由此产生热敏元件阻值的变化，通过惠斯顿电桥进行测量，就可由所得信号的大小求出该组分的含量。

2. 氢火焰离子化检测器　氢火焰离子化检测器（hydrogen flame ionization detector, FID）是以氢气和空气燃烧的火焰作为能源，利用含碳有机物在火焰中燃烧产生离子，在外加的电场作用下，使离子形成离子流，根据离子流产生的电信号强度，检测被色谱柱分离出的组分。

氢火焰离子化检测器属于通用型检测器（只对碳氢化合物产生信号），是应用最广泛的一种。它的特点是死体积小，灵敏度高（比 TCD 高 100 ~ 1000 倍），检出限低（可达 10^{-12} g/s），稳定性好，响应快，线性范围宽，适合于痕量有机物的分析，但样品被破坏，无法进行收集，不能检测永久性气体及 H_2O、CO、H_2S 等。

FID 的主要部件是离子室，如图 13 – 7 所示。H_2 与载气在进入喷嘴前混合，空气（助燃气）由一侧引入，在火焰上方收集极（作正极）和下方发射极（作负极）间施加恒定的直流电压（100 ~ 300V），构成一个外加电场。当待测有机物由载气携带从色谱柱流出，进入离子室后，在火焰高温（2000℃左右）作用下发生燃烧，使被测有机物组分电离成正负离子。产生的正离子和电子，在收集极和发射极的外电场作用下，向两极定向移动，形成了微电流（微电流的大小与待测有机物含量成正比），微电流经放大器放大后，由记录仪记录下来。

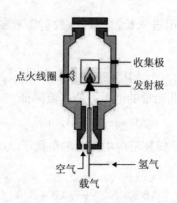

图 13 – 7　氢火焰离子化检测器离子室

选择 FID 的操作条件时应注意所用气体流量和工作电压。FID 检测器要用到三种气体：N_2 为载气，携带试样组分；H_2 为燃气；空气为助燃气。一般 N_2 和 H_2 流速的最佳比为 1:1 ~ 1:1.5（此时灵敏度高、稳定性好），氢气和空气的比例为 1:10，极化电压一般为 50 ~ 300V。

在 FID 中，由于氢气燃烧，产生大量水蒸气。若检测器温度低于 80℃，水蒸气不能以蒸汽状态从检测器排出，冷凝成水，使高阻值的收集极阻值大幅度下降，减小灵敏度，增加噪声。所以，要求 FID 检测器温度必须在 120℃ 以上。

3. 电子捕获检测器　电子捕获检测器（electron capture detector，ECD）是一种专属型检测器，具有灵敏度高、选择性好的优点，是目前分析痕量电负性有机化合物最有效的检测器，对含卤素、硫、氧、羰基、氰基、氨基和共轭双键体系等的化合物有很高的响应。可检测出 CCl_4 为 $10^{-14} g \cdot mL^{-1}$。但对无电负性的物质如烷烃等几乎无响应。其线性范围窄，易受操作条件影响而导致分析重现性较差。

电子捕获检测器的结构，如图 13 – 8 所示。电子捕获检测器的主体是电离室，目前广泛采用的是圆筒状同轴电极结构。阳极是外径约 2mm 的铜管或不锈钢管，金属池体为阴极。离子室内壁装有 β 射线放射源，常用的放射源是 ^{63}Ni。在阴极和阳极间施加一直流或脉冲极化电压。载气用 N_2 或 Ar。

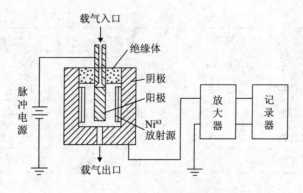

图 13 – 8　电子捕获检测器的结构图

当载气（N_2）从色谱柱流出进入检测器时，放射源放射出的 β 射线使载气电离，产生正离子及低能量电子：

$$N_2 + β \text{ 粒子}——N_2^+ + e$$

电负性组分分子捕获这些低能量的电子，使基流降低，产生倒色谱峰讯号。

$$AB + e——AB^- + E$$

E 为反应释放的能量。电子捕获反应中生成的负离子 AB^- 与载气的正离子 N_2^+ 复合生成中性分子。反应式为：

$$AB^- + N_2^+——AB + N_2$$

由于以上过程使基流下降，下降的程度与组分的浓度成正比，因此，在记录仪上产生倒峰。

ECD 一般采用高纯 N_2（>99.999%）作载气，载气必须严格纯化，彻底除去水和氧。为了保持 ECD 池洁净，不受柱固定相污染，应尽量选用低配比的耐高温或交联固定相。

4. 氮磷检测器　氮磷检测器（nitrogen-phosphorus detector，NPD）又称为热离子化检测器（thermionic detector，TID）或热离子专一检测器（thermionic specific detector，TSD），对含氮、磷的有机化合物灵敏度高，专一性好，是一种破坏性检测器。其结构与 FID 相似，是在氢火焰离子检测器基础上发展起来的一种高选择性检测器，只是在 H_2 – Air 焰中燃烧的低温热气再被一硅酸铷电热头（硅酸铷，$Rb_2O \cdot SiO_2$，称作铷珠）加热至 600 ~ 800℃，从而使含有 N 或 P 的化合物产生更多的离子。

5. 火焰光度检测器　火焰光度检测器（flame photometric detector，FPD）又称为硫磷检测器，是对含 S、P 化合物具有高选择性和高灵敏度的检测器。它是利用富氢火焰使含硫、磷杂原子的有机物分解，形成激发分子，当它们回到基态时，发射出一定波长的光，此光强度与被测组分量成正比。主要用于 SO_2、H_2S、石油精馏物的含硫量，有机硫、有机磷的农药残留物分析等。

常用检测器的性能，见表 13 – 3。

表 13 – 3　常用检测器的性能

检测器	检测对象	噪声	检测限	线性	适用载气
TCD	通用	0.01mV	$10^{-5} mg \cdot mL^{-1}$	$10^4 \sim 10^5$	N_2、He
FID	含 C、H 化合物	10^{-4} A	$10^{-10} mg \cdot s^{-1}$	$10^6 \sim 10^7$	N_2
ECD	含电负性基团	8×10^{-12} A	$5 \times 10^{-11} mg \cdot mL^{-1}$	$10^2 \sim 10^4$	N_2
NPD	含 P、N 化合物	$<2 \times 10^{-11}$ A	$10^{-12} mg \cdot s^{-1}$	$10^4 \sim 10^5$	N_2、Ar
FPD	含 S、P 化合物	$10^{-9} \sim 10^{-10}$ A	$3 \times 10^{-10} mg \cdot s^{-1}$	10^5	N_2、He

第五节 分离操作条件的选择

在气相色谱分析中，要快速、有效地分离一个复杂的样品，关键的问题是要选择出一根好的色谱柱进行分离，并对柱操作条件进行选择。

色谱条件包括分离条件和操作条件。分离条件是指色谱柱类型和柱温的选择；操作条件是指载气流速、进样条件及检测器、温度的选择。

一、色谱柱及柱温的选择

1. 色谱柱的选择 柱管按粗细可分为一般填充柱和毛细管柱。柱管柱材常用玻璃、石英玻璃、不锈钢和聚四氟乙烯等。

（1）一般填充柱 多用内径 2 ~ 4mm 的不锈钢管制成螺旋形管柱，常用柱长 2 ~ 3m。填充柱的制备方法比较简单，可在实验室自行填充。新制备的填充柱必须进行老化处理，其目的是除去柱内残余的溶剂，固定液中低沸程馏分及易挥发的杂质，还可使固定液进一步分布均匀。老化的方法多采用气体流动法：在室温下将色谱柱的入口端与进样口相连，出口勿接检测器，且将检测器密封，再通以载气，调节载气流速为 10 ~ 20mL · min^{-1}，以 2 ~ 4℃ · min^{-1} 程序升温至低于固定液最高使用温度 20 ~ 30℃，老化 12 ~ 14 小时。如获得平稳基线，则表明老化已合格。新购入的商品柱在使用前最好也进行老化。

色谱柱在不用时，应将进出口端密封存放。较长时间未使用的柱子在使用前也要进行类似老化的处理，只是程序升温至比最高操作柱温高 20℃ 即可。

（2）毛细管柱 色谱动力学理论认为，可以把气 - 液填充柱看成一束涂有固定液的长毛细管。由于这束毛细管是弯曲的、多路径的，而使涡流扩散严重，传质阻力大，致使柱效不高。根据这种理论推断，1957 年戈雷（Golay）把固定液直接涂在细而长的空心柱的内壁上进行色谱分离，获得了极高的柱效。这种色谱柱被称为"开管柱"，习惯上称为毛细管柱。这标志着毛细管气相色谱法（capillary gas chromatography，CGC）的诞生，它为气相色谱法开辟了新的途径。近些年来，毛细管柱制备技术不断发展，新型高效毛细管柱不断出现，大大提高了气相色谱法对样品中复杂组分的分离能力。

按制备方法的不同，毛细管色谱柱可分为开管型和填充型两大类。前者又有壁涂开管柱（wall - coated open tubular column，WCOT）、载体涂渍开管柱（support - coated open tubular column，SCOT）和多孔层开管柱（porous layer open tubular column，PLOT）之分，其中 WCOT 柱最常用，这种毛细管柱把固定液直接涂在毛细管内壁上。

WCOT 柱一般都采用熔融石英玻璃管材，按尺寸可进一步分为微径柱、常规柱和大口径柱三种。①微径柱内径小于 0.1mm，主要用于快速分析。②常规柱内径为 0.2 ~

0.32mm，商品规格一般有 0.25mm 和 0.32mm 两种，用于常规分析。③大口径柱内径为 0.53~0.75mm，商品规格为 0.53mm。一般液膜厚度较大，常可替代填充柱用于定量分析。它可以接在填充柱进样口上，采用不分流进样。

与一般填充柱相比，开管毛细管柱具有如下特点：①柱渗透性好，即载气流动阻力小，可以增加柱长，提高分离度；②相比率（β）大，可以用高载气流速进行快速分析；③柱容量小，允许进样量少；④总柱效高，分离复杂混合物组分的能力强，一根毛细管柱的理论塔板数最高可达 10^6，最低也有几万；⑤允许操作温度高，固定液流失小，这样有利于沸点较高组分的分析，亦有利于提高分析的灵敏度；⑥易实现气相色谱－质谱联用。

2. 柱温的选择　柱温直接影响分离效能和分析速度。首先应使柱温控制在固定液的最高使用温度（超过该温度固定液易流失）和最低使用温度（低于此温度固定液以固体形式存在）范围之内。

柱温低有利于分配，有利于组分的分离，但温度过低，被测组分可能在柱中冷凝，或者传质阻力增加，使色谱峰扩张，甚至拖尾。温度高有利于传质，但柱温高，分配系数变小，不利于分离。一般通过实验选择最佳柱温，原则是：在使最难分离物质对有尽可能好的分离度的前提下，尽可能采用较低的柱温，但以保留时间适宜、峰形不拖尾为度。在实际工作中一般根据样品沸点来选择柱温。此外，根据样品沸点情况选择合适柱温，应低于组分平均沸点 50~100℃，宽沸程样品应采用程序升温。

二、载气及流速的选择

1. 载气种类的选择　载气种类的选择应考虑载气对柱效的影响、检测器要求及载气性质三个方面。

载气摩尔质量大，可抑制试样的纵向扩散，提高柱效。载气流速较大时，传质阻力项起主要作用，采用较小摩尔质量的载气（如 H_2、He），可减小传质阻力，提高柱效。

热导检测器需要使用热导系数较大的氢气，有利于提高检测灵敏度。在氢火焰离子检测器中，氮气仍是首选目标。在载气选择时，还应综合考虑载气的安全性、经济性及来源是否广泛等因素。

2. 载气流速的选择　载气线速对柱效率和分析速度有显著影响，在最佳线速下，其塔板高度最小，柱效最高。根据式（13－4），以 H 对 u 作图，得图 13－9 所示的双曲线，称为范弟姆特曲线。可见，塔板高度随载气线速而变化。当载气流速较小时，分子扩散项（B 项）就称为色谱峰扩张的主要因素，此时应采用相对分子质量较大的载气（N_2、Ar），使组分在载气中有较小的扩散系数。而当流速较大时，传质项（C 项）为控制因素，宜采用相对分子质量较小的载气（如 H_2、He），此时组分在载气中有较大的扩散系数，可减小气相传质阻力，提高柱效。

曲线有一定最低点，此时 B 项和 C 项对塔板高度的影响都最小，柱效率最高，其塔板高度称为最小塔板高度 $H_{\min}$，相应的流速称为最佳载气流速 u_{opt}：

$$H = A + 2\ (AB)^{1/2} \tag{13-14}$$

$$u_{opt} =\ (B/C)^{1/2} \tag{13-15}$$

在实际分析工作中，为提高分析速度，所选载气流速可略高于 u_{opt}，常称为最佳实用流速。一般填充柱，内径 3~4mm，以 H_2 作载气时，常用线速为 15~20cm/s，以 N_2 作载气时，常用线速为 10~15cm/s。

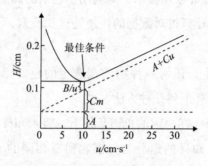

图 13-9　塔板高度与载气流速的关系

三、其他条件的选择

1. 柱长和内径的选择　由于分离度正比于柱长的平方根，所以增加柱长对分离是有利的。但增加柱长会使各组分的保留时间增加，延长分析时间。因此，在满足一定分离度的条件下，应尽可能地使用短柱子。一般填充柱的柱长以 2~6m 为宜。

增加色谱柱内径，可以增加分离的试样量，但由于纵向扩散路径的增加，会使柱效降低。在一般分析工作中，色谱柱内径常为 3~6mm。

2. 进样时间和进样量　进样速度必须很快，一般在 1s 以内。因为当进样时间太长时，试样原始宽度将变大，色谱峰半峰宽随之变宽，有时甚至使峰变形。进样量一般液体 0.1~0.5μL，气体 0.1~10mL。进样量太多，会使几个峰增加，分离不好；进样量太少，检测器灵敏度不够，而不出峰。

3. 气化温度　色谱仪进样口下端有一气化器，液体试样进样后，在此瞬间气化；气化温度应能使试样迅速气化而又不产生分解为准。一般气化室温度较柱温高 30~70°C，或比样品组分中最高沸点高 30~50°C，就可满足分析要求。

4. 检测器温度　检测器温度一般等于或者高于进样口温度，大于柱温 30~50°C。一般不小于 100°C，否则水凝结在检测器上造成污染。

检测器的使用温度要求高于柱温，是因为各组分易冷凝而滞留于检测器或管路，造成

检测器的污染而降低灵敏度，或堵塞 FID 喷嘴。

第六节　定性与定量分析

一、定性分析

色谱定性分析就是确定各色谱峰所代表的化合物。目前人们虽然已经建立了许多定性分析方法，如保留值定性法、化学反应定性法。但总体而言，结果都不能令人满意。近年来发展的 GC–MS、GC–OS 等联用技术，既利用了色谱的高效分离能力，又利用了质谱、光谱的高效鉴别能力，加上计算机对数据的快速处理和检索，为未知化合物的定性分析开辟了广阔的前景。

1. 利用色谱保留值定性　任何一种物质在选定的色谱条件下，都有确定的保留值，依据这一特性即可定性。常有下列几种方法。

（1）利用保留时间定性　在一定的色谱条件下，将未知样、标准物质分别进样，测量它们的 t_R 进行比较，如果未知样的组分与标准物质有相同的 t_R，就认为它们属于同一物质。也可测定 V_R 或 X_R 进行定性，而且 V_R 不受载气流速变化的影响。

峰加高的方法也常使用，其做法是：取少量试样，加入一定的标准物质，混合均匀试样，观察加入标准物质前后色谱峰高的变化，如果峰加高，则峰加高前的峰与加高的峰就属于同一物质。

这种定性方法的可靠性欠佳，因为不同的物质可能有相同的 t_R。可用其他定性方法加以检验。

（2）利用相对保留值定性　用相对保留值定性可依据下式：

$$\gamma_{i,s} = \frac{t'_{R(i)}}{t'_{R(s)}} = \frac{V_{g(i)}}{V_{g(s)}} = \frac{K_i}{K_s} \tag{13-16}$$

由公式可知，$\gamma_{i,s}$ 值只与固定液性质、组分的性质及柱温有关，而与固定液的含量及其他操作条件无关，因此测量比较准确。

测定方法：在某一固定相及柱温下，分别测出未知样 i 和标准物质 s 的调整保留值，代入公式计算即可。当未知样和标准物质中相应组分的 $\gamma_{i,s}$ 值相同时，即认为它们属于同一物质，这样就可以鉴别出未知样的各组分属于何物。

（3）利用保留指数定性　目前，保留指数是一种较其他保留数据都好的定性参数。保留指数又称 Kovats 指数，是科瓦茨（Kovats）1958 年提出的，其测定方法是把某组分的保留行为用两个靠近它的正构烷烃来标定，并均一标度表示。某组分的保留指数（I）能以下式进行计算：

$$I_x = 100 \left[Z + \frac{\lg t'_{R(x)} - \lg t'_{R(Z)}}{\lg t'_{R(Z+1)} - \lg t'_{R(Z)}} \right] \tag{13 - 17}$$

式中，$t'_{R(x)}$ 为某组分的调整保留时间；$t'_{R(z)}$、$t'_{R(z+1)}$ 为具有 Z 和（$Z+1$）个碳原子的正构烷烃的调整保留时间。选定两个正构烷烃，使待测组分的保留值 $t'_{R(x)}$ 恰在两正构烷烃之间。测定时将待测组分与两个正构烷烃混合，于 100℃ 测定，在某柱上流出的色谱图，按式（13 - 17）进行计算，并规定正构烷烃的保留指数为 $100Z$，故正戊烷的 $I = 500$，正己烷的 $I = 600$，正庚烷的 $I = 700$ 等，这样待测组分的保留指数在它们之间。

在进行定性时，除使用两个正构烷烃做标准外，不必另外使用纯品物质，可直接将被测物的 I_x 值与文献值对照，即可做出判断。但因 I_x 值仍与柱温、固定液有关，测定 I_x 值时需与文献值的操作条件一致。

2. 利用气相色谱与其他仪器联用定性 气相色谱具有很强的分离能力，适合于进行多组分混合物的定量分析，但定性分析常常因无纯物质或几种物质保留值相近而受限，因此，对复杂组合的混合物，其定性分析难以做出正确的判断。而质谱、红外光谱、核磁共振谱等方法，又特别适合于单一组分的定性，将气相色谱与这些仪器联用，就能发挥各自的长处，以解决组分及其复杂的混合物的定性问题。

联用的方法有两种：一种称为"不在线"，另一种称为"在线"。"不在线"是将色谱柱分离的组分收集后，再进入其他仪器定性。"在线"是色谱柱分离后的组分直接进入其他仪器定性。后一种发展十分迅速。

目前已发展了各种形式的联用仪器，其中以色谱 - 质谱联用仪最有效，是鉴别复杂组分混合物的强有力工具之一。

二、定量分析

气相色谱定量分析的依据是在一定的分离和分析条件下，色谱峰的峰面积或峰高（检测器的响应值）与所测组分的质量（或浓度）成正比。即

$$m_i = f'_i A_i \tag{13 - 18}$$

式中 m_i 为组分量，可以是质量，也可以是物质的量，对气体则可为体积；f'_i 称为定量校正因子，定义为单位峰面积所代表的待测组分 i 的量；A_i 为峰面积，由于其大小不易受操作条件如柱温、流动相流速、进样速度等的影响，从这一点来看，峰面积更适合于作为定量分析的参数。现代色谱仪配套的工作站一般都装有准确测量色谱峰面积的电学积分仪。

1. 定量校正因子 由于相同量的同一种物质在不同类型检测器上往往有不同的响应灵敏度；同样，相同量的不同物质在同一检测器上的响应灵敏度也往往不同，即相同量的不同物质产生不同值的峰面积或峰高。这样，就不能用峰面积来直接计算物质的含量。为

了使检测器产生的响应信号能真实地反映物质的含量，就要对响应值进行校正，因此引入定量校正因子。

（1）绝对校正因子　由上述峰面积与组分量之间的关系可知：

$$f_i = m_i / A_i \qquad (13-19)$$

f_i称为绝对校正因子，其值随色谱实验条件而改变，因而很少使用。

（2）相对校正因子　在实际工作中一般采用相对校正因子。其定义为某组分i与所选定的参比物质s的绝对定量校正因子之比，即：

$$f'_i = \frac{f_i}{f_s} = \frac{m_i / A_i}{m_s / A_s} \qquad (13-20)$$

上式中m以质量表示，因此f'_i又称为相对校正因子，通常简称为校正因子。

相对校正因子值只与被测物和标准物以及检测器的类型有关，而与操作条件无关。因此，f'_i值可自文献中查出引用。若文献中查不到所需的f'_i值，也可以自己测定。常用的标准物质，对热导检测器（TCD）是苯，对氢火焰离子化检测器（FID）是正庚烷。

（3）相对响应值s'　相对响应值是物质i与标准物质s的响应值（灵敏度）之比。单位相同时，它与校正因子互为倒数。

$$s' = 1 / f' \qquad (13-21)$$

2. 定量分析方法　气相色谱定量计算方法主要有归一化法、内标法、外标法和叠加法四种，视不同情况采用。

（1）归一化定量法　归一化定量法适用于样品中所有组分都能从色谱柱内流出并被检测器检出，同时又能测定或查出各组分的相对校正因子。

假设试样中有n个组分，每个组分的质量分别为m_1，m_2，…，m_n，各组分含量的总和m为100%，其中组分i的质量分数w_i可按下式计算：

$$w_i = \frac{A_i f_i}{A_1 f_1 + A_2 f_2 + \cdots + A_i f_i + \cdots + A_n f_n} \times 100\% \qquad (13-22)$$

式中，A_i、f_i分别表示组分i的峰面积和相对校正因子。

若样品中各组分的校正因子相近，可将校正因子消去，直接用峰面积归一化法进行计算。《中国药典》用不加校正因子的面积归一化法测定药物中各杂质及杂质的总量限度，即

$$w_i = \frac{A_i}{A_1 + A_2 + \cdots + A_i + \cdots + A_n} \times 100\% \qquad (13-23)$$

归一化定量法的结果与进样准确度无关，仪器与操作条件稍有变动所致的影响亦不大，故此法的定量结果比较准确。但此法在实际工作中仍有一些限制，比如样品的所有组分必须全部流出，且出峰；某些不需要定量的组分也必须测出其峰面积及f_i值；此外，测量低含量尤其是微量杂质时，误差较大。

（2）**外标定量法** 用待测组分的纯品作标准品（对照品），在相同条件下以标准品和样品中待测组分的响应信号相比较进行定量的方法称为外标法。此法可分为工作曲线法及外标一点法等。

工作曲线法是用标准品配制一系列浓度的标准溶液，确定标准曲线，进行色谱分析，做出峰面积（纵坐标）对浓度（横坐标）的工作曲线，求出斜率（即绝对校正因子）、截距。在完全相同的条件下，准确进样与标准溶液相同体积的样品溶液，根据待测组分的信号，用线性回归方程计算。通常截距应为零，若不等于零说明存在系统误差。为节省时间，工作曲线法有时可以用外标二点法代替。当待测组分含量变化不大，工作曲线的截距为零时，也可用外标一点法（即直接对照法）定量。

当被测试样中各组分浓度变化范围不大时，可不必绘制标准曲线，而用外标一点法。外标一点法是用一种浓度的标准溶液对比测定样品溶液中待测组分的含量。即配制一个与被测组分含量十分接近的标准溶液，定量进样，由被测组分和外标组分峰面积比（或峰高比）来求被测组分含量：

$$w_i / w_s = A_i / A_s \tag{13-24}$$

外标定量法操作简单、计算方便，但色谱分析所用条件必须严格一致，且要求配制标准物的纯度高。

（3）**内标定量法** 选择样品中不含有的纯物质作为参比物质加入待测样品溶液中，以待测组分和参比物质的响应信号对比，测定待测组分含量的方法称为内标法。"内标"的由来是因为标准（参比）物质加入样品中，有别于外标法。该参比物质称为内标物。

在一个分析周期内不是所有组分都能流出色谱柱（如有难气化组分），或检测器不能对每个组分都产生信号，或只需测定混合物中某几个组分的含量时，可采用内标法。

内标定量法是将被称为内标物的物质 s 加入样品中，进行色谱分析后，用组分 i 和内标物 s 各自的相对校正因子校准其峰值，按下式计算组分 i 质量分数的方法。

$$w_i = \frac{m_s f_i A_i}{m f_s A_s} \times 100\% \tag{13-25}$$

式中，w_i、A_i、f_i 分别为试样中组分 i 的质量分数、峰面积和相对校正因子；m_s、A_s、f_s 分别为内标物 s 的质量、峰面积和相对校正因子；m 为试样的质量。

内标法的关键是选择合适的内标物。对内标物的要求是：①内标物是原样品中不含有的组分，否则会使峰重叠而无法准确测量内标物的峰面积。②内标物的保留时间应与待测组分相近，或处于几个待测组分的色谱峰之间，但彼此能完全分离（$R \geqslant 1.5$）。③内标物必须是纯度合乎要求的纯物质，加入的量应接近于待测组分。④内标物与待测组分的理化性质（如挥发性、化学结构、极性及溶解度等）最好相似，这样当操作条件变化时，更有利于内标物及待测组分做匀称的变化。

内标定量法的优点是定量准确，只需欲测定的组分能从色谱柱流出和被检测器检出即可定量。选作内标定物的物质，只要求其能与样品互溶，与所有组分完全分离。内标物的浓度宜与被测物的浓度相近，且内标物色谱峰的位置最好邻近待测组分的色谱峰。此法的缺点是操作麻烦。

三、应用与示例

气相色谱法在药物分析中的应用很广泛，包括药物的含量测定、杂质检查及微量水分测定、药物中间体的监控（反应程度的监控）、中药成分研究、制剂分析（制剂稳定性和生物利用度研究）、治疗药物监测和药物代谢研究等。

1. 合成药物分析　药物合成过程中往往产生各种中间体，因此，在测定产物含量的同时，需要控制其中间产物。气相色谱法能分离药物及其中间体，并进行定量测定。

例 13 - 1　　　　维生素 E 胶丸中维生素 E 的含量测定

色谱条件和系统适用性试验　以硅酮（0V - 17）为固定相，涂布浓度为 2%，或以 HP - 1 毛细管柱（100% 二甲基聚硅氧烷）为分析柱；柱温 265℃。理论板数按维生素 E 峰计算不低于 500（填充柱）或 5000（毛细管柱），维生素 E 峰与内标物质峰的分离度应符合要求。

校正因子的测定　取正三十二烷适量，加正己烷溶解并稀释成每 1mL 中含 1.0mg 的溶液，作为内标溶液。另取维生素 E 对照品约 20mg，精密称定，置棕色具塞瓶中，精密加内标溶液 10mL，密塞，振摇使溶解；取 1~3μL 注入气相色谱仪，计算校正因子。

测定法　取装量差异项下的内容物，混合均匀，取适量（约相当于维生素 E 20mg），精密称定。置棕色具塞瓶中，精密加内标溶液 10mL，密塞，振摇使溶解；取 1~3μL 注入气相色谱仪，测定，计算，即得。

2. 中药成分分析　中药的成分复杂，而中成药一般都是多种药材的混合物，它们的成分研究比较困难。但气相色谱法在这方面仍然是一种很好的方法，应用很广。诸如挥发油、有机酸及酯、生物碱、香豆素、黄酮、植物甾醇、单糖、甾体皂苷元等植物成分，都能用气相色谱法分离测定，动物中药麝香、蟾酥等的气相色谱法也有报道。气相色谱法对中药成分的研究或对比可以解决品种鉴定、找寻代用品，以及产地、采收季节、炮制方法对成分影响等方面的问题，为药材和中成药的质量标准化提供可靠的方法。用两谱联用还可测定某些成分的结构。

例 13 - 2　莪术挥发油成分的全二维气相色谱/飞行时间质谱法分析

仪器与柱系统　GC×GC 系统由 Agilent 6890 气相色谱仪（安捷伦公司）和冷喷调制器 KT 2001（ZEOX）组成，FID 检测器。优化选择了 2 套柱系统，第一套柱系统：柱 1 为 DB - 2PETRO（J&W）（50m × 0.2mm × 0.5μm），柱 2 为 DB - 17ht（J&W）（2.6m ×

0.1mm×0.1μm）；第二套柱系统：柱1为SOL GELWAX（SGE）（60m×0.25mm），柱2为Cyclodex2B（SGE）（3m×0.1mm×0.1μm）。

GC×GC与GC×GC/TOFMS实验条件 进样口温度250℃；检测器温度260℃；载气为氦气，恒压操作，柱前压607kPa；第一套柱系统温度程序：初始温度80℃，以3℃/min升至170℃，再以2℃/min升至240℃（保持5min）；第二套柱系统温度程序：初始温度70℃（保持3min），升温速率为3℃/min，终点温度为200℃（保持25min）。接口温度230℃；离子源温度240℃；质量扫描范围35~400u；第一套柱系统调制周期为4s，第二套柱系统调制周期为6s；冷气流速20mL/min，热气加热电压为60V；谱图由Transform和Zoex软件生成、处理和定量。

莪术是我国传统的中药材，具有活血破瘀、行气止痛之功效。近年来的研究表明，其挥发油具有抗肿瘤、抗早孕、抗炎、抗菌和降酶等作用。过去采用GC/MS分析莪术挥发油，只鉴定出约100种组分。

通过优化GC×GC的柱系统、温度程序和调制参数等色谱条件，建立了分析中药莪术挥发油组成的全二维气相色谱/飞行时间质谱（GC×GC/TOFMS）方法，实现了莪术挥发油的单个组分与族组分分析。采用所建立的GC×GC/TOFMS方法，鉴定出匹配度大于80%的组分有249种，其中单萜18种，单萜含氧衍生物34种，倍半萜35种，倍半萜含氧衍生物37种，有69种组分的体积分数大于0.02%。

3. 复方制剂分析 复方制剂含有多种成分，进行分析测定时往往互相干扰，此外，制剂中的辅料等也常妨碍有效成分的分析。气相色谱可同时测定一些复方制剂的多种成分。

例13-3

4种中药橡胶膏剂中樟脑、薄荷脑、冰片和水杨酸甲酯含量的气相色谱法测定

用气相色谱法同时测定伤湿止痛膏、安阳精制膏、少林风湿跌打膏和风湿止痛膏中樟脑、薄荷脑、冰片和水杨酸甲酯的方法灵敏、准确、重现性好、通用性强。

色谱条件与系统适用性试验 玻璃柱（3mm×3m），固定相为聚乙二醇（PEG）-20M（10%），FID检测器。载气：N_2压力60kPa，流速为58mL·min^{-1}，H_2压力70kPa，空气压力15kPa。柱温130℃，进样器/检测器温度170℃。

样品测定及结果 以萘为内标物，采用内标物预先加入法，用挥发油测定器蒸馏制备供试液。4种制剂样品中的樟脑、薄荷脑、冰片（异龙脑和龙脑）、水杨酸甲酯及内标物萘均得到良好的分离。方法学研究表明，樟脑、薄荷脑、冰片和水杨酸甲酯的加样回收率都大于95.54%（$RSD \leq 2.8\%$）。

4. 体内药物分析 在治疗药物监测和药代动力学研究中都需要测定血液、尿液或其他组织中的药物浓度，这些样品中往往药物浓度低，干扰较多。气相色谱法具有灵敏度

高、分离能力强的优点，因此也常用于体内药物分析。

例 13 - 4　　毛细管气相色谱法测定 5 - 单硝酸异山梨酯血药浓度

5 - 单硝酸异山梨酯是硝酸异山梨酯的主要代谢产物，作为一种较新型的硝酸酯类抗心绞痛药物，它的生物利用度高，分布容积广，疗效可靠。建立 GC - ECD 检测方法为研究该药物在人体内的药动学和生物利用度提供依据。

色谱条件　Alltech SE - 30 毛细管柱，15m × 0.25mm，0.25μm（SGE）；分流/不分流进样衬管（4mm，去活化）；进样温度：180℃，ECD 温度：225℃，柱前压：90kPa，载气流速：1.2mL·min^{-1}，阳极吹扫：4mL·min^{-1}，隔垫吹扫：4mL·min^{-1}，尾吹：50mL·min^{-1}，采用分流进样，分流比：50:1；程序升温：初始温度10℃，维持3min，然后以5℃·min^{-1}升至115℃，再以50℃·min^{-1}升至200℃，维持1.5min。

样品测定及结果　以 2 - 单硝酸异山梨酯为内标，血样经正己烷 - 乙醚（1:4）提取液两次萃取后，分离有机相，氮气下浓缩，甲苯溶解进样。标准曲线在 24 ~ 1200ng·mL^{-1} 浓度内，$r = 0.9993$，日内、日间 RSD 为 3.29% ~ 9.50%，平均回收率为（101.66 ± 1.11）%。方法准确度高，专一性强，简便易行，可以满足血药浓度测定及药动学研究的需要。

实验十八　气相色谱法测定藿香正气水中乙醇的含量

一、实验目的

1. 掌握 GC 内标法测定药物含量的方法与计算。
2. 熟悉气相色谱仪的工作原理和操作方法。

二、实验原理

藿香正气水为酊剂，由苍术、陈皮、广藿香等十味药组成，制备过程中所用溶剂为乙醇。由于制剂中含乙醇量的高低对于制剂中有效成分的含量、所含杂质的类型和数量以及制剂的稳定性等都有影响，所以《中国药典》规定对该类制剂需做乙醇量检查。

乙醇具挥发性，《中国药典》采用气相色谱法测定各种制剂在 20℃ 时乙醇的含量（%，mL/mL）。

三、仪器与试剂

1. 仪器　Agilent 6890N 气相色谱仪，火焰离子化检测器（FID），HP - 5 石英毛细柱，

5mL 吸量管（2 支），100mL 容量瓶（2 个），微量进样器。

2. 试剂　无水乙醇（AR）对照品，正丁醇（AR）内标物，藿香正气水。

四、实验内容

因中药制剂中所有的组分并非都能全部出峰，故采用内标法定量。

1. 色谱条件与系统适用性试验——色谱柱　HP－5 石英毛细柱（30.0m×320μm）；进样口温度 200℃，柱温 80℃，检测器温度 250℃。理论板数应不低于 2000。样品与内标物质峰的分离度应大于 2。

2. 标准溶液的制备　精密量取恒温至 20℃的无水乙醇对照品和正丁醇内标各 5mL，至 100mL 量瓶中，加水稀释至刻度，摇匀，得标准溶液。

3. 供试液的制备　精密量取恒温至 20℃的藿香正气水 10mL 和正丁醇 5mL，至 100mL 量瓶中，加水稀释至刻度，摇匀，得供试品溶液。

4. 校正因子测定　取标准溶液 1～2μL，连续注入气相色谱仪 3 次，记录峰面积值，算出平均值，计算校正因子。

5. 供试液的测定　取供试液 1～2μL，连续注入气相色谱仪 3 次，记录峰面积值，计算，即得。

五、注意事项

1. 色谱柱的使用温度　各种固定相均有最高使用温度的限制，为延长色谱柱的使用寿命，在分离度达到要求的情况下尽可能选择低的柱温。开机时，要先通载气，再升高气化室、检测室温度和分析柱温度，为使检测室温度始终高于分析柱温度，可先加热检测室，待检测室温度升至近设定温度时再升高分析柱温度；关机前须先降温，待柱温降至 50℃以下时，才可停止通载气、关机。

2. 进样操作　为获得较好的精密度和色谱峰形状，进样时速度要快而果断，并且每次进样速度、留针时间应保持一致。

六、计算

1. 校正因子 $f = (A_s/C_s) / (A_R/C_R)$

式中 A_R 为对照品的峰面积值；C_R 为对照品的浓度；

A_s 为加入内标物的峰面积值；C_s 为加入内标物的浓度。

2. 含量 $(C_x) = f \times A_x / (A_s/C_s)$

A_x 为供试样品的峰面积值；A_s 为测试样品时加入的内标物的峰面积值。

《中国药典》规定，藿香正气水中乙醇含量应为 40%～50%。

七、思考题

1. 内标法中，进样量多少对结果有无影响？
2. 内标物的选择应符合哪些条件？

本章小结

本章主要介绍气相色谱法的基本概念、理论，及气相色谱仪的基本构造和工作流程。

1. 基本概念：噪声，检测限，线性范围，程序升温，校正因子。
2. 气相色谱仪的组成：气路系统，进样系统，分离系统，温控系统，检测系统，数据处理系统。
3. 气相色谱法的基本理论：塔板理论，速率理论。
4. 气液色谱固定相的组成：载体和涂在载体表面的固定液。
5. 气相色谱常用检测器：热导检测器，氢离子火焰检测器，电子捕获检测器。
6. 色谱定性方法：保留值定性法，与其他技术联用定性。
7. 色谱定量方法：归一化法，外标法，内标法。

（1）归一化法：$w_i = \dfrac{A_i f_i}{A_1 f_1 + A_2 f_2 + \cdots + A_i f_i + \cdots + A_n f_n} \times 100\%$

（2）外标法：$w_i / w_s = A_i / A_s$

（3）内标法：$w_i = \dfrac{m_s f_i A_i}{m_i f_s A_s} \times 100\%$

复习思考

一、选择题

1. 在气相色谱分析中，用于定性分析的参数是（　　　）
   A. 保留值　　　　　　　　　B. 峰面积
   C. 分离度　　　　　　　　　D. 半峰宽

2. 在气相色谱分析中，用于定量分析的参数是（　　　）
   A. 保留时间　　　　　　　　B. 保留体积
   C. 半峰宽　　　　　　　　　D. 峰面积

3. 良好的气 – 液色谱固定液为（　　　）
   A. 蒸气压低、稳定性好

B. 化学性质稳定

C. 溶解度大，对相邻两组分有一定的分离能力

D. A、B 和 C

4. 使用热导池检测器时，应选用下列哪种气体作载气，其效果最好(　　)

A. H_2 　　　　　　　　　　　　　B. He

C. Ar 　　　　　　　　　　　　　　D. N_2

5. 下列气体除哪个以外，都是气相色谱法常用的载气(　　)

A. 氢气 　　　　　　　　　　　　　B. 氮气

C. 氧气 　　　　　　　　　　　　　D. 氦气

6. 速率理论常用于(　　)

A. 塔板数计算

B. 塔板高度计算

C. 色谱流出曲线形状的解释

D. 解释色谱流出曲线的宽度与哪些因素有关

7. 在气 – 液色谱分析中，良好的载体为(　　)

A. 粒度适宜、均匀，表面积大

B. 表面没有吸附中心和催化中心

C. 化学惰性、热稳定性好，有一定的机械强度

D. A、B 和 C

8. 农药中常含有 S、P 元素，气相色谱测定蔬菜中农药残留量时，一般采用下列哪种检测器(　　)

A. 氢火焰离子化检测器 　　　　　　B. 热导池检测器

C. 电子捕获检测器 　　　　　　　　D. 紫外检测器

9. 使用氢火焰离子化检测器，选用下列哪种气体作载气最合适(　　)

A. H_2 　　　　　　　　　　　　　B. He

C. Ar 　　　　　　　　　　　　　　D. N_2

10. 检测器的"线性"范围是指(　　)

A. 标准曲线是直线部分的范围

B. 检测器响应呈线性时，最大允许进样量和最小允许进样量之比

C. 最大允许进样量与最小检测量之差

D. 检测器响应呈线性时，最大允许进样量和最小允许进样量之差

二、判断题

1. 气相色谱分析时进样时间应控制在 1 秒以内。(　　)

2. 气相色谱固定液必须不能与载体、组分发生不可逆的化学反应。（　　）

3. 电子捕获检测器是一种通用型气相检测器。（　　）

4. 所有有机化合物都可采用气相色谱法进行测定。（　　）

5. 气相色谱分析中，混合物能否完全分离取决于色谱柱，分离后的组分能否准确检测出来，取决于检测器。（　　）

6. 用气相色谱法分析非极性组分时，一般选择极性固定液，各组分按沸点由低到高的顺序流出。（　　）

7. 塔板理论给出了影响柱效的因素及提高柱效的途径。（　　）

8. 在气相色谱中，试样中各组分能够被相互分离的基础是各组分具有不同的热导系数。（　　）

9. 热导检测器属于质量型检测器，检测灵敏度与载气的相对分子量成正比。（　　）

10. 气相色谱仪工作时，设定的检测温度越高越好。（　　）

三、简答题

1. 气相色谱仪的基本组成包括哪些部分？各有什么作用？

2. 评价气相色谱检测器性能的主要指标有哪些？

3. 有哪些色谱定量方法？试述它们的特点及适用情况。

四、计算题

1. 测得石油裂解气相色谱图（前四个组分衰减 1/4），经测定各组分的 f'_i 值及从色谱流出曲线量出各组分峰面积分别如下表。

组分	空气	甲烷	二氧化碳	乙烯	乙烷	丙烯	丙烷
峰面积（mm^2）	34	214	4.5	278	77	250	47.3
校正因子（f'_i）	0.84	0.74	1.00	1.00	1.05	1.28	1.36

用归一化法定量，求各组分的质量分数为多少？

2. 已知某试样含甲酸、乙酸、丙酸、水及苯等。现称取试样 1.055g，内标为 0.1907g 的环己酮。混合后，取 3μL 试液进样，从色谱流出曲线上测量出峰面积及相关的相对响应值列于下表：

出峰次序	甲酸	乙酸	环己酮	丙酸
峰面积 A_i	15.8	74.6	135	43.4
响应值	0.261	0.562	1.00	0.938

求甲酸、乙酸、丙酸的质量分数。

扫一扫，知答案

第十四章

高效液相色谱法

【学习目标】

掌握化学键合相色谱法；高效液相色谱的定性与定量分析方法。

熟悉高效液相色谱法的主要类型；高效液相色谱仪的组成结构及其工作原理。

了解高效液相色谱法与经典液相色谱法、气相色谱法的异同点；高效液相色谱法的速率理论与气相色谱法的差异。

引 子

1903 年俄国植物化学家茨维特（Tswett）首次提出"色谱法"和"色谱图"的概念。茨维特使用色谱法来描述他用装有碳酸钙的玻璃管分离植物色素的彩色试验。1930 年以后，相继出现了纸色谱、离子交换色谱和薄层色谱等液相色谱技术。1952 年，英国学者马丁（Martin）和辛格（Synge）提出了关于气-液分配色谱的比较完整的理论和方法，把色谱技术向前推进了一大步，使气相色谱迅速发展。1960 年中后期，气相色谱理论和实践发展，以及机械、光学、电子等技术上的进步，使得液相色谱又开始活跃。到 20 世纪 60 年代末期把高压泵和化学键合固定相用于液相色谱就出现了 HPLC。

第一节 概 述

高效液相色谱法（high performance liquid chromatography，HPLC）是 20 世纪 60 年代末期，在经典液相柱色谱法的基础上，引入了气相色谱法的塔板理论和速率理论及先进的实验技术，采用高效固定相、高压输液系统和高灵敏度检测器发展起来的现代液相色谱分析方法。该法具有分离效能高、分析速度快、检测灵敏度高、自动化程度高和应用广泛等特点。

一、高效液相色谱法与经典液相色谱法的比较

高效液相色谱法与经典液相色谱法的主要差异见表 14 - 1。

表 14 - 1　高效液相色谱法与经典液相色谱法的比较

	高效液相色谱法	经典液相色谱法
柱子	内径 2 ~ 6mm 的不锈钢柱	内径 1 ~ 3cm 的玻璃柱
固定相	粒径 < 10μm 均匀球形颗粒	粒径 > 100μm 不均匀颗粒
柱效	高	低
流动性驱动方式	高压泵驱动	重力
分析时间	周期短，0.05 ~ 0.5 小时	周期长，1 ~ 20 小时
检测方式	高灵敏度检测器在线检测	目视或薄层色谱检测
操作方式	仪器化	非仪器化

二、高效液相色谱法与气相色谱法的比较

高效液相色谱法与气相色谱法的相同之处是具有相似的理论，具有快速、分离效能高、高灵敏度的检测器在线检测、试样用量少等特点，都有分离和分析的双重功能。两者不同之处主要是流动相、固定相和适用范围的差异，主要差异见表 14 - 2。

表 14 - 2　高效液相色谱法与气相色谱法的比较

	高效液相色谱法	气相色谱法
柱子	内径 2 ~ 6mm 的不锈钢柱	内径 4 ~ 6mm 的金属填充柱 内径 0.1 ~ 0.6mm 的石英毛细管柱
流动相	液体，种类多，选择范围广	气体，种类少，选择范围小
固定相	多用小粒径的键合固定相	多为液膜
适用范围	能溶解于溶剂中的化合物，约占有机物的 80%	能气化、热稳定性好的化合物，约占有机物的 20%

第二节　高效液相色谱法的主要类型及基本原理

一、高效液相色谱法的主要类型

高效液相色谱法与经典液相色谱法相似，按固定相的物理状态可分为液 - 液色谱法和液 - 固色谱法两大类。根据分离机理的不同，可将高效液相色谱法分为液 - 固吸附色谱法、液 - 液分配色谱法、离子交换色谱法、分子排阻色谱法、化学键合相色谱法、离子对

色谱法、亲和色谱法等。其中以化学键合相色谱法应用最为广泛。

（一）液 – 固吸附色谱法

液 – 固吸附色谱法是以固体吸附剂为固定相，以液体为流动相，利用固体吸附剂对各组分吸附能力强弱的不同进行分离。其分离原理是当混合物随流动相通过色谱柱时，组分分子和流动相分子对吸附剂表面活性中心发生吸附竞争，与吸附剂结构和性质相似的组分易被吸附，呈现了高保留值；反之，呈现了低保留值，结果使具有不同吸附系数的各组分分子得到分离。该法以硅胶、氧化铝、聚酰胺及高分子多孔微球等吸附剂作为固定相，适合分离非离子的、水不溶性化合物及几何异构体。

（二）液 – 液分配色谱法

液 – 液分配色谱法是 HPLC 中应用最广泛的一种色谱法。其流动相和固定相（固定液）都是液体，它是利用各组分在固定相和流动相之间的分配系数不同进行分离的色谱法。其分离原理：当被分析的样品进入色谱柱后，各组分按照它们各自的分配系数，很快地在固定液和流动相之间达到分配平衡。这种分配平衡的总结果导致各组分的迁移速度不同，在固定相体积和流动相体积一定时，分配系数较大的组分保留时间长，后流出色谱柱。液 – 液分配色谱法的基本原理与液 – 液萃取相同，都遵循分配定律。

（三）离子交换色谱法

离子交换色谱法多采用离子交换树脂或离子交换键合相作固定相，流动相是水溶液。分离原理是利用待测样品中各组分离子与离子交换树脂的亲和力的不同而进行分离。组分离子与流动相离子争夺离子交换树脂上的离子结合位点。组分离子对树脂的亲和力越大（交换能力越大），越易交换到树脂上，保留时间就越长；反之，亲和力小的组分离子，保留时间就越短。该法主要用于分析在水中能电离的无机与有机离子、氨基酸、糖类，以及 DNA、RNA 的水解产物等。

（四）分子排阻色谱法

分子排阻色谱法是根据待测组分的分子大小进行分离的一种液相色谱技术。分子排阻色谱法的分离原理为凝胶色谱柱的分子筛机制。色谱柱多以亲水硅胶、凝胶或经修饰凝胶如葡聚糖凝胶（Sephadex）等为填充剂，这些填充剂表面分布着不同尺寸的孔径，待测分子进入色谱柱后，它们中的不同组分按其分子大小进入相应的孔径内，大于所有孔径的分子由于不能进入填充剂颗粒内部，在色谱过程中不被保留，最先流出柱外，表现为保留时间较短；小于所有孔径的分子能进入填充剂颗粒内，在色谱柱中滞留时间较长，表现为保留时间较长。分子排阻色谱法主要用于分离相对分子质量较大（分子量 > 2000）的化合物。如用葡聚糖凝胶 G – 10 为填充剂时，可分析头孢哌酮钠和青霉素 V 中的高分子聚合物。

二、化学键合相色谱法

化学键合相色谱法（bonded phase chromatography，BPC）是由液－液分配色谱法发展而来。液－液分配色谱法的固定相是将固定液涂渍在载体表面而构成，其缺点是固定液容易被流动相逐渐溶解而流失。因此，流动相的流速不能太高，也不能采用梯度洗脱，而且反复使用后，色谱柱的重复性、稳定性差。为了克服这些缺点，采用化学反应的方法将固定液（含不同官能团的有机分子）键合到载体表面，形成了牢固、均一的单分子薄层的固定相，即化学键合相，简称键合相。采用化学键合相作为固定相的色谱法即化学键合相色谱法。

根据键合相和流动相极性的相对强弱，键合相色谱法可分为正相键合相色谱法（normal bonded phase chromatography，NBPC）和反相键合相色谱法（revered bonded phase chromatography，RBPC）。

（一）正相键合相色谱法

正相键合相色谱法的固定相极性比流动相极性强。固定相采用极性键合相，如氨基（—NH_2）、氰基（—CN）或醇基键合相等。其分离机制类似于液－液分配色谱的分离原理，将有机键合层看作一层液膜，组分在两相间进行分配，极性强的组分根据"相似相溶"原理，易溶解于有机键合层，分配系数（k）大，保留时间长，后出色谱柱。

正相键合相色谱法适合分离溶解于有机溶剂的极性至中等极性的分子型化合物，如脂溶性维生素、芳香胺、芳香醇、有机氯农药等。

（二）反相键合相色谱法

反相键合相色谱法的固定相极性比流动相极性弱。固定相常采用非极性键合相，如十八烷基硅烷键合相（C_{18}或ODS）、辛烷基硅烷键合相等，ODS是应用最广泛的非极性键合相，适用范围较广。反相键合相色谱法的分离机制十分复杂，目前普遍被人们接受的是"疏溶剂作用理论"。该理论认为，由于非极性溶质分子或溶质分子中的非极性基团在与极性溶剂接触时产生排斥力，而从溶剂中被"挤出"，即产生疏溶剂作用，促使溶质分子与键合相表面的非极性烷基发生疏水缔合，从而使溶质分子保留在固定相中。当溶质分子的极性越弱，其疏溶剂作用越强，分配系数（k）越大，保留时间长，后出色谱柱。

反相键合相色谱法适合分离非极性至中等极性或离子型化合物。如可分离同系物、复杂的稠环芳烃及其他亲脂性化合物，也用于药物、激素、天然产物及农药残留量等测定。

三、其他高效液相色谱法

离子对色谱法主要分为正相离子对色谱和反相离子对色谱。目前最常用的是反相离子对色谱，它使用反相色谱中常用的固定相，如ODS。反相离子对色谱兼有反相色谱和离子色谱的特点，它保持了反相色谱的操作简便、柱效高的优点，而且能同时分离离子型化合物和中性化合物。一些强酸、强碱药物及容易成盐的胺类药物可选用离子对色谱法。

（一）分离机制

反相离子对色谱法是在反相色谱法中，将一种或多种与被测离子电荷相反的离子（称为对离子或反离子）加到极性流动相中，使其与被测离子结合，形成不带电荷的中性离子，从而增加溶质的疏水性，因而被非极性固定相萃取，进入固定相被保留。根据被测组分离子与反离子所形成的离子对的疏水性不同，导致各组分离子在固定相中滞留时间的不同，出色谱柱的先后不同，从而实现分离。

（二）常用离子对试剂

分析阳离子的常用反离子试剂有烷基磺酸或盐类，如己烷磺酸钠、十二烷基磺酸钠等，适合分析有机碱类和有机阳离子。分析阴离子的反离子试剂主要有季铵盐类，如四丁基季铵盐、十六烷基三甲基季铵盐、四丁基胺磷酸盐等，常用于分析有机酸和有机阴离子。

（三）固定相与流动相

反相离子对色谱法的固定相常用 ODS 等非极性固定相；流动相一般在甲醇 – 水或乙腈 – 水体系中加入适量离子对试剂，并用缓冲溶液调至合适的 pH 值，也可采用梯度洗脱。分离有机碱的 pH 一般为 3~3.5；分离有机酸的 pH 一般在 7.5 左右。

第三节　高效液相色谱法的固定相和流动相

高效液相色谱法分析时需选择最佳的色谱条件，以实现最理想的分离。固定相和流动相是最关键的条件，直接关系到分离度、柱效和选择性。因此，应该根据样品的性质选择合适的固定相和流动相。本节重点介绍常用的固定相和流动相。

一、固定相

固定相具有耐溶剂冲洗，化学性能稳定，色谱柱的重复性和稳定性好，可适用于梯度洗脱；柱效高；可以键合不同性质的有机基团，选择性好等优点，是目前使用最广泛的一种固定相。

硅胶常被作为制备化学键合相的载体，利用其表面的硅醇基（Si – OH）与不同有机分子之间化学反应成键，即可得到各种性能的固定相，如按键合的官能团不同可分为非极性、极性和离子型键合相等。

（一）非极性键合相

非极性键合相表面基团为非极性烃基，如辛烷基、十八烷基、苯基等，常用于反相色

273

谱，适合分离非极性或中等极性的化合物。其中，十八烷基硅烷键合相（C_{18} 或 ODS）是最常用的非极性键合相，是由十八烷基氯硅烷与硅胶表面的硅醇基经多步反应生成的键合相。键合反应如下：

（二）极性键合相

常用的极性键合相有氨基（$—NH_2$）、氰基（$—CN$）、醚基、醇基键合相等，常用于正相色谱，适合分离极性化合物。如氨基键合相是分离糖类化合物最常用的固定相；氰基键合相对分离双键异构体有较好的选择性。

（三）离子型键合相

常见的离子型键合相多以全多孔微粒硅胶为载体，表面键合上可交换阴离子的基团季铵盐（$—NR_3Cl$）等和可交换阳离子的基团磺酸基（$—SO_3H$）等，适合分离离子型化合物。

二、流动相

在高效液相色谱法中，流动相对组分有亲和力，参与了固定相对组分的竞争。因此，流动相溶剂的组成和性质对分离选择性和组分的分配系数（k）值的影响很大。改变流动相的组成是提高色谱分离度和分析速度的重要手段。

（一）对流动相的基本要求

1. 流动相应纯度高（一般要求色谱纯级别的试剂），化学惰性好。

2. 流动相应对试样有合适的溶解能力，以提高检测的灵敏度和精密度。

3. 流动相应与固定相不相溶，并能保持色谱柱的稳定性，保证实验的良好重复性。

4. 流动相必须与检测器相匹配。如用紫外检测器，不能使用在检测波长处有紫外吸收的溶剂。

5. 流动相应具有低黏度和低沸点，以减小组分的传质阻力，提高柱效。低沸点的溶剂在制备、纯化样品时，易于用蒸馏方法从柱后收集液中除去，以便样品的纯化。

6. 流动相应选用低毒性的溶剂，以保证操作人员的安全。

（二）常用流动相

在正相键合相色谱法中，流动相常以非极性或弱极性溶剂（如正己烷、甲苯等）加适量极性溶剂（如三氯甲烷、乙腈、醇等）组成混合流动相，例如正己烷－甲醇、正己烷－

三氯甲烷等。

在反相键合相色谱法中，流动相以水作为主体溶剂，再加入甲醇、乙腈、四氢呋喃等水溶性有机溶剂或酸、碱等调节流动相的洗脱能力，例如水 – 甲醇、水 – 乙腈、水 – 甲醇 – 无机盐缓冲液等。

（三）流动相的洗脱方式

高效液相色谱法的洗脱方式主要有两种：

1. 等度洗脱 等度洗脱是指在同一分析周期内流动相的组成和流速保持恒定的洗脱方式，是最常用的色谱洗脱方式。等度洗脱操作简便，适用于组分数目较少、性质差异不大的样品。

2. 梯度洗脱 梯度洗脱是指在一个分析周期内，按照一定程序不断改变流动相中溶剂的组成和浓度配比，使所有组分都能在适宜条件下获得分离。适用于组分数目较多、性质差异较大的复杂样品。采用梯度洗脱可以缩短分析时间，提高分离度，改善色谱峰形，提高检测灵敏度，但也有引起基线漂移和重现性较差的缺点。

第四节 分离条件的选择

高效液相色谱法的基本概念和理论基础，如塔板理论、保留值、分配系数、分离度等，都与气相色谱法一致。不同的是高效液相色谱法的流动相是液体，其扩散系数仅为气体扩散系数的万分之一至十万分之一，液体黏度却比气体黏度大 100 倍，所以其速率理论与气相色谱法的有细微差别。

一、高效液相色谱法中的速率理论

高效液相色谱法的速率理论也是利用动力学观点来研究动力学因素对柱效的影响，所以也可根据范第姆特方程式（$H = A + \dfrac{B}{u} + Cu$）进行讨论。

（一）涡流扩散项 A

组分分子在色谱柱中因运动路径不同而引起的色谱峰扩展即为涡流扩散项。

$$A = 2\lambda d_{\mathrm{p}} \tag{14-1}$$

此式含义与气相色谱法完全相同。在高效液相色谱法中，为了减小 A，一是采用小粒径固定相（常用 $3 \sim 5\mu m$ 粒径），减小颗粒直径；二是采用球形、粒度分布均匀的固定相，并用匀浆法装柱，减小填充因子。

（二）纵向扩散项 B

由于组分分子本身的运动所引起的纵向扩散而使色谱峰扩展。因为液体的黏度比气体大很多，所以高效液相色谱法中组分分子在流动相中的扩散系数要比气相色谱法中的小 4~5 个数量级，同时，高效液相色谱法中流动相流速通常是最佳流速的 3~5 倍。故此项对色谱峰扩展的影响在高效液相色谱法中可以忽略不计。

（三）传质阻力项 C

由于组分分子在固定相和流动相两相间的传质过程中不能瞬间达到平衡而引起，从而使色谱峰扩展，此即为传质阻力项。其含义与气相色谱法完全相同。

因此，高效液相色谱法中的速率方程可以简写为：

$$H = A + Cu \tag{14-2}$$

总之，为了提高高效液相色谱法的柱效，必须采用粒径小而均匀的固定相，并填充均匀，以减小涡流扩散；选择低黏度的流动相如甲醇、乙腈等，在一定范围内减小流动相流速；适当提高柱温，以减小传质阻力。

上述影响色谱峰扩展的都是色谱柱内各种因素引起，称柱内展宽。

由色谱柱外各种因素引起色谱峰扩展，则称柱外展宽。柱外展宽的因素主要有从进样处到检测器之间（不包括柱本身）所有死体积，如进样器、连接管、接头和检测器等。因此，必须采用各种技术尽量减小柱外死体积。

二、分离条件

（一）正相键合相色谱法的分离条件

正相键合相色谱法一般以极性键合相为固定相，如氰基、氨基键合相等。分离含双键的化合物常用氰基键合相，分离多基团化合物常用氨基合相。

正相键合相色谱的流动相通常采用烷烃加适量极性调节剂。极性调节剂有 1-氯丁烷、异丙醇、二氯甲烷、四氢呋喃、氯仿、乙酸乙酯、乙醇、乙腈等。若仍难以达到所需要的分离选择性，还可以使用三元或四元溶剂系统。

（二）反相键合相色谱法的分离条件

反相键合相色谱法中，常选用非极性键合相如 ODS 等。非极性键合相可用于分离分子型化合物，也可用于分离离子型或离子化的化合物。

在反相键合相色谱法中，流动相一般以极性最强的水为基础溶剂，加入甲醇、乙腈等极性调节剂。极性调节剂的性质及与水的混合比例对混合组分的保留值和分离选择性有显著影响。同时调节流动相的离子强度也能改善分离效果。例如在流动相中加入 0.1%~1% 的醋酸盐、磷酸盐等，可减弱固定相表面残余硅醇基的干扰作用，减少峰的拖尾，改善分离效果。

第五节　高效液相色谱仪

高效液相色谱仪主要由输液系统、进样系统、分离系统、检测系统和数据记录与处理系统组成，其结构示意图见图 14 - 1。

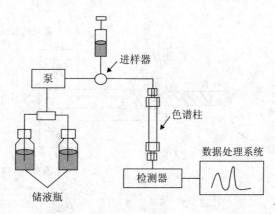

图 14 - 1　高效液相色谱仪结构示意图

一、输液系统

输液系统由溶剂储液瓶、溶剂过滤脱气装置、高压输液泵、梯度洗脱装置等四个部分组成。

（一）溶剂储液瓶

溶剂储液瓶用来储存流动相溶剂，一般采用耐腐蚀的玻璃瓶，容积为 0.5 ~ 2.0L，无色或棕色。储液瓶放置的位置应高于高压输液泵，以便保持一定的输液静压差，在泵启动时易于让残留在溶剂和泵体中的微量气体通过排空阀排出。使用过程中溶剂储液瓶应密闭，以防溶剂蒸发引起流动相组成的变化，以及空气中 O_2 等溶解于已脱气的流动相中。

（二）溶剂过滤脱气装置

流动相在装入储液瓶之前必须经过 $0.45\mu m$ 滤膜过滤，以除去流动相中的不溶性杂质，防止堵塞管路或进样阀。同时，在插入输液瓶内的输液管路顶端连有用不锈钢烧结材料制成的孔径为 $2\mu m$ 或玻璃制成的在线微孔滤头（溶剂过滤器），进一步除去微粒等杂质，防止损坏输液泵等。

流动相在使用前必须预先脱气，否则在高压状态下会逸出气泡，影响高压泵的正常工作和基线的稳定性。常用的脱气方法有超声脱气、真空脱气、吹氦脱气和在线脱气等方式，其中超声脱气比较简单易行。在线脱气技术是把真空脱气装置串接到贮液系统中，结合膜处理技术，实现了流动相在进入输液泵前的连续真空脱气。此法智能控制，脱气效果优于上述三种方法，并适用于多元溶剂体系。

（三）高压输液泵

高压输液泵是高效液相色谱仪中用来实施流动相高压输送的关键部件，其应具备密封性好、流量稳定、流量范围宽、耐高压、耐腐蚀等特点。输液泵的种类很多，目前应用比较广泛的是恒流往复泵，其结构如图 14-2 所示。

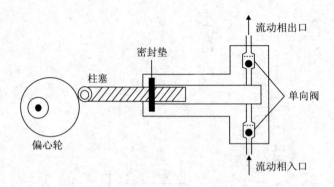

图 14-2　恒流往复泵结构示意图

恒流往复泵工作时由电动机带动偏心轮转动，然后驱动柱塞在液缸内往复运动。柱塞在液缸中向后抽动时，出口单向阀关闭，入口单向阀打开，流动相吸入液缸；柱塞在液缸中向前推动时，入口单向阀关闭，出口单向阀打开，流动相流入色谱柱。因在吸入冲程时泵没有输出，流动相的流量脉动使仪器无法正常工作，所以现在多采用双柱塞恒流泵，其实际上就是两台单柱塞往复泵并联或串联而成，一个泵从输液瓶中抽取流动相时，另一泵就向色谱柱注入流动相，使流动相保持平稳流速。

（四）梯度洗脱装置

梯度洗脱装置的作用是把两种或两种以上的不同极性的溶剂，按一定程序连续改变比例配制成所需的淋洗液，然后注入色谱柱，以达到高效分离的目的。多元高压输液泵大多带有梯度洗脱装置，按多元流动相的加压与混合方式可将其分为外梯度和内梯度两种。外梯度洗脱装置是先用比例阀将多种溶剂按比例混合后，再由输液泵加压输送至色谱柱，又称为低压梯度。内梯度是先将溶剂分别增压，然后按比例混合，最后注入色谱柱，又称为高压梯度。现代的高效液相色谱仪均由计算机控制，可设定任意洗脱程序进行灵活多变的梯度洗脱。

二、进样系统

进样系统简称进样器，具有取样和进样两项功能，安装在色谱柱的进口处，其作用是将试样引入色谱柱。常用进样器为六通阀进样器（手动）和自动进样器。

（一）六通阀进样器

六通阀进样器是高效液相色谱仪中普遍采用的进样装置，一般带有 $20\mu L$ 的定量环，如图14-3所示。进样时先将六通阀手柄切换到载样"Load"位置，此时流动相不经过定量环，定量环与样品入口相通，用微量注射器将样品溶液由针孔注入样品定量环中。然后顺时针转动六通阀手柄至进样"Inject"位置，此时流动相与定量环接通，样品溶液被流动相带入色谱柱中进行分离，完成进样。进样体积是由定量环的体积严格控制的，为了确保进样的准确度，微量注射器的取样量必须大于定量环的体积，多余样品从废液管排出，因此六通阀进样器的进样量的准确性和重复性好。定量环常用的体积为5μL、10μL、20μL和50μL等，可以根据需要更换不同体积的定量环。

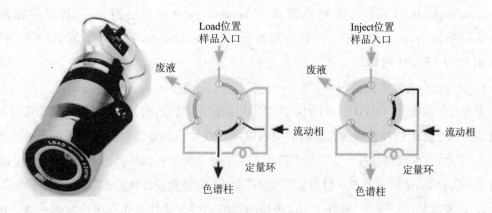

图14-3 六通阀进样器及进样示意图

（二）自动进样器

自动进样器由微机控制的取样机械手、吸样计量泵、采样针、注射管、进样阀、针座等部分组成，可自动进行取样、进样、清洗、复位等一系列操作。操作者只需将样品按照一定的次序排放在样品架上，输入程序，启动设备自动进样，进样重现性好。适用于大量样品的常规分析，可实现自动化操作。

三、分离系统

分离系统是高效液相色谱仪的最重要部分，包括色谱柱和恒温箱。

色谱柱是分离的核心部件，通常是直形的，由柱管、固定相、过滤片等组成。柱管多采用耐高压、耐腐蚀、管内壁光洁度很高的不锈钢管制成。色谱柱按主要用途可分为分析型柱和制备型柱两类，它们规格不同。常规分析柱内径2~5mm，柱长10~30cm；窄径柱内径1~2mm，柱长10~20cm；实验室制备柱内径20~40mm，柱长10~30cm。高效液相色谱柱填装固定相时是有方向的，所以使用时流动相的方向应与柱子标示的流向相一致。

恒温箱可调控色谱柱的温度，保证色谱分离时温度恒定，对于提高色谱柱的柱效、改善色谱峰的分离度、缩短分析时间、保证分析结果的重现性等具有不可忽视的作用。

四、检测系统

检测器是检测系统的核心部件，是反映色谱过程中被测组分浓度或质量随时间变化的部件。检测器应该满足灵敏度高、线性范围宽、稳定性好、响应快、噪音低、可作梯度洗脱及基线漂移小等要求。常用检测器可分为通用型和选择性两大类，通用型检测器常见的有蒸发光散射检测器（evaporative light scattering detector，ELSD）和示差折光检测器（differential refraction index detector，RID）；选择性检测器主要有紫外吸收检测器（ultraviolet absorption detector，UVD）、荧光检测器（fluorescence detector，FLD）、电化学检测器（electrochemical detector，ED）、质谱检测器（mass spectrometry detector，MSD）等。此处只介绍 UVD、ELSD 和 FLD。

（一）紫外吸收检测器

紫外吸收检测器（UVD）是 HPLC 中最常用的检测器，其测定原理是基于被测组分对特定波长的紫外光的选择性吸收，其具有灵敏度高、线性范围宽、对温度和流速不敏感等优点，可用于等度和梯度洗脱。缺点是不适用于对紫外光无吸收的样品，不能使用在检测波长处有紫外吸收的溶剂作流动相。目前常用的有可变波长紫外检测器和光电二级管阵列检测器。

1. 可变波长检测器（VWD）　这种检测器的结构与紫外分光光度计基本一致，主要差别是流通池取代了吸收池，可根据被测组分紫外吸收光谱选择相应的检测波长。

2. 光电二级管阵列检测器（DAD）　DAD 是 20 世纪 80 年代出现的一种光学多通道检测器。其检测原理是由光源发出的复色光通过流通池，被组分选择性吸收后，再通过由狭缝和光栅组成的单色器进行色散分光，然后照射到二级管阵列装置上，使每个纳米波长的光强度转变为相应的电信号强度，即获得组分的吸收光谱，并用电子学方法及计算机技术对二级管阵列快速扫描采集数据，得到三维的光谱－色谱图。由于每个组分都有全波长范围内的吸收光谱图，因此，可利用色谱保留时间及吸收光谱综合进行定性分析；色谱峰面积或峰高用于定量分析。

（二）蒸发光散射检测器

蒸发光散射检测器（ELSD）是 20 世纪 90 年代出现的通用型检测器，适用于挥发性低于流动相的组分（主要用于糖类、高级脂肪酸、高分子化合物、皂苷类化合物等）的检测，但是其检测灵敏度比紫外检测器约低一个数量级。其检测原理是经色谱柱分离的组分随流动相进入雾化室，高速载气（如 N_2）将含有待测组分的流动相雾化，进入受温度控制的蒸发室，在蒸发室中流动相被蒸发除去，待测组分在蒸发室形成气溶胶并被带入检测室，在强光或激光照射下产生散射光，通过测定散射光的强度而获得组分的浓度信息。蒸发光检测器可用于梯度洗脱，但它只适合流动相能完全挥发的色谱条件，若流动相含有非挥发性缓冲溶液就不能用该检测器进行检测。

（三）荧光检测器

荧光检测器（FLD）的原理是基于某些物质吸收一定波长的紫外光后发射出荧光，在一定条件下其荧光强度与该物质浓度成正比，通过测定荧光强度获得试样含量。FLD 是一种灵敏度高（检测限可达 $10^{-12}g \cdot mL^{-1}$）、选择性好的检测器，但只适用于能产生荧光或经衍生可产生荧光的化合物，主要用于氨基酸、维生素、甾体化合物、酶类等的检测。

五、数据记录与处理系统

高效液相色谱仪数据记录与处理系统由计算机和相应的色谱软件或色谱工作站构成。其色谱分析的数据记录及处理由计算机完成，利用色谱工作站采集、分析色谱数据和处理色谱图，给出保留时间、峰宽、峰高、峰面积、对称因子、分离度等色谱参数。此外，色谱工作站还可控制色谱仪各个模块的工作状态。

第六节 定性与定量分析方法

一、定性分析方法

用高效液相色谱法通常只能鉴别一些已知结构的化合物，对未知的化合物只用高效液相色谱法很难定性，常需与其他仪器分析方法相配合。

1. 色谱鉴定法　此法是利用标准品和样品的保留时间或相对保留时间相互对照，进行定性分析，方法简单易行，是已知结构的化合物常用的定性鉴别方法。

2. 两谱联用鉴定法　两谱联用是指将 HPLC 和光谱或质谱联结成一个完整的系统，实现在线检测。两谱联用既能给出样品的色谱图，同时还能给出每个色谱组分的光谱图或质谱图，即能同时获得定性和定量信息。因此，HPLC – IR、HPLC – MS 等联用技术是当今成分复杂样品分析、鉴定的重要手段。

二、定量分析方法

HPLC 的定量分析方法与 GC 相同，测定供试品中主成分含量时常用外标法和内标法，其中又以外标法更为常用。归一化法因很难查到在相同实验条件下的各组分的定量校正因子而较少使用。定量分析方法具体内容见气相色谱法。

药物中检查杂质含量时有 4 种方法：外标法（杂质对照品法）、加校正因子的主成分自身对照法、不加校正因子的主成分自身对照法和面积归一化法。最常用的方法为不加校正因子的主成分自身对照法。

当没有杂质对照品时，采用不加校正因子的主成分自身对照法。该方法首先将供试品溶液稀释成与杂质限量相当的溶液作为对照溶液，调节检测灵敏度或进样量，使对照溶液的主成分色谱峰的峰高约达到满量程的 10% ~25% 或使峰面积能准确积分。然后取供试品溶液和对照溶液分别进样，除另有规定外，供试品溶液的记录时间应为主成分色谱峰保留时间的 2 倍，测量供试品溶液色谱中各杂质的峰面积，并与对照溶液主成分的峰面积比较，计算杂质含量。

实验十九　内标对比法测定扑热息痛片的含量

一、实验目的

1. 掌握内标校正因子法的实验步骤和结果计算方法。
2. 熟悉高效液相色谱仪的使用方法。

二、实验原理

内标对比法的实验方法是：先称取一定量的内标物（S），加入标准液中，配成含一定量内标物的标准品溶液。再称取一定量的内标物（S），加入相同体积的试样液中，配成含一定量内标物的试样溶液。将两种溶液分别进样，测得标准品溶液中的组分 i 和内标物 S 的峰面积 $A_{i标准}$ 和 $A_{s标准}$，试样溶液中待测组分 i 和内标物 S 的峰面积 $A_{i试样}$ 和 $A_{s试样}$，按下式计算出试样溶液中待测组分的含量：

$$\frac{m_{i标准}}{m_{s标准}} = \frac{(f_i \times A_i)_{标准}}{(f_s \times A_s)_{标准}} \qquad 即 f_{i标准} = \frac{m_{i标准}}{m_{s标准}} \times \frac{f_{s标准} \times A_{s标准}}{A_{i标准}}$$

则对乙酰氨基酚样品的百分含量计算公式如下：

$$W\% = \frac{m_{s试样}}{m_{样}} \times \frac{f_{i标准} \times A_{i试样}}{f_{s标准} \times A_{s标准}} \times 100$$

三、仪器与试剂

1. 仪器　高效液相色谱仪，ODS 柱（15cm × 4.6cm，5μm），抽滤瓶，10mL、50mL 容量瓶，0.45μm 的有机系微孔滤膜。

2. 试剂　咖啡因标准品、对乙酰氨基酚标准品；样品；甲醇（色谱纯）；重蒸馏水。

四、实验步骤

1. 色谱条件　ODS 色谱柱（15cm ×4.6cm，5μm）；流动相：甲醇 – 水（60∶40）；流速：1mL/min；检测波长：257nm；柱温：室温；内标物：咖啡因。

2. 溶液配制

（1）标准品溶液的配制：精密称取对乙酰氨基酚标准品约 20mg，内标物咖啡因约 20mg，置 50mL 容量瓶中，加甲醇使溶解并稀释至刻度，摇匀；精密吸取 1mL，置 10mL 容量瓶中，用流动相稀释至刻度，摇匀，即得标准品溶液。

（2）供试品溶液的配制：精密称取对乙酰氨基酚样品约 20mg，内标物咖啡因约 20mg，置 50mL 容量瓶中，加甲醇使溶解并稀释至刻度，摇匀；精密吸取 1mL，置 10mL 容量瓶中，用流动相稀释至刻度，摇匀，即得样品溶液。

3. 进样　用微量注射器精密吸取标准品溶液 10μL 注入色谱仪，记录色谱图，重复进样 3 次。同样吸取供试品溶液 10μL 注入色谱仪，记录色谱图，重复进样 3 次。

五、数据记录与处理

将实验数据记录于下表，并按上述实验原理中给出的计算公式，求出对乙酰氨基酚样品的百分含量。

	$A_{i标准}$	$A_{s标准}$	$f_{i标准}$	$f_{s标准}$	$A_{i试样}$	$A_{s试样}$	$W\%$
1				1.000			
2				1.000			
3				1.000			
平均值				1.000			

六、注意事项

1. 高效液相色谱法所用的溶剂纯度需符合要求。

2. 流动相需经合适滤膜过滤、脱气后方可使用；溶液注入色谱仪前，也需经微孔滤膜过滤方可进样。

3. 进样器中不能有气泡，且进样量应准确。

七、思考题

1. 试述高效液相色谱仪的主要部件及其作用。

2. 试述外标法和内标法的异同点。

本章小结

本章主要内容是高效液相色谱法的主要类型及基本原理、高效液相色谱仪和定性定量分析方法。

1. 主要类型及分离原理：吸附、分配、离子交换和分子排阻色谱法；化学键合相色谱法、正相色谱和反相色谱；反相离子对色谱法。

2. 化学键合固定相：采用化学反应的方法将固定液（含不同官能团的有机分子）键合到载体表面而制成的固定相。

3. 化学键合相色谱法：采用化学键合相作为固定相的色谱法。

4. 梯度洗脱：梯度洗脱是指在一个分析周期内，按照一定程序不断改变流动相中溶剂的组成和浓度配比，以达到改善分离效果的一种方法。

5. 等度洗脱：是指在同一分析周期内流动相的组成和流速保持恒定的洗脱方式。

6. 高效液相色谱仪：输液系统、进样系统、分离系统、检测系统及数据处理系统的组成及工作原理。

7. 定性定量分析方法：①定性：色谱对照定性和两谱联用定性；②定量：外标法和内标法。

复习思考

一、选择题

1. 高效液相色谱法的分离效果比经典液相色谱法高，主要原因是(　　)

    A. 流动相种类多　　　　　　　　　B. 操作仪器化

    C. 采用高效固定相　　　　　　　　D. 采用高灵敏检测器

2. HPLC 中常用作固定相，又可作为键合相载体的物质是(　　)

    A. 分子筛　　　　　　　　　　　　B. 硅胶

    C. 氧化铝　　　　　　　　　　　　D. 活性炭

3. 在高效液相色谱中，提高柱效能的有效途径是(　　)

    A. 提高流动相流速　　　　　　　　B. 采用小颗粒固定相

    C. 提高柱温　　　　　　　　　　　D. 采用更灵敏的检测器

4. HPLC 与 GC 的比较，可忽略纵向扩散项，这主要是因为(　　)

    A. 柱前压力高　　　　　　　　　　B. 流速比 GC 的快

    C. 流动相黏度较大　　　　　　　　D. 柱温低

5. HPLC 中色谱柱常采用(　　)

    A. 直形柱　　　　　　　　　　　　B. 螺旋柱

    C. U 形柱　　　　　　　　　　　　D. 玻璃螺旋柱

6. 哪种方法不用作 HPLC 流动相脱气(　　)

A. 真空脱气   B. 超声脱气

C. 吹氦脱气   D. 加热脱气

7. 高效液相色谱仪组成不包括(　　　)

A. 气化室   B. 高压输液泵

C. 检测器   D. 色谱柱

8. 高效液相色谱法中，对于极性成分，当增大流动相的极性，可使其保留值(　　　)

A. 不变   B. 增大

C. 减小   D. 不一定

9. 在高效液相色谱中，通用型检测器是(　　　)

A. 紫外检测器   B. 荧光检测器

C. 示差折光检测器   D. 质谱检测器

10. 液相色谱定量分析时，要求混合物中每一个组分都出峰的是(　　　)

A. 标准加入法   B. 内标法

C. 外标法   D. 面积归一化法

二、填空题

1. 高效液相色谱的类型主要包括＿＿＿＿＿＿＿、＿＿＿＿＿＿＿、＿＿＿＿＿＿＿和＿＿＿＿＿＿等。

2. 高效液相色谱中的洗脱方式主要包括＿＿＿＿＿＿＿和＿＿＿＿＿＿。

3. 通过化学反应，将＿＿＿＿＿＿＿＿键合到＿＿＿＿＿＿表面，此固定相称为化学键合固定相。

4. 以 ODS 键合固定相，以甲醇－水为流动相时的色谱为＿＿＿＿＿＿色谱。

5. 正相分配色谱适用于分离＿＿＿＿＿＿＿＿＿＿化合物、极性＿＿＿＿（大或小）的组分先流出、极性＿＿＿＿（大或小）的组分后流出。

6. 离子对色谱法是把＿＿＿＿＿＿＿＿加入流动相中，被分析样品离子与＿＿＿＿＿＿生成中性离子对，从而增加了样品离子在非极性固定相中的＿＿＿＿＿＿，使＿＿＿＿＿＿增加，从而改善分离效果。

三、判断题

1. 在反相高效液相色谱中，流动相的极性较固定相大，适合于分离极性较大组分。(　　　)

2. 化学键合固定相具有固定液不易流失、柱效高、稳定性好、选择性好等特点，可用梯度洗脱。(　　　)

3. 高效液相色谱法中流动相进色谱仪前不用脱气。(　　　)

4. 六通阀进样器是高效液相色谱仪中常用的进样器。(　　　)

5. 荧光检测器是高效液相色谱法的通用型检测器。（　　）

6. HPLC 用于检查杂质含量时最常用的方法是不加校正因子的主成分自身对照法。（　　）

四、简答题

1. 比较高效液相色谱与气相色谱的异同点。

2. HPLC 反相色谱法中常用的固定相和流动相有哪些？适合分离哪些化合物？

3. 什么是梯度洗脱？其有何优点？

4. 高效液相色谱仪由哪些结构组成？各有何作用？

五、计算题

精密称取黄芩苷对照品 10.00mg，置于 50mL 容量瓶 A 中，加 70% 乙醇溶解定容后，再用移液管精密吸取 5mL 溶液至 50mL 容量瓶 B 中，同样加 70% 乙醇稀释定容，即得对照品溶液。精密量取清热解毒口服液 2mL，置 100mL 容量瓶中，加 70% 乙醇稀释并定容，即得供试品溶液。分别精密吸取对照品溶液和供试品溶液各 10μL，注入高效液相色谱仪，以十八烷基硅烷键合硅胶为填充剂，以甲醇 – 水 – 磷酸（50：50：0.3）为流动相，检测波长为 276nm，分别测得对照品溶液的峰面积为 578042，供试品溶液的峰面积为 655408。《中国药典》（2015 年版）要求清热解毒口服液每 1mL 含黄芩以黄芩苷计，不得少于 1.0mg。请问本次所检测清热解毒口服液是否合格？

扫一扫，知答案

其他仪器分析法简介

掌握原子吸收光谱的基本原理；荧光分析法的基本原理；质谱法的基本原理。

熟悉原子吸收光谱仪的组成部件；荧光分光光度计主要部件及作用；质谱仪的组成部分。

了解原子吸收光谱法的应用；荧光分析法的应用；质谱法在药学研究中的应用。

引 子

早在 1802 年，伍朗斯顿（W. H. Wollaston）在研究太阳连续光谱时，就发现了太阳连续光谱中出现的暗线。1859 年，克希荷夫（G. Kirchhoff）与本生（R. Bunson）在研究碱金属和碱土金属的火焰光谱时，发现钠蒸气发出的光通过温度较低的钠蒸气时，会引起钠光的吸收，并且根据钠发射线与暗线在光谱中位置相同这一事实，确定太阳连续光谱中的暗线正是太阳外围大气圈中的钠原子对太阳光谱中的钠辐射吸收的结果。这就是人类发现的最早的原子吸收现象，并对它进行了科学的解释。1955 年后，原子吸收光谱才作为一种实用的分析方法开始应用于化学分析中。20 世纪 60 年代中期，随着原子吸收光谱商品仪器的出现，原子吸收光谱开始进入迅速发展的时期。

第一节 原子吸收分光光度法

原子吸收分光光度法（atomic absorption spectrometry，AAS）又称原子吸收光谱法，它是根据蒸气中待测元素的基态原子对特征辐射的吸收程度来对试样中待测元素进行定量分析的方法。该方法使用的仪器是原子吸收分光光度计，主要用于金属元素的定量分析。目前已成为定量测定药物、食品及环境等领域中微量元素的常用方法。

一、基本原理

（一）原子吸收光谱的产生及共振线

任何元素的原子都是由带正电荷的原子核和带负电荷的电子两部分组成。原子在正常状态时，核外电子按一定规律排列在离核较近的原子轨道上，这时能量最低、最稳定，称为基态。由于原子能级是量子化的，因此，原子对光的吸收是具有选择性的，即所吸收的光子的能量必须等于基态和激发态之间的能级差。如果将外界的光能提供给该基态原子，当光能量恰好等于该基态原子从基态跃迁到较高能级所需要的能级差时，该原子将吸收外界光能，其核外电子也由基态跃迁到相应的激发态，从而产生了原子吸收光谱。原子吸收光谱一般位于电磁辐射的紫外区和可见光区。

原子吸收只是外层电子能级跃迁的吸收，是一种窄带吸收，又称谱线吸收。原子外层电子从基态跃迁到第一激发态所吸收的辐射线称为共振吸收线；原子外层电子从第一激发态跃迁至基态所发射出的辐射线称为共振发射线；共振吸收线和共振发射线都简称为共振线。由于在原子吸收跃迁过程中，从基态到第一激发态的跃迁是所需能量最低、最易发生的，大多数元素此时吸收也最强，选择共振线用于分析测定可得到最高的灵敏度，因此共振线常被选作"分析线"。不同元素的原子结构和外层电子排布不同，共振线也就不同，各有特征，所以又称"特征谱线"。例如钠、钾、铝、镁、铁、铅、钙元素的特征谱线分别为 589.0nm、766.5nm、309.3nm、285.2nm、248.3nm、283.3nm、422.7nm。

（二）原子吸光度与原子浓度的关系

若将一束不同频率、强度为 I_0 的平行光通过厚度为 1cm 的原子蒸气时，一部分光被待测元素吸收，而透射光的强度 I_v 仍服从朗伯－比尔定律。

$$I_v = I_0 e^{-K_v l} \tag{15-1}$$

$$A = \lg \frac{I_0}{I_v} = 0.434 K_v l \tag{15-2}$$

式中的 K_v 为基态原子对频率为 v 的光的吸收系数，是光源辐射频率 v 的函数。

由于受外来粒子的作用、能级的能量有不确定性、原子无规则运动等因素的影响，造成原子吸收的微扰，使原子吸收不可能仅仅对应于一条严格的几何线，而是具有一定的宽度和形状，通常称为谱线的轮廓。如图 15-1 所示，K_v 对 v 作图得到的曲线即为吸收线的轮廓，v_0 中心频率处有极大值 K_0，为峰值吸收系数。K_0 一半处的谱线宽度称为吸收线半宽度，以 $\triangle v$ 表示，吸收线的半宽度约为 0.001~0.05nm。

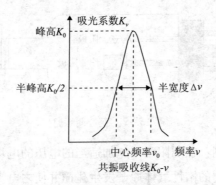

图 15 – 1 吸收线轮廓

谱线下所围面积与单位体积原子蒸气中吸收辐射的基态原子数 N_0 呈线性关系，这是原子吸收分光光度法的基础。但是，测定谱线宽度仅为 10^{-3} nm 的积分吸收，需要分辨率非常高的色散仪器，技术上难以实现。所以，1955 年澳大利亚物理学家瓦尔西（Walsh）提出采用所发光比吸收谱带还窄的锐线光源，以峰值吸收代替积分吸收的办法，很好地解决了这个问题。所谓锐线光源就是能发射出谱线半宽度很窄的发射线（待测元素共振线）的光源。由于共振发射线的中心频率与吸收线的中心频率完全一致，利用锐线光源时峰值吸收与积分吸收之间的简单比例关系，即可求出总吸光度 A，再由朗伯－比尔定律可求出待测元素基态原子的浓度。

$$A = K'N_0 \qquad (15-3)$$

实际分析中原子蒸气厚度一定时，试样中待测元素的浓度与蒸气中吸收辐射的原子总数成正比，即有：

$$A = Kc \qquad (15-4)$$

式（15 – 4）中，K 为比例常数；c 为待测元素的浓度；A 为吸光度。这就是原子吸收光谱法定量分析的基础。

二、原子吸收分光光度计

原子吸收分光光度计通常由光源、原子化器、分光系统和检测记录系统等几大部分组成。

（一）光源

光源的作用是发射待测元素基态原子所吸收的特征谱线。对光源的基本要求是锐线光源、辐射强度大、稳定性好、背景干扰小。目前常用的光源有蒸气放电灯、无极放电灯及空心阴极灯，其中应用最广泛的是空心阴极灯，结构如图 15 – 2 所示。空心阴极灯是一个封闭的气体放电管，管壳由带石英窗的玻璃管制成，管内封有能发射待测元素特征谱线材料制成的空腔形阴极和一个钨或钛制阳极，并充有低压惰性气体。

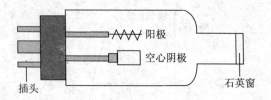

图 15 - 2　空心阴极灯

空心阴极灯的发光机制：在阴阳两极施加适当的电压的电场作用下，电子由空心阴极内壁高速射向阳极，与管内的惰性气体原子发生碰撞并使之电离，带正电荷的惰性气体离子在电场的作用下，以高速射向阴极内壁，使阴极表面的金属原子溅射出来，溅射出来的金属原子再与电子、惰性气体原子或离子发生碰撞而被激发。激发态的金属原子不稳定，很快发射出待测元素的共振线并回到基态。由于共振线宽度很窄（约 0.0005nm），所以空心阴极灯是锐线光源。

（二）原子化器

将试样中待测元素转入气相并转变成基态原子的过程称为原子化过程，完成这个转化的装置称为原子化器。原子化器的作用是提供能量，使被测样品干燥、蒸发并原子化。原子化器一般分为火焰型原子化器和非火焰型原子化器。火焰型原子化器应用较广，技术成熟，但原子化率比较低。非火焰原子化器原子化效率较高，仪器灵敏度高，以石墨炉原子化器最常用。

1. 火焰原子化器　火焰原子化器是通过化学火焰的燃烧提供能量，使试样中的待测元素原子化的装置。主要由雾化器、预混合室（雾化室）、燃烧器等三部分组成（图 15 - 3）。

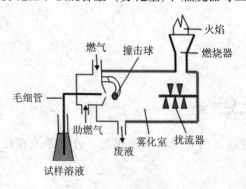

图 15 - 3　火焰原子化器

雾化器是利用压缩空气使试样溶液经毛细管喷嘴被喷雾分散为雾滴。雾滴随管内气流高速前进的途中受撞击球碰撞被进一步细化，称为雾化。

试样溶液雾化后进入预混合室，使较大的雾滴沉降、凝结并从下方废液口排出，而较细的雾滴与燃气（如乙炔、氢气等）和助燃气（如空气）均匀混合形成气溶胶，再进入燃烧器。

燃烧器的作用是产生火焰，使进入火焰的试样气溶胶蒸发和原子化。燃烧器主要是狭缝型，且能旋转一定角度和上下调节，以便选择合适的火焰部位进行测量。

火焰原子化器通常为液体进样，操作简单，火焰稳定，重现性好，应用广泛；但仅有约10%的试样溶液被原子化，其他90%的试样溶液由废液管排出，原子化效率较低，气态原子在火焰吸收区停留时间很短（约10^{-4}秒），因此测定的灵敏度低。

2. 石墨炉原子化器　石墨炉原子化器的本质是一个电加热器，主要有炉体、石墨管和电、水、气供给系统组成。

工作时，接通冷却水和惰性保护气体（氮气或氩气），试样用微量注射器直接从上部进样孔注入石墨管中，在石墨管中试样经过干燥、灰化、原子化和净化等四个升温程序，形成待测元素的原子蒸气。当光源的辐射线通过石墨管时，原子蒸气实现原子吸收。

与火焰原子化器相比，石墨炉原子化器采用无火焰原子化技术，在充有惰性气体保护的气室内及强还原性石墨介质中进行试样的原子化，有利于难熔氧化物的原子化，试样全部蒸发，原子化效率几乎达到100%，几乎全部试样参与光吸收，所以石墨炉法的相对灵敏度可达$10^{-9} \sim 10^{-12} g \cdot mL^{-1}$，适合痕量分析。

（三）分光系统

分光系统通常配置在原子化器的后面，与紫外－可见分光光度计的单色器组成一样，由色散元件（如光栅）、反射镜和狭缝等组成，其作用是将待测元素的共振线与邻近干扰谱线分开。

（四）检测记录系统

检测记录系统的作用是将透过分光系统的光信号转变为电信号并放大，显示或记录读数。检测记录系统主要由检测器、放大器、对数转换器和显示装置等组成。常用的检测器为光电倍增管，工作波长范围在$190 \sim 900nm$。

三、原子吸收分光光度法的应用

原子吸收分光光度法具有准确度高、灵敏度高、选择性好、抗干扰能力强、适用范围广等优点，该方法能分析元素周期表中绝大多数的金属元素，也可间接测定某些非金属元素。因此，原子吸收分光光度法被广泛地应用于化工、地质、环境保护、农业、生物医药及食品等领域，用于金属元素的定性和定量分析。

（一）定性分析方法

原子吸收分光光度法的原理是基于待测元素的基态原子蒸气对其特征谱线的吸收，因此，由特征谱线的特征性可对待测元素进行定性分析。

（二）定量分析方法

1. 标准曲线法　这是原子吸收分光光度法最常用的定量分析方法。在仪器推荐的浓度线性范围内，配制一组浓度由低到高的待测元素标准溶液和空白溶液，在相同的实验条件下，空白溶液和标准溶液按浓度由低到高的顺序依次测定吸光度值，每个溶液至少测定三次，取其平均值。然后以吸光度 A 为纵坐标，标准溶液浓度 c 为横坐标作图，得标准曲线，并建立 $A-c$ 线性方程。配制试样溶液并使待测元素的浓度处在标准曲线浓度范围内，在相同条件下测得试样溶液的吸光度 A_x 值，即可用 $A-c$ 线性方程求出试样中待测元素的浓度 c_x 值。

2. 标准加入法　当试样基体干扰较大，配制与试样溶液组成一致的标准溶液又困难时，可采用标准加入法。取两份相同体积的试样溶液，置于两个完全相同的容量瓶（A 和 B）中。取一定量待测元素的标准溶液加入 B 瓶中，将 A 和 B 瓶均稀释到刻度，然后分别测定它们的吸光度。若试样的待测元素浓度为 c_x，标准溶液的待测元素浓度为 c_0，A 液的吸光度为 A_x，B 液的吸光度为 A_0，则根据朗伯－比尔定律有：

$$A_x = Kc_x$$
$$A_0 = K\,(c_x + c_0)$$

整理以上两式即得：

$$c_x = \frac{A_x}{A_0 - A_x} \cdot c_0 \tag{15-5}$$

第二节　荧光分析法

荧光分析法又称荧光分光光度法（fluorescence spectrophotometry），是利用物质的分子吸收一定波长的光辐射能量后，能发射出波长更长的荧光，通过测量荧光的特性、强度对物质定性、定量分析的方法。

荧光分析法不仅可以直接测定有荧光的物质，也可通过衍生化反应用于测定无荧光的物质，具有专一性强、灵敏度高、检测限低、可分析参数多、线性范围宽等特点，广泛应用于微量或痕量物质的定性和定量分析。

一、基本原理

（一）分子荧光的产生

大多数分子在室温时均处于电子基态的最低振动能级，当分子吸收了与它所具有的特征频率相一致的光子后，其价电子从基态跃迁到激发态，处于激发态的分子不稳定，价电子主要以热能和光辐射的形式释放能量，然后再回到基态。而以光辐射形式释放能量时，会发射荧光，这种现象称为光致发光。最常见的光致发光是荧光和磷光，两者发光机理不同，寿命不同。

荧光的产生是由价电子引起的，因此，荧光光谱属于电子光谱，其波长范围位于紫外光区和可见光区。荧光的余辉时间（指从激发光停止照射到发射光消失的时间）≤ 10^{-8} 秒，即激发光一停止照射，发光立即停止。

荧光分子与溶剂或其他溶质分子之间相互作用，引起荧光强度减弱的现象称为荧光猝灭。引起荧光强度降低的物质就称为荧光猝灭剂。当荧光物质的浓度过大时（如大于 1g/L），会发生自猝灭现象。

（二）激发光谱和发射光谱

任何荧光物质都有两个特征光谱，即激发光谱和发射光谱。这两种光谱的特征性与荧光物质的结构密切相关，因此，可据此进行荧光物质的定性鉴别。

激发光谱是通过固定荧光发射波长，改变激发波长，得到一个在不同激发波长下的荧光强度变化图，即荧光强度（F）–激发光波长（λ_{ex}）的关系曲线。激发光谱能反映不同激发波长下物质产生荧光的能力，从该光谱上可找出最佳激发波长。

发射光谱（又称荧光光谱）是通过固定激发光的波长和强度，测定荧光发射强度随发射波长的变化而得到的光谱，即荧光强度（F）–发射波长（λ_{em}）的关系曲线。发射光谱反映在相同的激发条件下，物质所发射的不同波长荧光的强度，从该光谱上可找出最佳发射波长。

（三）荧光强度的影响因素

荧光强度（F）是表示荧光发射强弱的物理量。

1. 荧光效率 分子要产生荧光必须具备两个条件：①荧光分子必须具有与所照射的辐射频率相适应的分子结构，才能吸收激发光提供的辐射能；②荧光分子吸收了与本身特征频率相同的能量后，必须具有产生一定荧光量子的能力。产生荧光量子的强弱可以用荧光量子产率 φ（又称荧光效率）来表示：

$$\varphi = \frac{\text{发射荧光的光子数}}{\text{吸收激发光的光子数}} \tag{15-6}$$

2. 分子结构 研究发现，具有 $\pi - \pi$ 共轭双键体系的有机分子能发射较强的荧光，共轭体系越大，荧光强度越大。因此，大多数能发射荧光的化合物都是含芳香环或杂环的化合物。同时，荧光物质的刚性和平面性增加有利于荧光发射。例如芴的刚性和平面性较好，其荧光效率为 1.0，而联二苯刚性和平面性较差，荧光效率只有 0.2。

3. 荧光物质浓度 溶液的荧光强度与被荧光物质吸收的光强度及荧光物质的荧光效率有关。当荧光物质浓度很低（$A \leqslant 0.05$）时，荧光强度 F 与荧光物质的浓度有如下关系：

$$F = 2.303 \cdot \varphi \cdot I_0 \cdot \varepsilon \cdot L \cdot c \tag{15-7}$$

上式中 φ 为荧光效率；I_0 为激发光强度；ε 为摩尔吸光系数；L 为光程；c 为溶液

浓度。

公式成立的前提条件： $\varepsilon L c = A < 0.05$ ，即当荧光物质浓度很低的时候， c 与 F 才成线性。对于给定的物质来说，当激发光的强度和液层厚度一定时， ε 、 φ 、 I_0 、 L 均为定值，上式即可简化为：

$$F = K \cdot c \tag{15-8}$$

上式中 K 为常数。由式（15-8）可知，在实验条件固定和低浓度情况下，荧光物质的荧光强度与其溶液的浓度呈线性关系，这是荧光定量分析的依据。如果荧光物质浓度较高，荧光分子间碰撞引起自猝灭，反而会造成荧光强度的降低或消失。

二、荧光分光光度计

荧光分析法的测量仪器为荧光分光光度计，其构造与紫外－可见分光光度计基本相同，主要由光源、激发单色器、样品池、发射单色器、检测器等部分组成，如图15-4所示。

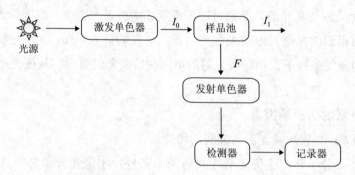

图15-4 荧光分光光度计结构示意图

1. 工作原理 荧光分光光度计由光源发出紫外－可见光，经过激发单色器后得到单色激发光，照射到盛有荧光物质的样品池上，样品吸收激发光后向四面八方发射出荧光。为了消除透射光和散射光的干扰，提高检测灵敏度，通常在与激发光成 $90°$ 的方向上测量荧光。荧光再经过发射单色器后照射到检测器上，检测器将光信号转化为电信号，由记录器记录并显示。

2. 主要部件

（1）光源 荧光分光光度计最常用的光源是氙灯，能在 $250 \sim 700nm$ 波长范围内发射连续光辐射，且在 $300 \sim 400nm$ 波长范围内所有射线强度基本相等。

（2）单色器 单色器包括激发单色器和发射单色器，其作用和结构与紫外－可见分光光度计的单色器一样。

（3）样品池 样品池通常采用低荧光、不吸收紫外光的石英材料制成，形状为方形或矩形，常用厚度为 $1cm$ ，同时荧光样品池是四面透光的，这一点与紫外－可见分光光度计不同。

(4) 检测器 由于荧光的强度通常比较弱，所以检测器一般用光电倍增管，放置位置与激发光入射方向成直角，可以使背景信号为零，提高灵敏度。

三、荧光分析法的应用

荧光分析法具有分析灵敏度高（通常比紫外－可见分光光度法高 2～3 个数量级）、选择性强、试样量少和使用简便等优点，目前被广泛用于食品药品分析、医学检验、环境监测等领域，尤其适用于微量或痕量组分的测定，如荧光标记法在生物大分子检测上的应用。

荧光物质的特征光谱包括激发光谱和荧光光谱，这两种光谱的特征性与荧光物质的结构密切相关，可据此进行荧光物质的定性鉴别。但能产生荧光的化合物数量相当有限，所以荧光法很少用作定性分析。更重要的是，在实验条件固定和低浓度情况下，荧光物质的荧光强度与其溶液的浓度呈线性关系，这是荧光定量分析的依据。据此，可用标准曲线法、标准对照法等方法对药物进行含量测定分析，这也是荧光分析法最主要的应用。如荧光分析法测定氟罗沙星片的含量等。

另外，荧光分光光度计还可用作高效液相色谱、薄层色谱、高效毛细管电泳等的检测器，与高效的分离手段相结合从而用于复杂混合体系中多种药物成分的检测。

第三节 质 谱 法

质谱法（mass spectrometry，MS）是采用离子化技术将待测物质转化为各种离子，然后在电场和磁场的作用下，将各种离子按照质荷比（离子的相对质量和所带单位电荷的数值之比，m/z）大小分离、检测记录形成质谱图，并以质谱图为基础对待测物质进行定性、定量和结构分析的方法。

质谱法是测定有机化合物结构的重要手段之一，其具有分析范围广、试样用量少、不受试样物态限制、灵敏度高、分析速度快等优点，特别是（气相或液相）色谱－质谱的联用技术是目前最有前途的分析技术之一。同时，许多新的电离技术的出现也使质谱法在化学化工、环境科学、生物医药、食品科学等领域发挥着越来越多的作用。

一、基本原理

质谱法首先将样品气化，然后导入离子源中，在高速电子流或强电场等作用下使样品分子失去一个外层电子成为分子离子，分子离子可进一步裂解成各种碎片离子，分子离子和碎片离子再由强电场加速使其进入强磁场。此时所有带单位正电荷的离子获得相同的动能，但是，具有不同质荷比的离子具有不同的速度。利用离子质荷比的不同及其速度的差异将其在质量分析器中分离，然后依次通过离子检测器测量离子强度并记录以离子质荷比为横坐标，以离子的相对强度（以含量最高的离子的强度为100%，其他离子的强度与其相比取相对百分比）为纵坐标的二维图，称为质谱图。

二、质谱仪

质谱仪一般由进样系统、离子化系统（离子源）、质量分析器、离子检测器、自动控制数据处理系统和真空系统组成（图15-5a，图15-5b）。按其测定对象不同可分为同位素质谱仪（测定同位素）、无机质谱仪（测定无机物）、有机质谱仪（测定有机物）和生物质谱仪（测定生物大分子）等。

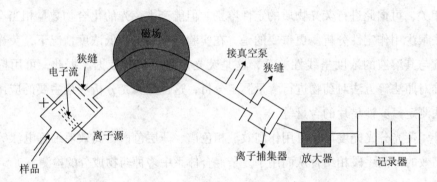

图15-5a　质谱仪结构示意图

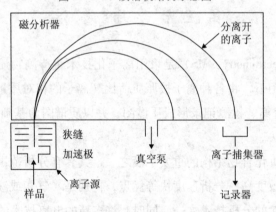

图15-5b　质谱仪工作原理示意图

（一）进样系统

进样系统的作用是高效地将样品引入离子源且不引起离子源真空度的降低。目前常用的进样系统有间歇式进样系统、直接探针进样系统和色谱进样系统。一般质谱仪都会配置前两种进样系统，以适应不同状态样品的进样要求；色谱仪与质谱仪联用时配置色谱进样系统。

（二）离子化系统（离子源）

离子源是质谱仪的心脏，其作用是提供能量将进样系统引入的气态样品分子电离，得到各种离子。不同样品分子的结构和稳定性不同，电离难易程度和需要的能量差异也较大，而质谱仪又要求离子源产生的离子强度大、稳定性好，所以需要采用不同的电离方法，也就有了许多不同电离方式的离子源。目前质谱仪最常用的有电子轰击离子源、化学离子源、电喷雾离子源等，此外还有快原子轰击离子源、电感耦合离子源等。

（三）质量分析器

质量分析器是质谱仪的眼睛，其作用是将离子源产生的并经高压电场加速的试样离子按质荷比（m/z）的大小不同进行分离。质量分析器有 20 多种类型，常用的有单聚焦质量分析器、四级杆质量分析器、飞行时间质量分析器。

（四）离子检测器、自动控制数据处理系统

质谱仪常用的检测器有隧道电子倍增管、电子倍增管、闪烁检测器、法拉第杯等，其作用是检测离子的强度并将信号放大，然后由数据处理系统记录下来，形成质谱图。

（五）真空系统

质谱仪中离子的产生及其所经过的系统都必须处于高真空状态，若真空度过低，可能造成离子源氧化损坏、加速区的高压放电、副反应过多、本底增高、图谱复杂难解等问题。质谱仪的真空系统一般由机械泵和油扩散泵或涡轮分子泵串联组成，用于维持进样系统、离子源、质量分析器和检测器等系统处于真空状态。

三、质谱图及其在药学研究中的主要用途

（一）质谱图

质谱常采用质谱图来表示。质谱图是以离子质荷比（m/z）为横坐标，以离子的相对强度（也叫相对丰度）为纵坐标的二维图。相对丰度是以最强的离子峰（也叫基峰）的强度为100，其他离子峰以基峰的百分比表示其强度。如图 15 - 6 二氯甲烷的质谱图中，质荷比（m/z）49 的峰为基峰。

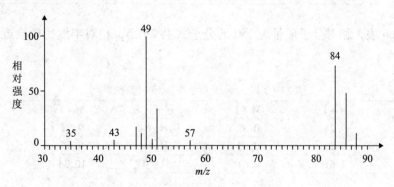

图 15 - 6　二氯甲烷的电子轰击质谱

（二）质谱在药学研究中的主要用途

质谱是纯物质鉴定的最有力工具之一，主要用于对有机化合物进行相对分子质量测定、确定化学式和结构鉴定。

1. 相对分子质量测定　一般来说，分子离子峰（M^+）的质荷比 m/z 就是被测样品的相对分子量。所以，测定相对分子质量的根本问题是如何判断未知物的分子离子峰。分子失去一个电子而生成的离子称为"分子离子"，其相应的质谱峰称为分子离子峰。

分子离子峰一般具有以下几个特点：①一般出现在质谱图的最右侧（存在同位素峰除外）。②分子离子的质量数服从"氮规则"。若分子中含氮原子数目为奇数，则分子离子的相对分子质量也是奇数。若分子中含氮原子数目是偶数或不含氮原子，则分子离子的相对分子质量是偶数。③假定的分子离子峰与相邻的质谱峰之间的质量差要有意义，如质量差为 15（CH_3）、18（H_2O）、31（OCH_3）、43（CH_3CO）等均是合理的质量差。

2. 化学式确定　在质谱图中，确定了分子离子峰并知道了化合物的相对分子质量后，就可确定化合物的部分或整个分子式。利用质谱法确定化合物分子式的方法主要有两种：①利用高分辨率质谱仪可区分相对分子量整数部分相同，而非整数部分质量不相同的化合物，从而确定未知物的分子式。②利用分子离子峰的同位素峰簇的相对丰度和氮规则，通过计算或查 Beynon 表确定分子式。

Beynon 表是 J. H. Beynon 等计算了相对分子质量在 500 以下的只含 C、H、O、N 四元素的化合物的 M +1 和 M +2 同位素峰与分子离子峰的相对强度，并编制成表格。人们只要根据质谱图中 M +1、M +2 和分子离子峰 M 的相对百分比，并符合氮规则，就能根据 Beynon 表确定化合物的可能化学式。

例如：已知下列质谱数据，确定其分子式。

m/z	相对丰度	m/z	相对丰度	m/z	相对丰度
150（M）	100	150（M +1）	9.9	150（M +2）	0.9

查 Beynon 表，相对分子质量为 150 的分子式共 29 个，相对丰度比较接近的有以下 6 个，见表 15 -1。

表 15 -1　Beynon 表中 M =150 部分数据

分子式	M +1	M +2	分子式	M +1	M +2
$C_2H_{10}N_2$	9.25	0.38	$C_8H_{12}N_3$	9.98	0.45
$C_8H_8NO_2$	9.23	0.73	$C_9H_{10}O_2$	9.96	0.84
$C_8H_{10}N_2O$	9.61	0.61	$C_9H_{13}NO$	10.34	0.68

根据氮规则，相对分子质量为 150，应含偶数个氮或不含氮，这样又排除了 $C_8H_8NO_2$、$C_8H_{12}N_3$、$C_9H_{13}NO$ 这 3 个分子式，在剩余的 3 个分子式中相对丰度与质谱数据最接近的

分子式为 $C_9H_{10}O_2$，即为未知化合物的分子式。

3. 结构鉴定 利用质谱图进行化合物结构鉴定一般遵循以下步骤：①确定分子离子峰，明确化合物的相对分子质量。②利用高分辨率质谱仪或根据同位素峰相对丰度确定化合物的化学式。③利用化学式计算不饱和度，大致推测属于某类化合物。④利用碎片离子信息，推断结构。⑤联合红外光谱、紫外－可见光谱、核磁共振波谱等手段确证结构。

本章小结

1. 原子吸收分光光度法是根据蒸气中待测元素的基态原子对特征辐射的吸收程度来对试样中待测元素进行定量分析的方法，主要用于金属元素的定量分析。

2. 荧光分析法是利用物质的分子吸收光能后，所发射荧光的特征和强度对物质进行定性、定量分析的方法，其依据激发光谱、荧光光谱的特征定性，依据荧光的强度定量。

3. 质谱法是利用电场和磁场将运动着的待测物质的各种离子，按质荷比大小依次分离，然后检测记录的分析方法，主要用于化合物的相对分子质量测定和结构鉴定。

复习思考

一、选择题

1. 在原子吸收分光光度法中，光源辐射的待测元素的特征谱线的光，通过样品蒸气时，被蒸气中待测元素的（   ）吸收。

    A. 分子   B. 离子

    C. 基态原子   D. 激发态原子

2. 在原子吸收分光光度法中，光源的作用是（   ）

    A. 产生 250～760nm 的连续光谱

    B. 发射原子吸收所需的足够尖锐的共振线

    C. 产生 200～350nm 的连续光谱

    D. 发射线状光谱

3. 原子化器的作用是（   ）

    A. 将试样中被测元素转化为吸收特征辐射线的离子

    B. 将试样中被测元素转化为吸收特征辐射线的基态原子

    C. 将试样中被测元素电离成离子

    D. 将试样蒸发脱溶剂而成固体微粒

4. 荧光物质的荧光强度与该物质的浓度呈线性关系的条件是（   ）

A. 单色光   B. 入射光强度一定

C. $A = \varepsilon Lc \leq 0.05$ D. 样品池厚度一定

5. 荧光是指某些物质经入射光照射，吸收了入射光的能量后，辐射出比入射光（　　）

    A. 波长长的光线   B. 波长短的光线

    C. 能量大的光线   D. 频率高的光线

6. 荧光分光光度计的检测器一般是用（　　）

    A. 光电倍增管   B. 光电管

    C. 真空热电偶   D. 电子倍增管

7. 当用高能量电子轰击气体分子时，气体分子中的外层电子可被击出带正电荷的离子，并使之加速导入质量分析器中，然后按质荷比（m/z）的大小顺序进行收集和记录，得到一些图谱，根据图谱再进行分析，这种方法称为（　　）

    A. 质谱法   B. 电子能谱法

    C. X 射线分析法   D. 红外分光光度法

8. 质谱仪中质量分析器的作用分别是（　　）

    A. 记录各种不同离子的电信号

    B. 将各种不同 m/z 的离子分开

    C. 将样品分子电离成离子

    D. 将样品导入离子源

9. 对于含有氮元素的化合物，其分子离子峰 m/z 应满足（　　）

    A. 无论含有奇数个或偶数个 N 原子，其 m/z 均为偶数

    B. 若含有偶数个 N 原子，m/z 为奇数；若含有奇数个 N 原子，m/z 为偶数

    C. 若含有偶数个 N 原子，m/z 为偶数；若含有奇数个 N 原子，m/z 为奇数

    D. 无论含有奇数个或偶数个 N 原子，其 m/z 均为奇数

10. 测定药物中的微量元素，可采用（　　）测定。

    A. 原子吸收分光光度法   B. 荧光分析法

    C. 紫外光谱法   D. 红外光谱法

二、填空题

1. 原子吸收分光光度计基本由 _____、_____、_____、_____ 四部分组成。

2. 在原子吸收分光光度计中单色器的作用是将待测元素的 _____ 谱线与 _____ 谱线分开。

3. 原子吸收分光光度计中常用的原子化器有 _____ 和 _____。

4. 荧光分析法依据 _____ 光谱和 _____ 光谱进行定性分析。

5. 荧光分光光度计中光源与检测器呈＿＿＿＿度角。这是因为＿＿＿＿。

6. 荧光分光光度计中，第一个单色器的作用是＿＿＿＿，第二个单色器的作用是＿＿＿＿。

7. 荧光量子产率＿＿＿＿，荧光强度越大。

8. 高分辨质谱仪的用途之一是测定化合物的精确相对分子质量，从而确定化合物的＿＿＿＿。

9. 除同位素离子峰外，分子离子峰一般位于质谱图的＿＿＿＿，它是分子失去＿＿＿＿生成的，故其质荷比值是该化合物的＿＿＿＿。

10. 质谱图是以＿＿＿＿为横坐标，以＿＿＿＿为纵坐标的二维图。

三、判断题

1. 原子吸收分光光度法不能测定金属的含量。（　　　）

2. 原子吸收光谱是由气态物质中基态原子的外层电子跃迁产生的。（　　　）

3. 原子吸收分光光度计的单色器放置在原子吸收池后的光路中。（　　　）

4. 目前测定中药材中的金属元素常用原子吸收法。（　　　）

5. 在一定条件下，物质的荧光强度与该物质的任何浓度呈线性关系。（　　　）

6. 一般具有 $\pi-\pi$ 共轭双键体系的有机分子能发射较强的荧光，共轭体系越大，荧光强度越大。（　　　）

7. 荧光分光光度计的样品池与紫外－可见分光光度计的一模一样。（　　　）

8. 测定相对分子质量的根本问题是如何判断未知物的分子离子峰，一旦分子离子峰在质谱图中的位置被确定下来，它的质荷比（m/z）值即为化合物的相对分子质量。（　　　）

9. MS 是测定化合物分子式的唯一方法，分子式的确定对物质结构的推测至关重要。（　　　）

10. 在质谱图中处于高质量端、m/z 最大的峰一定是分子离子峰。（　　　）

扫一扫，知答案

附　录

物理量的名称	单位名称	单位符号
长度（L）	米（meter）	m
质量（m）	千克（kilogram）	kg
时间（t）	秒（second）	s
电流（I）	安［培］（Ampere）	A
热力学温度（T）	开［尔文］（Kelvin）	K
物质的量（n）	摩［尔］（mole）	mol
发光强度（Iv，I）	坎［德拉］（candela）	cd

附录二　常用国际原子量表（2005 年）

元素	符号	相对原子量	元素	符号	相对原子量	元素	符号	相对原子量
银	Ag	107.868	铪	Hf	178.49	铷	Rb	85.468
铝	Al	26.982	汞	Hg	200.59	铼	Re	186.21
氩	Ar	39.948	钬	Ho	164.93	铑	Rh	102.91
砷	As	74.922	碘	I	126.90	钌	Ru	101.07
金	Au	196.97	铟	In	114.82	硫	S	32.066
硼	B	10.811	铱	Ir	192.22	锑	Sb	121.76
钡	Ba	137.33	钾	K	39.098	钪	Sc	44.956
铍	Be	9.0122	氪	Kr	83.80	硒	Se	78.96
铋	Bi	208.98	镧	La	138.91	硅	Si	28.086
溴	Br	79.904	锂	Li	6.941	钐	Sm	150.36
碳	C	12.011	镥	Lu	174.97	锡	Sn	118.71
钙	Ca	40.078	镁	Mg	24.305	锶	Sr	87.62
镉	Cd	112.41	锰	Mn	54.938	钽	Ta	180.95
铈	Ce	140.12	钼	Mo	95.94	铽	Tb	158.9
氯	Cl	35.453	氮	N	14.007	碲	Te	127.60
钴	Co	58.933	钠	Na	22.990	钍	Th	232.04
铬	Cr	51.996	铌	Nb	92.906	钛	Tl	47.867
铯	Cs	132.91	钕	Nd	144.24	铊	Ti	204.38
铜	Cu	63.546	氖	Ne	20.180	铥	Tm	168.93
镝	Dy	162.50	镍	Ni	58.693	铀	U	238.03

元素	符号	相对原子量	元素	符号	相对原子量	元素	符号	相对原子量
铒	Er	167.26	镎	Np	237.05	钒	V	50.942
铕	Eu	151.96	氧	O	15.999	钨	W	183.84
氟	F	18.998	锇	Os	190.23	氙	Xe	131.29
铁	Fe	55.845	磷	P	30.974	钇	Y	88.906
镓	Ga	69.723	铅	Pb	207.2	镱	Yb	173.04
钆	Gd	157.25	钯	Pd	106.42	锌	Zn	65.39
锗	Ge	72.61	镨	Pr	140.91	锆	Zr	91.224
氢	H	1.0079	铂	Pt	195.08			
氦	He	4.0026	镭	Ra	226.03			

附录三　常见化合物的相对分子质量表
（根据 2005 年公布的国际原子量）

分子式	相对分子质量	分子式	相对分子质量
$AgBr$	187.77	$AgNO_3$	169.87
$AgCl$	143.22	$AgSCN$	165.95
AgI	234.77	Al_2O_3	101.96
$AgCN$	133.89	$Al(OH)_3$	78.00
Ag_2CrO_4	331.73	$Al_2(SO_4)_3$	342.14
$Al_2(SO_4)_3 \cdot 18H_2O$	666.41	$H_2C_2O_4$	90.04
As_2O_3	197.84	$H_2C_2O_4 \cdot 2H_2O$	126.07
As_2O_5	229.84	$HC_2H_3O_2(HAc)$	60.05
As_2S_3	246.02	HCl	36.46
As_2S_5	310.14	H_2CO_3	62.03
$BaCl_2$	208.24	$HClO_4$	100.46
$BaCl_2 \cdot 2H_2O$	244.27	HNO_2	47.01
$BaCO_3$	197.34	HNO_3	63.01
BaO	153.33	H_2O	18.02
$Ba(OH)_2$	171.34	H_2O_2	34.02
$BaSO_4$	233.39	H_3PO_4	98.00
BaC_2O_4	225.35	H_2S	34.08
$BaCrO_4$	253.32	HF	20.01
CaO	56.08	FeO	71.85
$CaCO_3$	100.09	Fe_2O_3	159.69
CaC_2O_4	128.10	Fe_3O_4	231.54
$CaCl_2$	110.99	$Fe(OH)_3$	106.87
$CaCl_2 \cdot H_2O$	129.00	$FeSO_4$	151.90
$CaCl_2 \cdot 6H_2O$	219.08	$FeSO_4 \cdot H_2O$	169.92
$Ca(NO_3)_2$	164.09	$FeSO_4 \cdot 7H_2O$	278.01
CaF_2	78.08	$Fe_2(SO_4)_3$	399.87
$Ca(OH)_2$	74.09	$FeSO_4 \cdot (NH_4)_2SO_4 \cdot 6H_2O$	392.13

分子式	相对分子质量	分子式	相对分子质量
$CaSO_4$	136.14	$KAl(SO_4)_2 \cdot 12H_2O$	474.39
$Ca_3(PO_4)_2$	310.18	KBr	119.00
CO_2	44.01	$KBrO_3$	167.00
CCl_4	153.82	KCl	74.55
Cr_2O_3	151.99	$KClO_3$	122.55
CuO	79.55	$KClO_4$	138.55
CuS	95.61	K_2CO_3	138.21
$CuSO_4$	159.60	KCN	65.12
$CuSO_4 \cdot 5H_2O$	249.68	K_2CrO_4	194.19
$C_4H_6O_3$（醋酐）	102.09	$K_2Cr_2O_7$	294.18
$C_7H_6O_2$（苯甲酸）	122.12	$KHC_2O_4 \cdot H_2O$	146.14
HI	127.91	$KHC_2O_4 \cdot H_2C_2O_4 \cdot 2H_2O$	254.19
HBr	80.91	$KHC_8H_4O_4$（邻苯二甲酸氢钾）	204.22
HCN	27.03	$KHCO_3$	100.12
H_2SO_3	82.07	KH_2PO_4	136.09
H_2SO_4	98.07	$KHSO_4$	136.16
Hg_2Cl_2	472.09	KI	166.00
$HgCl_2$	271.50	KIO_3	214.00
H_3BO_3	61.83	$KIO_3 \cdot HIO_3$	389.91
$HCOOH$	46.03	$KMnO_4$	158.03
K_2O	94.20	$Na_2S_2O_3$	158.10
KOH	56.11	$Na_2S_2O_3 \cdot 5H_2O$	248.17
$KSCN$	97.18	$Na_2HPO_4 \cdot 12H_2O$	358.14
K_2SO_4	174.26	$NaNO_2$	69.00
KNO_2	85.10	$NaNO_3$	85.00
KNO_3	101.10	NH_3	17.03
$MgCl_2$	95.21	NH_4Cl	53.49
$MgCO_3$	84.31	$NH_4Fe(SO_4)_2 \cdot 12H_2O$	482.18
MgO	40.30	$NH_3 \cdot H_2O$	35.05
$Mg(OH)_2$	58.32	NH_4SCN	76.12
$MgNH_4PO_4$	137.32	$(NH_4)_2SO_4$	132.14
$Mg_2P_2O_7$	222.55	$(NH_4)_2C_2O_4 \cdot H_2O$	142.11
$MgSO_4 \cdot 7H_2O$	246.47	$(NH_4)_2HPO_4$	132.06
MnO	70.94	P_2O_5	141.95
MnO_2	86.94	PbO	223.20
$Na_2B_4O_7 \cdot 10H_2O$	381.37	PbO_2	239.20
$NaBr$	102.89	$PbCl_2$	278.11
$NaBiO_3$	279.97	$PbSO_4$	303.26
Na_2CO_3	105.99	$PbCrO_4$	323.19
$Na_2C_2O_4$	134.00	$Pb(CH_3COO)_2 \cdot 3H_2O$	379.24
$NaC_2H_3O_2$（NaAc）	82.03	SiO_2	60.08

分子式	相对分子质量	分子式	相对分子质量
NaCl	58.44	SO_2	64.06
NaCN	49.01	SO_3	80.06
$Na_2H_2Y \cdot 2H_2O$	372.24	SnO_2	150.69
$NaHCO_3$	84.01	$SnCl_2$	189.60
NaI	149.89	$SnCO_3$	178.71
Na_2O	61.98	WO_3	231.84
NaOH	40.00	ZnO	81.38
Na_2S	78.04	$Zn(OH)_2$	99.40
Na_2SO_3	126.04	$ZnSO_4$	161.44
Na_2SO_4	142.04	$ZnSO_4 \cdot 7H_2O$	287.55

附录四 弱酸和弱碱在水中的解离常数（298.15K）

名称	分子式	电离常数 K	pK
砷酸	H_3AsO_4	$K_1 = 5.8 \times 10^{-3}$	2.24
		$K_2 = 1.1 \times 10^{-7}$	6.96
		$K_3 = 3.2 \times 10^{-12}$	11.50
亚砷酸	H_3AsO_3	6.0×10^{-10}	9.23
醋酸	CH_3COOH	1.76×10^{-5}	4.75
甲酸	HCOOH	1.80×10^{-4}	3.75
碳酸	H_2CO_3	$K_1 = 4.3 \times 10^{-7}$	6.37
		$K_2 = 5.61 \times 10^{-11}$	10.25
铬酸	H_2CrO_4	$K_1 = 1.8 \times 10^{-1}$	0.74
		$K_2 = 3.20 \times 10^{-7}$	6.49
氢氟酸	HF	3.53×10^{-4}	3.45
氢氰酸	HCN	4.93×10^{-10}	9.31
氢硫酸	H_2S	$K_1 = 9.5 \times 10^{-8}$	7.02
		$K_2 = 1.3 \times 10^{-14}$	13.9
过氧化氢	H_2O_2	2.4×10^{-12}	11.62
次溴酸	HBrO	2.06×10^{-9}	8.69
次氯酸	HClO	3.0×10^{-8}	7.53
次碘酸	HIO	2.3×10^{-11}	10.64
碘酸	HIO_3	1.69×10^{-1}	0.77
高碘酸	HIO_4	2.3×10^{-2}	1.64
亚硝酸	HNO_2	7.1×10^{-4}	3.16
磷酸	H_3PO_4	$K_1 = 7.52 \times 10^{-3}$	2.12
		$K_2 = 6.23 \times 10^{-8}$	7.21
		$K_3 = 2.2 \times 10^{-13}$	12.66
硫酸	H_2SO_4	$K_2 = 1.02 \times 10^{-2}$	1.91

名称	分子式	电离常数 K	pK
亚硫酸	H_2SO_3	$K_1 = 1.23 \times 10^{-2}$ $K_2 = 6.6 \times 10^{-8}$	1.91 7.18
草酸	$H_2C_2O_4$	$K_1 = 5.9 \times 10^{-2}$ $K_2 = 6.4 \times 10^{-5}$	1.23 4.19
酒石酸	$H_2C_4H_4O_6$	$K_1 = 9.2 \times 10^{-4}$ $K_2 = 4.31 \times 10^{-5}$	3.036 4.366
柠檬酸	$H_3C_6H_5O_7$	$K_1 = 7.44 \times 10^{-4}$ $K_2 = 1.73 \times 10^{-5}$ $K_3 = 4.0 \times 10^{-7}$	3.13 4.76 6.40
苯甲酸	C_6H_5COOH	6.46×10^{-5}	4.19
苯酚	C_6H_5OH	1.1×10^{-10}	9.95
氨水	$NH_3 \cdot H_2O$	1.76×10^{-5}	4.75
氢氧化钙	$Ca(OH)_2$	$K_1 = 3.74 \times 10^{-3}$ $K_2 = 4.0 \times 10^{-2}$	2.43 1.40
氢氧化铅	$Pb(OH)_2$	9.6×10^{-4}	3.02
氢氧化银	$AgOH$	1.1×10^{-4}	3.96
氢氧化锌	$Zn(OH)_2$	9.6×10^{-4}	3.02
羟胺	NH_2OH	9.1×10^{-9}	8.04
苯胺	$C_6H_5NH_2$	4.6×10^{-10}	9.34
乙二胺	$H_2NCH_2CH_2NH_2$	$K_1 = 8.5 \times 10^{-5}$ $K_2 = 7.1 \times 10^{-8}$	4.07 7.15

附录五　EDTA 滴定部分金属离子的最低 pH

金属离子	$\lg K_稳$	pH（近似值）	金属离子	$\lg K$	pH（近似值）
Mg^{2+}	8.69	9.7	Zn^{2+}	16.50	3.9
Ca^{2+}	10.96	7.5	Pb^{2+}	18.04	3.2
Mn^{2+}	14.04	5.2	Ni^{2+}	18.62	3.0
Fe^{2+}	14.33	5.1	Cu^{2+}	18.80	2.9
Al^{3+}	16.13	4.2	Hg^{2+}	21.80	1.9
Co^{2+}	16.31	4.0	Sn^{2+}	22.11	1.7
Cd^{2+}	16.46	3.9	Fe^{3+}	25.10	1.0

附录六　常用电对的标准电极电势（298.15K）

电 极 反 应				$\varphi^{\ominus}$（V）
氧化型	电子数		还原型	
F_2（气）$+ 2H^+$	$+2e$	$\rightleftharpoons$	$2HF$	3.06
$O_3 + 2H^+$	$+2e$	$\rightleftharpoons$	$O_2 + H_2O$	2.07
$S_2O_8^{2-}$	$+2e$	$\rightleftharpoons$	$2SO_4^{2-}$	2.01

电 极 反 应				$\varphi^{\ominus}$（V）
氧化型	电子数		还原型	
$H_2O_2 + 2H^+$	$+2e$	$\rightleftharpoons$	$2H_2O$	1.77
PbO_2（固）$+ SO_4^{2-} + 4H^+$	$+2e$	$\rightleftharpoons$	$PbSO_4$（固）$+ 2H_2O$	1.685
$HClO_2 + 2H^+$	$+2e$	$\rightleftharpoons$	$HClO + H_2O$	1.64
$2HClO + 2H^+$	$+2e$	$\rightleftharpoons$	$Cl_2 + 2H_2O$	1.63
Ce^{4+}	$+e$	$\rightleftharpoons$	Ce^{3+}	1.61
$HBrO + H^+$	$+e$	$\rightleftharpoons$	$1/2Br_2 + H_2O$	1.59
$BrO_3^- + 6H^+$	$+5e$	$\rightleftharpoons$	$1/2Br_2 + 3H_2O$	1.52
$MnO_4^- + 8H^+$	$+5e$	$\rightleftharpoons$	$Mn^{2+} + 4H_2O$	1.51
Au^{3+}	$+3e$	$\rightleftharpoons$	Au	1.50
$HClO + H^+$	$+2e$	$\rightleftharpoons$	$Cl^- + H_2O$	1.49
$ClO_3^- + 6H^+$	$+5e$	$\rightleftharpoons$	$1/2Cl_2 + 3H_2O$	1.47
PbO_2（固）$+ 4H^+$	$+2e$	$\rightleftharpoons$	$Pb^{2+} + 2H_2O$	1.455
$HIO + H^+$	$+e$	$\rightleftharpoons$	$1/2I_2 + H_2O$	1.45
$ClO_3^- + 6H^+$	$+6e$	$\rightleftharpoons$	$Cl^- + 3H_2O$	1.45
$BrO_3^- + 6H^+$	$+6e$	$\rightleftharpoons$	$Br^- + 3H_2O$	1.44
Au^{3+}	$+2e$	$\rightleftharpoons$	Au^+	1.41
Cl_2（气）	$+2e$	$\rightleftharpoons$	$2Cl^-$	1.3595
$ClO_4^- + 8H^+$	$+7e$	$\rightleftharpoons$	$1/2Cl_2 + 4H_2O$	1.34
$Cr_2O_7^{2-} + 14H^+$	$+6e$	$\rightleftharpoons$	$2Cr^{3+} + 7H_2O$	1.33
MnO_2（固）$+ 4H^+$	$+2e$	$\rightleftharpoons$	$Mn^{2+} + 2H_2O$	1.23
O_2（气）$+ 4H^+$	$+4e$	$\rightleftharpoons$	$2H_2O$	1.229
$IO_3^- + 6H^+$	$+5e$	$\rightleftharpoons$	$1/2I_2 + 3H_2O$	1.20
$ClO_4^- + 2H^+$	$+2e$	$\rightleftharpoons$	$ClO_3^- + H_2O$	1.19
Br_2（水）	$+2e$	$\rightleftharpoons$	$2Br^-$	1.087
$NO_2 + H^+$	$+e$	$\rightleftharpoons$	HNO_2	1.07
Br_3^-	$+2e$	$\rightleftharpoons$	$3Br^-$	1.05
$HNO_2 + H^+$	$+e$	$\rightleftharpoons$	NO（气）$+ H_2O$	1.00
$HIO + H^+$	$+2e$	$\rightleftharpoons$	$I^- + H_2O$	0.99
$NO_3^- + 3H^+$	$+2e$	$\rightleftharpoons$	$HNO_2 + H_2O$	0.94
$ClO^- + H_2O$	$+2e$	$\rightleftharpoons$	$Cl^- + 2OH^-$	0.89
H_2O_2	$+2e$	$\rightleftharpoons$	$2OH^-$	0.88
$Cu^{2+} + I^-$	$+e$	$\rightleftharpoons$	CuI（固）	0.86
Hg^{2+}	$+2e$	$\rightleftharpoons$	Hg	0.845
$NO_3^- + 2H^+$	$+e$	$\rightleftharpoons$	$NO_2 + H_2O$	0.80
Ag^+	$+e$	$\rightleftharpoons$	Ag	0.7995
Hg_2^{2+}	$+2e$	$\rightleftharpoons$	$2Hg$	0.793
Fe^{3+}	$+e$	$\rightleftharpoons$	Fe^{2+}	0.771
$BrO^- + H_2O$	$+2e$	$\rightleftharpoons$	$Br^- + 2OH^-$	0.76
O_2（气）$+ 2H^+$	$+2e$	$\rightleftharpoons$	H_2O_2	0.682
$AsO_2^- + 2H_2O$	$+3e$	$\rightleftharpoons$	$As + 4OH^-$	0.68

电 极 反 应				$\varphi^{\ominus}$ （V）
氧化型	电子数		还原型	
$2HgCl_2$	$+2e$	$\rightleftharpoons$	Hg_2Cl_2 （固） $+2Cl^-$	0.63
Hg_2SO_4 （固）	$+2e$	$\rightleftharpoons$	$2Hg + SO_4^{2-}$	0.6151
$MnO_4^- + 2H_2O$	$+3e$	$\rightleftharpoons$	MnO_2 （固） $+4OH^-$	0.588
MnO_4^-	$+e$	$\rightleftharpoons$	MnO_4^{2-}	0.564
$H_3AsO_4 + 2H^+$	$+2e$	$\rightleftharpoons$	$HAsO_2 + 2H_2O$	0.559
I_3^-	$+2e$	$\rightleftharpoons$	$3I^-$	0.545
I_2 （固）	$+2e$	$\rightleftharpoons$	$2I^-$	0.5345
Mo （Ⅵ）	$+e$	$\rightleftharpoons$	Mo （Ⅴ）	0.53
Cu^+	$+e$	$\rightleftharpoons$	Cu	0.52
$4SO_2$ （水） $+4H^+$	$+6e$	$\rightleftharpoons$	$S_4O_6^{2-} + 2H_2O$	0.51
$HgCl_4^{2-}$	$+2e$	$\rightleftharpoons$	$Hg + 4Cl^-$	0.48
$2SO_2$ （水） $+2H^+$	$+4e$	$\rightleftharpoons$	$S_2O_3^{2-} + H_2O$	0.40
Fe （CN） $_6^{3-}$	$+e$	$\rightleftharpoons$	Fe （CN） $_6^{4-}$	0.36
Cu^{2+}	$+2e$	$\rightleftharpoons$	Cu	0.342
$VO^{2+} + 2H^+$	$+e$	$\rightleftharpoons$	$V^{3+} + H_2O$	0.337
$BiO^+ + 2H^+$	$+3e$	$\rightleftharpoons$	$Bi + H_2O$	0.32
Hg_2Cl_2 （固）	$+2e$	$\rightleftharpoons$	$2Hg + 2Cl^-$	0.2676
$HAsO_2 + 3H^+$	$+3e$	$\rightleftharpoons$	$As + 2H_2O$	0.248
$AgCl$ （固）	$+e$	$\rightleftharpoons$	$Ag + Cl^-$	0.2223
$SbO^+ + 2H^+$	$+3e$	$\rightleftharpoons$	$Sb + H_2O$	0.212
$SO_4^{2-} + 4H^+$	$+2e$	$\rightleftharpoons$	SO_2 （水） $+2H_2O$	0.17
Cu^{2+}	$+e$	$\rightleftharpoons$	Cu^+	0.153
Sn^{4+}	$+2e$	$\rightleftharpoons$	Sn^{2+}	0.151
$S + 2H^+$	$+2e$	$\rightleftharpoons$	H_2S （气）	0.141
Hg_2Br_2	$+2e$	$\rightleftharpoons$	$2Hg + 2Br^-$	0.1395
$TiO^{2+} + 2H^+$	$+e$	$\rightleftharpoons$	$Ti^{3+} + H_2O$	0.1
$S_4O_6^{2-}$	$+2e$	$\rightleftharpoons$	$2S_2O_3^{2-}$	0.08
$AgBr$ （固）	$+e$	$\rightleftharpoons$	$Ag + Br^-$	0.071
$2H^+$	$+2e$	$\rightleftharpoons$	H_2	0.000
$O_2 + H_2O$	$+2e$	$\rightleftharpoons$	$HO_2^- + OH^-$	-0.067
$TiOCl^+ + 2H^+ + 3Cl^-$	$+e$	$\rightleftharpoons$	$TiCl_4^- + H_2O$	-0.09
Pb^{2+}	$+2e$	$\rightleftharpoons$	Pb	-0.126
Sn^{2+}	$+2e$	$\rightleftharpoons$	Sn	-0.136
AgI （固）	$+e$	$\rightleftharpoons$	$Ag + I^-$	-0.152
Ni^{2+}	$+2e$	$\rightleftharpoons$	Ni	-0.246
$H_3PO_4 + 2H^+$	$+2e$	$\rightleftharpoons$	$H_3PO_3 + H_2O$	-0.276
Co^{2+}	$+2e$	$\rightleftharpoons$	Co	-0.277
Tl^+	$+e$	$\rightleftharpoons$	Tl	-0.3360
In^{3+}	$+3e$	$\rightleftharpoons$	In	-0.345
$PbSO_4$ （固）	$+2e$	$\rightleftharpoons$	$Pb + SO_4^{2-}$	-0.3553

电　极　反　应				$\varphi^{\ominus}$（V）
氧化型	电子数		还原型	
$SeO_3^{2-}+3H_2O$	$+4e$	$\rightleftharpoons$	$Se+6OH^-$	-0.366
$As+3H^+$	$+3e$	$\rightleftharpoons$	AsH_3	-0.38
$Se+2H^+$	$+2e$	$\rightleftharpoons$	H_2Se	-0.40
Cd^{2+}	$+2e$	$\rightleftharpoons$	Cd	-0.403
Cr^{3+}	$+e$	$\rightleftharpoons$	Cr^{2+}	-0.41
Fe^{2+}	$+2e$	$\rightleftharpoons$	Fe	-0.447
S	$+2e$	$\rightleftharpoons$	S^{2-}	-0.48
$2CO_2+2H^+$	$+2e$	$\rightleftharpoons$	$H_2C_2O_4$	-0.49
$H_3PO_3+2H^+$	$+2e$	$\rightleftharpoons$	$H_3PO_2+H_2O$	-0.50
$Sb+3H^+$	$+3e$	$\rightleftharpoons$	SbH_3	-0.51
$HPbO_2^-+H_2O$	$+2e$	$\rightleftharpoons$	$Pb+3OH^-$	-0.54
Ga^{3+}	$+3e$	$\rightleftharpoons$	Ga	-0.56
$TeO_3^{2-}+3H_2O$	$+4e$	$\rightleftharpoons$	$Te+6OH^-$	-0.57
$2SO_3^{2-}+3H_2O$	$+4e$	$\rightleftharpoons$	$S_2O_3^{2-}+6OH^-$	-0.58
$SO_3^{2-}+3H_2O$	$+4e$	$\rightleftharpoons$	$S+6OH^-$	-0.66
$AsO_4^{3-}+2H_2O$	$+2e$	$\rightleftharpoons$	$AsO_2^-+4OH^-$	-0.67
Ag_2S（固）	$+2e$	$\rightleftharpoons$	$2Ag+S^{2-}$	-0.69
Zn^{2+}	$+2e$	$\rightleftharpoons$	Zn	-0.762
$2H_2O$	$+2e$	$\rightleftharpoons$	H_2+2OH^-	-0.828
Cr^{2+}	$+2e$	$\rightleftharpoons$	Cr	-0.91
$HSnO_2^-+H_2O$	$+2e$	$\rightleftharpoons$	$Sn+3OH^-$	-0.91
Se	$+2e$	$\rightleftharpoons$	Se^{2-}	-0.92
$Sn(OH)_6^{2-}$	$+2e$	$\rightleftharpoons$	$HSnO_2^-+H_2O+3OH^-$	-0.93
CNO^-+H_2O	$+2e$	$\rightleftharpoons$	CN^-+2OH^-	-0.97
Mn^{2+}	$+2e$	$\rightleftharpoons$	Mn	-1.182
$ZnO_2^{2-}+2H_2O$	$+2e$	$\rightleftharpoons$	$Zn+4OH^-$	-1.216
Al^{3+}	$+3e$	$\rightleftharpoons$	Al	-1.66
$H_2AlO_3^-+H_2O$	$+3e$	$\rightleftharpoons$	$Al+4OH^-$	-2.35
Mg^{2+}	$+2e$	$\rightleftharpoons$	Mg	-2.37
Na^+	$+e$	$\rightleftharpoons$	Na	-2.714
Ca^{2+}	$+2e$	$\rightleftharpoons$	Ca	-2.87
Sr^{2+}	$+2e$	$\rightleftharpoons$	Sr	-2.89
Ba^{2+}	$+2e$	$\rightleftharpoons$	Ba	-2.90
K^+	$+e$	$\rightleftharpoons$	K	-2.925
Li^+	$+e$	$\rightleftharpoons$	Li	-3.042

附录七　常用标准 pH 溶液的配制（298.15K）

名　称	配　制　方　法
草酸三氢钾溶液（0.05mol/L）	称取在 54℃±3℃ 下烘干 4～5 小时的草酸三氢钾 $KH_3(C_2O_4)_2 \cdot 2H_2O$ 12.61g，溶于蒸馏水，在容量瓶中稀释至 1000mL
25℃饱和酒石酸氢钾溶液	在磨口玻璃瓶中装入蒸馏水和过量的酒石酸氢钾（$KHC_8H_4O_6$）粉末（约 20g/1000mL），控制温度在 25℃±5℃，剧烈振摇 20～30 分钟，溶液澄清后，取上清液
邻苯二甲酸氢钾溶液（0.05mol/L）	称取先在 115℃±5℃ 下烘干 2～3 小时的邻苯二甲酸氢钾（$KHC_4H_4O_4$）10.12g，溶于蒸馏水，在容量瓶中稀释至 1000mL
磷酸二氢钾（0.025mol/L）和磷酸氢二钠（0.025mol/L）混合溶液	分别称取先在 115℃±5℃ 下烘干 2～3 小时的磷酸氢二钠（Na_2HPO_4）3.53g 和磷酸二氢钾（KH_2PO_4）3.39g，溶于蒸馏水，在容量瓶中稀释至 1000mL
0.01mol/L 硼砂溶液	称取硼砂（$Na_2B_4O_7 \cdot 10H_2O$）3.80g（注意：不能烘）；溶于蒸馏水，在容量瓶中稀释至 1000mL
25℃饱和氢氧化钙溶液	在玻璃磨口瓶或聚乙烯塑料瓶中装入蒸馏水和过量的氢氧化钙［$Ca(OH)_2$］粉末（5～10g/1000mL），控制温度在 25℃±5℃，剧烈振摇 20～30 分钟，迅速用抽滤法滤清液备用

附录八　常用试剂的配制

1. 酸溶液

名　称	相对密度（20℃）	浓度（mol/L）	质量分数	配　制　方　法
浓盐酸 HCl	1.19	12	0.3723	
稀盐酸 HCl	1.10	6	0.200	浓盐酸 500mL，加水稀释至 1000mL
稀盐酸 HCl	—	3	—	浓盐酸 250mL，加水稀释至 1000mL
稀盐酸 HCl	1.036	2	0.0715	浓盐酸 167mL，加水稀释至 1000mL
浓硝酸 HNO_3	1.42	16	0.6980	
稀硝酸 HNO_3	1.20	6	0.3236	浓硝酸 375mL，加水稀释至 1000mL
稀硝酸 HNO_3	1.07	2	0.1200	浓硝酸 127mL，加水稀释至 1000mL
浓硫酸 H_2SO_4	1.84	18	0.956	
稀硫酸 H_2SO_4	1.18	3	0.248	浓硫酸 167mL 慢慢倒入 800mL 水中，并不断搅拌，最后加水稀至 1000mL
稀硫酸 H_2SO_4	1.06	1	0.0927	浓硫酸 53mL 慢慢倒入 800mL 水中，并不断搅拌，最后加水稀至 1000mL
浓醋酸 CH_3COOH	1.05	17	0.995	
稀醋酸 CH_3COOH	—	6	0.350	浓醋酸 353mL，加水稀释至 1000mL
稀醋酸 CH_3COOH	1.016	2	0.1210	浓醋酸 118mL，加水稀释至 1000mL
浓磷酸 H_3PO_4	1.69	14.7	0.8509	

2. 碱溶液

名　称	相对密度（20℃）	浓度（mol/L）	质量分数	配　制　方　法
浓氨水 $NH_3 \cdot H_2O$	0.90	15	0.25~0.27	
稀氨水 $NH_3 \cdot H_2O$	—	6	0.10	浓氨水 400mL，加水稀至 1000mL
稀氨水 $NH_3 \cdot H_2O$	—	2		浓氨水 133mL，加水稀至 1000mL
稀氨水 $NH_3 \cdot H_2O$	—	1		浓氨水 67mL，加水稀至 1000mL
氢氧化钠 NaOH	1.22	6	0.197	氢氧化钠 250g 溶于水，稀释至 1000mL
氢氧化钠 NaOH	—	2	—	氢氧化钠 80g 溶于水，稀释至 1000mL
氢氧化钠 NaOH	—	1	—	氢氧化钠 40g 溶于水，稀释至 1000mL
氢氧化钾 KOH	—	2	—	氢氧化钾 112g 溶于水，稀释至 1000mL

3. 指示剂

名　称	配　制　方　法
甲基橙	取甲基橙 0.1g，加蒸馏水 100mL，溶解后，滤过
酚酞	取酚酞 1g，加 95% 乙醇 100mL 使溶解
铬酸钾	取铬酸钾 5g，加水溶解，稀释至 100mL
硫酸铁铵	取硫酸铁铵 8g，加水溶解，稀释至 100mL
铬黑 T	取铬黑 T 0.1g，加氯化钠 10g，研磨均匀
钙指示剂	取钙指示剂 0.1g，加氯化钠 10g，研磨均匀
淀粉	取淀粉 0.5g，加冷蒸馏水 5mL，搅匀后，缓缓倾入 100mL 沸蒸馏水中，随加随搅拌，煮沸，至适成稀薄的半透明溶液，放置，倾取上层清液应用。本液应临用新制
碘化钾淀粉	取碘化钾 0.5g，加新制的淀粉指示液 100mL，使溶解。本液配制后 24 小时，即不适用

主要参考书目

1. 王少云，姜维林. 分析化学与药物分析实验. 济南：山东大学出版社，2003

2. 武汉大学. 分析化学（上册）. 5 版. 北京：高等教育出版社，2006

3. 武汉大学. 分析化学（下册）. 5 版. 北京：高等教育出版社，2007

4. 吴性良. 分析化学原理. 北京：化学工业出版社，2008

5. 胡琴，黄庆华. 分析化学. 北京：科学出版社，2009

6. 杨根元. 实用仪器分析. 4 版. 北京：北京大学出版社，2010

7. 李明梅. 药用基础化学. 北京：化学工业出版社，2010

8. 马晓宇. 分析化学基本操作. 北京：科学出版社，2011

9. 傅春华，黄月君. 2 版. 北京：人民卫生出版社，2013

10. 郭旭明，韩建国. 仪器分析. 北京：化学工业出版社，2014

11. 国家药典委员会. 基础化学. 2 版. 北京：人民卫生出版社，2015

12. 孙兰凤. 分析化学. 北京：中国中医药出版社，2015

13. 刘约权. 现代仪器分析. 北京：高等教育出版社，2006

14. 马红梅. 实用药物研发仪器分析. 上海：华东理工大学出版社，2014